趣味科学丛书

趣味物理全集

上

〔俄〕别莱利曼⊙著

余　杰⊙编译

天津出版传媒集团

天津人民出版社

图书在版编目（CIP）数据

趣味物理全集：全三册 / (俄罗斯) 别莱利曼著；
余杰编译 . -- 天津：天津人民出版社，2020.8
（趣味科学丛书）
ISBN 978-7-201-13987-6

Ⅰ . ①趣… Ⅱ . ①别… ②余… Ⅲ . ①物理学—普及
读物 Ⅳ . ① O4-49

中国版本图书馆 CIP 数据核字 (2019) 第 259654 号

趣味物理全集：全三册
QUWEI WULI QUANJI：QUANSANCE

出　　版　天津人民出版社
出 版 人　刘　庆
地　　址　天津市和平区西康路 35 号康岳大厦
邮政编码　300051
邮购电话　（022）23332469
网　　址　http://www.tjrmcbs.com
电子邮箱　reader@tjrmcbs.com

责任编辑　李　荣
装帧设计　同人肉文化传媒

制版印刷　香河利华文化发展有限公司
经　　销　新华书店
开　　本　787 毫米 × 1092 毫米　1/16
印　　张　56.5
字　　数　807 千字
版次印次　2020 年 8 月第 1 版　2020 年 8 月第 1 次印刷
定　　价　148.00 元（全三册）

序　言

雅科夫·伊西达洛维奇·别莱利曼

雅科夫·伊西达洛维奇·别莱利曼（1882—1942），出生于俄国的格罗德省别洛斯托克市。他出生的第二年父亲就去世了，但在小学当教师的母亲给了他良好的教育。别莱利曼17岁就开始在报刊上发表作品，1909年大学毕业后，便全身心地从事教学与科普作品的创作。

1913年，别莱利曼完成了《趣味物理学》的写作，这为他后来完成一系列趣味科学读物奠定了基础。1919—1929年，别莱利曼创办了苏联第一份科普杂志《在大自然的实验室里》，并亲自担任主编。在这里，与他合作的有多位世界著名科学家，如被誉为"现代宇航学奠基人"的齐奥尔科夫斯基、"地质化学创始人"之一的费斯曼，还有知名学者皮奥特洛夫斯基、雷宁等人。

1925—1932年，别莱利曼担任时代出版社理事，组织出版了大量趣味科普图书。1935年，他创办和主持了列宁格勒（现为俄罗斯的圣彼得堡）趣味科学之家博物馆，广泛开展各项青少年科学活动。在第二次世界大战反法西斯战争时期，别莱利曼还为苏联军人举办了各种军事科普讲座，这成为他几十年科普生涯的最后奉献。

别莱利曼一生出版的作品有100多部，读者众多，广受欢迎。自从他出版第一本《趣味物理学》以后，这位趣味科学大师的名字和作品就开始广为流传。他的《趣味物理学》《趣味几何学》《趣味代数学》《趣味力学》《趣味天文学》等均堪称世界经典科普名著。他的作品被公认为生动有趣、广受欢迎、适合青少年阅读的科普读物。据统计，1918—1973年间，这些作品仅在苏联就出版了449次，总印数高达1 300万册，还被翻译成数十种语言，在世界各地出版发行。凡是读过别莱利曼趣味科学读物的人，总是为其作品的生动有趣而着迷和倾倒。

别莱利曼创作的科普作品，行文和叙述令读者觉得趣味盎然，但字里行间却立论缜密，那些让孩子们平时在课堂上头疼的问题，到了他的笔下，立刻一改呆板的面目，变得妙趣横生。在他轻松幽默的文笔引导下，读者逐渐领会了深刻的科学奥秘，并激发出丰富的想象力，在实践中把科学知识和生活中所遇到的各种现象结合起来。

别莱利曼娴熟地掌握了文学语言和科学语言，通过他的妙笔，那些难解的问题或原理变得简洁生动而又十分准确，娓娓道来之际，读者会忘了自己是在读书，而更像是在聆听奇异有趣的故事。别莱利曼作为一位卓越的科普作家，总是能通过有趣的叙述，启迪读者在科学的道路上进行严肃的思考和探索。

苏联著名科学家、火箭技术先驱之一格鲁什柯对别莱利曼有着十分中肯的评论，他说，别莱利曼是"数学的歌手、物理学的乐师、天文学的诗人、宇航学的司仪"。

目　　录

趣味物理学

趣味物理实验

趣味物理学（续篇）

趣味物理学问答

趣味力学

趣味物理学

第一章

速度和运动

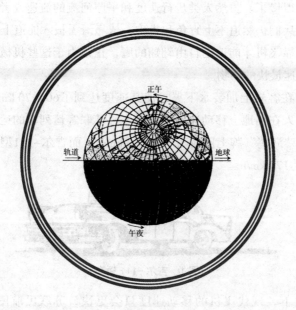

正午

轨道　　　　　　　　地球

午夜

1. 我们的运动速度

田径运动员能够在短短230 s内跑过1 500 m，计算可知其平均速度约为7 m/s，这要比常人步行速度（1.5 m/s）大4倍还多。然而实际上，这两种速度根本没法比较：这两种运动没有可比性，虽然常人步行速度慢，但是能够持续很长时间保持匀速，而运动员的这种高速并不能持续很长时间，这种高速是短暂的。与运动员相比，步兵跑步行军的速度大约是2 m/s，虽说只有运动员的三分之一，并不处于优势，但是士兵们却能够持续很长时间不断跑步，这才是优势。

很多谚语都曾经提到移动缓慢的蜗牛和乌龟，对比移动速度之后能够发现谚语并没有错，蜗牛的移动速度仅有1.5 mm/s即5.4 m/h，只有常人步行速度的$\frac{1}{1\,000}$。相比而言，乌龟的移动速度就"大得多"，为70 m/h。和这两种动物比起来，人的移动速度要快很多，但和其他运动相比恐怕就显得慢了。虽然人类步行速度和平原河流的流速或者风速不相上下，但是骑兵们仍然追不上野兔和猎狗，依靠滑雪板才能追上速度为5 m/s的苍蝇，依靠飞机才能追上自由翱翔的鹰，正是由于这些机械，人类变成了世界上移速最快的动物。

苏联曾在客轮上加装水下翼，使其速度达到了60～70 km/h。这还不算最快的，人在陆地上移动速度要大得多：苏联客运列车的运行速度可达100 km/h，"海鸥"牌七座轿车可达160 km/h，而吉尔–111型轿车（如图1）速度可达170 km/h。

图1　吉尔–111轿车

相比之下，现代飞机的移动速度只会更快，苏联民航图104型客机（如图2）平均时速甚至能够达到800 km/h。但是，由于技术不支持，之前飞机的移动速度突破不了"声障"，而现在飞机的速度已经突破了声速（约1 200 km/h），某些小型喷气式飞机的速度可以接近2 000 km/h。

图2 图104客机

这个速度已经很惊人了，但是在更高端的技术面前仍会变得渺小。人造地球卫星的速度约为8 km/s，而那些能够冲出地球的宇宙飞行器，其速度已经可以超过第二宇宙速度（在地球表面为11.2 km/s）了。

下面是速度对照表：

	米 / 秒	千米 / 小时
蜗牛	0.0015	0.0054
乌龟	0.02	0.07
鱼	1	3.6
步行人	1.4	5
骑马慢行	1.7	6
骑马快行	3.5	12.6
苍蝇	5	18
滑雪人	5	18
骑马奔跑	8.5	30
装有水下翼的轮船	16	58
野兔	18	65
鹰	24	86
猎狗	25	90
火车	28	100
小型轿车	56	200
竞赛汽车	174	633
民用客机	250	900
声音在空气中传播	330	1 200
轻型喷气式飞机	550	2 000
地球公转	30 000	108 000

2. 赶时间

可不可以在上午8点钟从符拉迪沃斯托克起飞然后在"同一时间"抵达莫斯科？

当然可以，因为两地之间有9 h的时差。这也就是说，如果飞机可以在9 h内从符拉迪沃斯托克飞到莫斯科，那么其到达莫斯科的时候正好是上午8点。由于两地间距约为9 000 km，计算可得只要飞行速度不小于1 000 km/h则可以完成上述"壮举"。前边提到，飞机的飞行速度已经能够达到2 000 km/h，因此1 000 km/h的速度是很容易达到的。

相比这个速度，高纬度地区完成相同的事件则更加容易。在北纬77°，比如新地岛附近只需要450 km/h即可抵消地球自转带来的速度。如果这样做，自东向西的飞机上的乘客就将看到一直不会落下的静止太阳。

和"追赶太阳"相比，"追上月亮"就更加容易了。月球公转角速度为地球公转角速度的$\frac{1}{29}$，于是只需要沿纬线以25 ~ 30 km/h的速度运动即可在中纬度地带"追上月亮"。

在《傻瓜出国记》中，马克·吐温曾提到，在穿越大西洋从纽约驶向亚速尔群岛途中，"此时正是阳光明媚的夏天，但是晚上居然比白天还要亮。不仅如此，我们还发现月亮会在夜晚的同一时间段在天空的同一点出现。刚开始我们都觉得这很不可思议，过了一段时间我们才反应过来：原来我们在地球表面的角速度和月球公转的角速度是相同的。"

3. 0.001 秒

0.001 s对于我们来说确实微不足道，并没什么用，最近才开始有了一点点作用。不过正如图3所示，在那个利用太阳和影子判断时间的年代，时间测量的精准程度达不到分钟级别，人们也认为1 min并没什么用，无须测量。于是，过去的人生活得从容不迫，日晷、漏刻、沙漏（如图4、图

图3　根据太阳高低和影子长度测时间

5）等计时器也无法精确到分钟。直到18世纪初，分针才在表盘上出现，秒针则更晚，在19世纪初才出现。

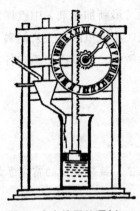 

图4　古人使用的漏刻　　　　图5　旧式怀表

那么现在就有一个问题了：0.001 s内真的什么也做不了吗？并非如此。尽管在这个时间段内火车只能移动3 cm，声音只能传播33 cm，超音速飞机只能飞行50 cm，但是，速度快的物体却能够有比较可观的运动距离。比如地球在这个时间段内可绕公转轨道运行30 m，光在这个时间段内可以传播300 km。

除此之外，对于一些小生物来说，0.001 s同样不是无足轻重的，而是完全能够察觉到的，能够描述的。比如蚊子，它能够在一秒内上下振翅500～600次，换句话说，在0.001 s内它便可以举起或垂落一次翅膀。

人无法像昆虫那样快速移动自己的器官。我们最快的动作是眨眼，"一眨眼的工夫"或者"转瞬间"这样的说法，就是由"眨眼"这个动作引申而来。眨眼这个动作完成极快，我们甚至发现不了我们的视野曾被短暂遮蔽了起来。不过，虽然眨眼是极快的同义词，但如果用0.001 s来衡量的话，这一动作其实进行得非常慢。很少有人知道这一点。经过多次准确的测量后发现，"眨眼"的全过程平均花费0.4 s，也就是400个0.001 s。这个动作可以分成以下几个阶段：垂下眼睑（75～90个0.001 s），垂下后的眼睑保持静止状态（130～170个0.001 s），最后再次抬起眼睑（大约170个0.001 s）。你看，一次真正意义的眨眼，竟是如此美妙的一段时间。在这段时间里，眼睑甚至来不及休息。如果我们可以觉察到0.001 s内发生的事情，我们就能在"顷刻间"捕捉到眼睑的两次动作以及这两次动作之间的静止状态。

倘若我们的神经系统有这样的结构，我们就会发现我们周围的世界发生了奇特的变化。英国作家威尔斯在小说《最新加速剂》中就详细描写了加速世界呈现在我们眼前的种种奇特景象。小说里的主人公们喝下了一种独特的药水，这种药水能让感觉器官非常敏感，可以逐个感知各种稍纵即逝的现象。

下面是小说中的几个例子：

"你以前见过将窗帘这样挂在窗子上吗？"

我看了看窗帘，发现它好像被冻起来了，被风吹过的窗帘卷起了一个角，就那么卷着一动不动。

"从没见过，"我说，"这太奇怪了！"

"那么，这个呢？"他问，然后伸直了将玻璃杯攥紧的手指。

我想玻璃杯肯定会被打碎，可没想到杯子竟完全没有下降，静止地悬在空中。

"你肯定知道，"希伯恩说，"落体在第一秒内下落 5 米。这杯子现在正在下落这 5 米，不过现在连百分之一秒都还没到。这样，你就可以了解我制作的'加速剂'的威力了。"

玻璃杯开始缓缓地下落。希伯恩的一只手一会儿在上面，一会儿在下面地围着杯子打圈……

我向窗外看了一眼，有个人骑着自行车呆立在那里，他身后有一团静止的尘雾，这个骑车人正在追赶一辆公共马车，同样地，那马车也丝毫没有向前挪动。

我们的注意力被那辆静止不动的公共马车彻底吸引了。车轮的上缘、马腿、马鞭的末端和车夫的下巴（他刚想要张嘴打个哈欠）——这一切都在移动，尽管无比缓慢，但是这迟钝的马车上其他的东西却完全停滞，车上坐着的几个人犹如塑像一般僵硬。

有一个人正以超乎常人的努力在风中折叠报纸，他就僵直在这个姿势上。不过对我们来说，这样的风完全不存在。

以上是从"加速剂"渗透进我的肌体那一刻起我所说、所想、所做的事。这一切对于其他所有人以及对于整个宇宙来说只不过是一瞬间。

估计读者很想知道用现代的科技手段可以测量出的最小时段的数值。20世纪初最小的时段是 $\dfrac{1}{10\,000}\,\text{s}$，而现在物理学家可以在实验室里测量出 $\dfrac{1}{100\,000\,000\,000}\,\text{s}$。如果将这个时段与1 s进行比较的话，大约相当于将1 s 与3 000年进行比较。

4. 时间放大镜

当威尔斯创作《最新加速剂》时，他肯定没有想到，有朝一日某些类似的情节会变为现实。但是，他幸运地活到了亲眼看见这一现实的一天，见证他当时仅凭想象力创造出的景象——虽然只是在银幕上。"时间放大镜"在银幕上以缓慢的速度向我们展示了以往速度极快的诸多现象。

"时间放大镜"其实是一种摄影机，只是其拍摄速度比每秒钟只能拍摄24张照片的普通摄像机快很多。假如将这样拍摄下来的景物在银幕上播放出来，让胶片以每秒24个镜头的普通速度放映，那么观众看到的景象就会被拉长，比平常情况下要慢很多。读者或许在银屏上看到过那些飘飘若仙的跳跃动作以及其他的慢动作镜头，通过类似更加复杂的装置可以把动作放得更慢，几乎可以将威尔斯小说里描写的那些场景完美再现出来。

5. 什么时候我们绕太阳移动得更快——白天还是夜间

有一次，巴黎的一份报纸刊登了这样一则广告，它向民众承诺，只要有人愿意出25个生丁（法国辅币名，100生丁等于1法国法郎），就告诉他一个既便宜，还不感到疲惫的旅行方法。有人相信了这个承诺，寄去了25个生丁，之后每个人都收到了这样一封回信，内容如下：

"公民，请安静地躺在你的床上，并且牢记我们的地球正在旋转。在巴黎的纬度49°上，你每天都会移动25 000 km。假如你喜欢观赏沿途漂亮的风光，就请打开窗帘，尽情地欣赏美丽的天空吧。"

想出这个主意的人被指控欺诈读者，遭到了起诉。听到判决后，他支付了应交的罚款。据说他摆出了一个极富戏剧性的手势，庄重地重复了伽利略的经典话语：

"不过，无论怎样地球的确还在转动啊！"

从某种意义上讲，被告的话是对的，因为地球上的所有公民不仅在围绕地轴进行"旅行"，而且还在地球的带动下以更快的速度围绕太阳旋转。每一秒钟，我们居住的行星以及所有公民都会在宇宙中移动30 km，与此同时，我们还围绕着地轴旋转。

因此，我们可以问一个十分有趣的问题：我们这些地球公民到底在什么时候移动得更快，白天还是夜晚？

这个问题或许会让人摸不着头脑，因为地球总有一面是白天，另一面是黑夜。那我们的问题还有意义吗？

似乎完全没有意义，不过事实绝非如此。因为我们问的问题并不是什么时候地球转动得更快，而是什么时候我们这些生活在地球上的人在宇宙中移动得更快。这已经不是没有意义的问题了。我们在太阳系中进行两种运动：围绕太阳公转，同时又围绕地球的地轴自转。将两种运动合在一起，结果就不言自明了，这取决于我们在地球上的位置是白天所在的半球还是黑夜所在的半球。看一下图6你就明白了，子夜时分地球的速度是公转速度加上自转速度，而中午时分则刚好相反，地球的速度是公转速度减去自转速度。也就是说，我们当时所在某一地点在太阳系中的移动速度，

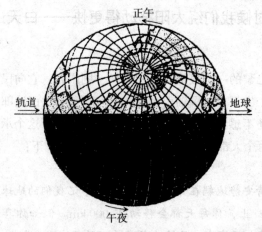

图6　处于地球夜半球的人比昼半球的人运动速度更快

子夜时分要快于中午时分。

赤道上的各点速度约为0.5 km/s，对于赤道地带来说，午间的移动速度与子夜速度的差别可以达到1 km/s。了解几何学的人可以轻松地算出，在列宁格勒（现称"圣彼得堡"，位于北纬60°），这一差数只有一半左右：子夜时分，列宁格勒的居民在太阳系中的移动速度仅仅比中午时分慢了0.5 km/s。

6. 车轮的秘密

若把一张彩色纸条贴在马车的车轮（或自行车的轮胎）侧面，仔细观察马车（或自行车）的位移，就会发现一个奇特的现象：当纸条在滚动车轮下面时看上去特别清楚，而当它在车轮的上面时则会飞快地闪过，无法看清。

我们可以得出这样的结论：车轮的上部比下部移动速度快。如果你对比滚动车轮的上部辐条和下部辐条，也会得出相同的观察结果。显而易见，上部的辐条连在了一起，而下部的辐条却非常清晰。那么结论依旧是：车轮的上部比下部移动速度快。

这种奇特的现象的秘密到底是什么呢？

这样的结论让人觉得不可思议，不过，只要用一个简单的推理就能让你相信它。翻滚的车轮上，每一个点都在进行两种同时进行的运动：绕着车轴转动，以及和车子一同向前移动。这跟地球的自转和公转如出一辙，两种运动组合在了一起使车轮的上下两个部分的运动速度出现了偏差。车轮上部的旋转运动和前进的运动方向相同，所以要和前进运动相加，车轮下部的旋转运动和前进的运动方向相反，所以要把它从前进运动中减去。对于原地不动的观察者来说，车轮的上部肯定比下部的移动速度快，这就是其中的奥秘。

做一个简单的实验就能明白这个道理。将一根棍子插在一辆静止车子车轮旁的地里，在轮圈的最顶端和最底端分别用粉笔或木炭做两个记号，令车轴以及标出来的记号正对棍子。现在让车稍微往右滚动一点（如图7），令车轴和棍子之间的距离保持在20～30 cm。仔细观察标注记号的运动，会发现顶端的记号A比底端的记号B移动的距离远，记号B仅仅离开了棍子一点点的距离。

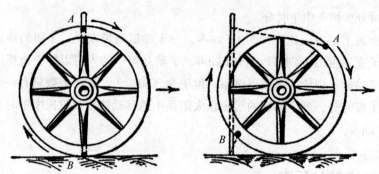

图 7　比较右图（滚动车轮）上 A、B 两点与固定棍子的间距，
证明了车轮上部比下部移动快

7. 车轮上移动最慢的部分

通过上一小节我们已经知道，朝前转动的车轮上的每一点并不是依照相同的速度移动的。那么，滚动的车轮上的哪个部分运动的速度最慢呢？

这不难想象，车轮上那些正在同地面接触的点移动得最慢。严格来说，在同地面接触的一刹那，车轮上的这些点是静止的。

上面所描述的情况只对滚动着的车轮适用，并不适用于固定轴上转动的车轮。举个例子，飞轮的轮圈上部和下部的每一个点都是以同样的速度移动的。

8. 并非玩笑

我们还有一个非常有意思的问题：在一列从甲地向乙地行驶的火车上，是否存在若干个点，通过它和路基的关系来看，正在朝着反方向——即从乙地到甲地的方向运动？

其实，每时每刻，每个车轮上都有一些这样的点。那么它们到底在哪里呢？

你肯定知道，火车的轮圈上有些边缘是突起的（轮缘）。那么，这个边缘下面的每个点在火车移动的过程中不是朝前进，而是向后退！

我们只要做一个简单的实验就能证明这一点。用蜡把一根火柴黏在体积较小的圆形物体上，比如硬币或者纽扣，将火柴沿着圆形物体的半径牢牢地黏好，下半部分远远地探出圆物的边缘。假如现在把圆形物体放在直尺的C点上（如图8），并且开始让它从右向左滚动的话，探出的火柴部分的F、E、D各点不是朝前，而是向后运动。这些点离圆形物体的边缘越远，在圆形物体滚动时向后移动得越明显（D点移动到D′点处）。

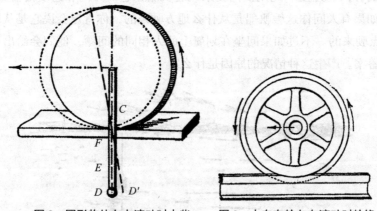

图8　圆形物体向左滚动时火柴　　图9　火车车轮向左滚动时轮缘
F、E、D各点向相反方向移动　　　　　下部向右移动

　　火车轮缘的每个点都和我们实验中火柴探出部分的移动情况完全一致。
　　这样一来，火车上有些点不是朝前移动而是向后退一点就不会让你觉得奇怪了。没错，这种运动花费的时间仅为几分之一秒：不过无论怎么说，在行驶的火车上确实存在朝反方向的移动，这和我们以往的概念完全不同。以上所描述的景象可以用图9和图10加以解释。

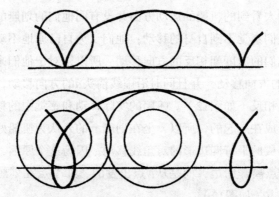

图10　上图为滚动轮圈上每一点画出的曲线，下图为火车轮
突出边缘上每一点画出的曲线

9. 帆船从哪里驶来

闭上眼描绘一幅划艇在湖面上行驶的画面，用图11上的箭头a表示它移动的方向和速度。此刻横向驶来一艘帆船，它的方向和速度由箭头b表示。如果有人问你这艘帆船是从什么地方驶来的，你肯定会说它是从岸边的M点驶来的。不过如果问坐在划艇上的人相同的问题，他们会给出不一样的答案。产生这种情况的原因是什么？

**图11 帆船沿着与划艇航向垂直的方向行驶（箭头 a 和 b 表示速度），
划船的人看到的帆船是从哪里出发的？**

划艇上的人看到的帆船的运动方向并没有同他们的划艇的方向呈一个直角，因为他们察觉不到自身的移动：他们认为自己原地不动，而周围的一切正在以他们的速度朝相反的方向移动。所以，对于他们来说，帆船只是沿着箭头b的方向移动，并且同时沿虚线箭头a的方向移动，这和划艇的移动方向截然相反（如图12）。帆船的实际移动和感觉中的移动是按平行四边形法则合成在一起的，所以，坐在划艇上的人认为帆船好像是在沿着a和b为邻边构成的平行四边形的对角线移动。因为这个原因，他们认为帆船并不是从M点离开岸边，而是从N点出发的，那个点在划艇的移动方向前方很远的地方（如图12）。

当我们和地球一起在它的轨道上移动，并且碰上各种星体的光线时，我们同样无法对这些光源的位置进行判断，仿佛划艇上的人并没有准确判断帆船的出发地点一样，所以，我们认为每个星体在地球移动的方向上需要稍微向前移一点。当然，跟光速相比，地球移动的速度显得微不足道（是光速的万分之一）。因此，地球上的人感觉星体的位置前移也是微乎其微的，不过可以通过天文仪器发现这种位置偏移，这一现象被称作光行差。

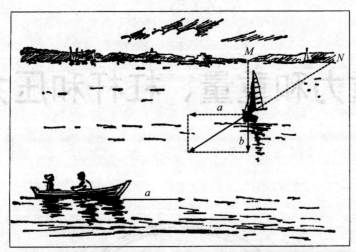

图12 划艇上的人觉得帆船并非横向，而是斜向朝他们驶来；
帆船的出发点不是 M 点，而是 N 点

如果你想要深入了解类似的问题，那么就在我们这个划艇问题的既定条件下回答如下问题：

（1）对于帆船上的乘客来说，划艇在朝哪个方向移动？

（2）对于帆船上的乘客来说，划艇在划向哪个地点？

想要回答这两个问题，你必须在a线上（如图12）画出移动速度的平行四边形。它的对角线能够表明，帆船上的乘客认为划艇正在斜向前行，好像打算靠岸一样。

第二章

重力和重量、杠杆和压力

1. 请站起来

假如我对你说："你现在坐在椅子上，虽然没有被绑起来，但是你肯定站不起来。"你一定会把这话当笑话听。

如果你不信的话，可以照着图13中的人那样坐下，也就是说保持躯体竖直，而且不能把两只脚放在椅子下面。现在请尝试站起来，不过不能改变两只脚的位置，也不要让你的身体朝前面弯曲。

如何，你一定站不起来了吧？如果你不把两只脚挪动到椅子下面，或是没有让身体向前弯曲，无论怎么使劲，你也不可能从椅子上站起来。

为了了解这其中的原因，我们必须简明扼要地说说任何物体包括人体的平衡。直立的物体只有在从重心所作的垂线不超过该物体的底部时才不会倾倒，所以过度倾斜的圆柱体（如图14）肯定会倒下。不过，如果圆柱的底部非常宽，从它的重心所作的垂线无法超出它的底面的范围，那么圆柱体就不会倒下。意大利境内的比萨斜塔和博洛尼亚斜塔，还有阿尔汉格尔斯克的"倾斜的钟楼"（如图15），尽管都有一定的倾斜度，但是都不会倒塌，因为从它们的重心所作的垂线并没有超过底部的范围（当然还有次要的原因，那就是这些建筑物的基石都深深地埋在地下）。

图13 这种姿势不可能从椅子上站起

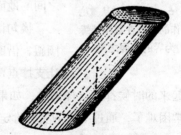

图14 这样的圆柱体肯定会倾倒，因为从重心所作的垂线超过了底面

站立的人只有在以他的重心所作的垂线维持在他的两只脚的外缘为界的底部以内时，才不会倒下去（如图16）。所以，想要用一只脚站立极其困难，而站在绳索上就更难了，底面非常小，垂线超出底面范围非常容易。你能轻易地看出经验丰富的老海员奇特步伐的与众不同，毕竟他们一辈子都在不停翻滚的轮船上度过，从这些船员的身体重心所作的垂线时时

图15　阿尔汉格尔斯克的倾斜钟楼

图16　人站立时从重心所作的垂线在双脚外缘为界的底面之内

刻刻都有超出双脚所占底面范围的可能，因此他们养成了让身体的底面尽可能大的占据底面的走路习惯。这样一来，海员们可以在颠簸的甲板上获得不可或缺的稳定性。自然地，他们在陆地上仍旧保持这样的走路习惯。

当然，除了这个，平衡性也可以创造曼妙的姿态。我们都非常熟悉头顶水罐的女人的优雅雕像，她们都拥有非常匀称的身型。这一行为需要使头部和躯干维持竖直的状态：倾斜再微小也有可能出现重心超出底面范围（在这种情形下，重心比平常姿势时要高一些），丧失身体平衡的危险。

现在我们回想一下让坐着的人站起来的实验。坐在椅子上的人的躯干重心位于身体内部，离脊椎很近，比肚脐高出约20 cm。从重心朝下引一条垂线，该线途径椅面，停留在两只脚的后面。如果人想要从椅子上站起来，这条垂线就必须通过两只脚之间的地面。

换句话说，当我们站起时，可以让胸部朝前面倾斜，借助此举移动重心，或者朝后面移动双脚，让支撑点覆盖到重心。平常情况下，我们从椅子上站起来的时候都是这样做的，如果这两个动作都不做，那么我们站起来就非常困难了，通过上述的实验肯定对此深有体会。

2. 走路与奔跑

人对一生中每天都要做很多次的动作肯定再熟悉不过了，大部分人都这么认为，但实际上并非如此。走和跑是我们最熟悉的两种运动，不过我们在走和跑时，到底是如何移动自己的身体的呢？这两种移动方式之间有什么区别，有多少人能够清楚地认识到这一点？我们不妨听一听生理学家是如何讲述走和跑这两种移动方式的。我觉得，大部分人会觉得这段叙述非常新鲜。

比如，一个人正在用右脚站立。让我们想象一下，他稍微抬起脚跟并将躯干向前倾斜。显而易见，在这样的姿势下，从重心所作的垂线肯定超过支撑底面的范围，人就会朝前面倾倒。不过就在即将倒下的瞬间，他将停留在空中的左脚抬起，快速朝前面迈步，踏在沿着重心所作的垂线前方的地面上，因此，垂线再一次进入两只脚的支撑面外缘连线的范围以内，人重新找回了平衡，又向前迈进了一步（如图17）。

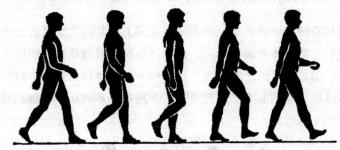

图17　人行走时身体的连续动作

他完全可以一直保持这种累人的姿势。不过，假如他想接着向前走，他就要继续向前倾斜身体，从支撑面的范围内排除从重心所作的垂线，当出现倾斜危险时，再次迈出脚步，不过这次迈出脚步的不是左脚而是右脚，按照这个步骤以此类推。所以，走路就是一步一步向前倾斜，之前在后面的脚维持身体的平衡，可以防止再次摔倒。

我们继续认真观察一下这个过程。假如我们已经迈出了第一步，此时此刻我们的右脚还在地面上，而左脚已经踩到地面了。只要步幅比较大，右脚跟就得略微抬起，正是因为略微抬起脚跟的动作，身体才能打破平衡，向前方倾斜。最先踏在地面上的左脚部分是脚跟，当整个脚掌完全踏在地面上时，右脚已经在空中了。与此同时，膝部的左腿略微弯曲，它又因为股三头肌的收缩，而在顷刻间同地面垂直，致使略微弯曲的右脚能够在不离开地面的情况下向前方迈进，并且为了接着迈步而借助身体的运动让脚跟着地。

这时候，左脚仅仅依靠脚趾头支撑着地面，并且迅速抬向空中。又开始了与之前一样的动作（如图18）。

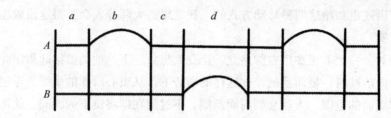

图 18　行走时双脚动作示意图：*A* 线表示一只脚的动作，*B* 线表示另一只脚的动作，
垂直 *A*、*B* 的线表示脚支撑地面的时刻，弧线表示脚在空中的时刻。从图上可以看出，
在 *a* 时段中双脚支撑地面；在 *b* 时段中 *A* 脚在空中而 *B* 脚支撑地面；*c* 时段中双脚
再次同时支撑地面。走得越快，*a*、*c* 时段越短（请与图 20 比较）

奔跑和走路的区别在于，原本站在地面上的脚因为突然的肌肉收缩而
强力地弹直，将身体向前方弹去，让身体在瞬间脱离地面，然后身体再一
次向下落，用另一只脚接触地面（如图19）。当身体抬到空中时，另一只
脚已经迅速地移动到前方。由此得知，奔跑是一系列从一只脚到另一只脚
的跳跃循环（如图20）。

图 19　人奔跑时身体的连续动作

图 20　奔跑时双脚动作示意图（与图 18 比较）。从图中可以看出
奔跑时有时候（*b*，*d*，*f*）双脚腾空

有些人通常所说的在平地上走路消耗的能量等于零，这样的说法并
不正确，因为走路的人每迈出一步，他的身体的重心就要上升几厘米。由
此计算出，步行者在平地上行走时所做的功，差不多是他将身体提升到一

定的高度时所做的功的十五分之一，这样的高度和步行者走过的距离相一致。

3. 如何跳下行驶中的车

无论你向谁问这个问题，都会得到相同的回答："根据惯性定律，跟行驶的方向保持一致，朝前跳跃。"那么你不妨让回答这个问题的人更详细地解释下这个道理，为什么这和惯性定律有关。我们可以猜到，一开始，回答你问题的人还可以自信满满地证明自己的想法，即便你不打断他的话，他很快也会因为困惑而停止讲解：因为存在惯性的原因，我们应该逆着行驶的方向朝车的后方跳跃！

事实上，惯性定律并不是得出这种结论的主要原因，这其中存在更加重要的原因。假如我们忽略了这一点，肯定会得出向后跳，而不是向前跳的结论。

如果你一定要从正在行驶的车辆上跳下去，那么结果会怎样呢？如果我们从行驶中的车辆里跳下去，虽然我们的身体离开了车辆，但是我们的身体会因惯性而继续运动并且保持着车辆相同的移动速度，继续向前冲去。如果我们向前跳出车辆，我们不但不能抵消车辆的行驶速度，反而会大大加快自身的移动速度。

如果从这个角度观察，向后跳而不是与车辆行驶的方向保持一致才是合适的选择，因为如果我们向后跳，跳跃所产生的速度能够抵消我们的身体因为惯性而具有的速度，所以，当我们落地之后，跌倒的动能就会小很多。

不过如果我们必须从行驶的车辆中跳出来的话，我们肯定还是会选择向车的前方跳跃。没错，这是最好的选择，我们在这里警告读者们不要逆着行驶的方向朝车后方跳，不要试图弄明白向后跳导致的后果。

那么，这又是怎么一回事呢？

之前的解释不符合实际的原因是因为它只解释了问题的一半。事实上，不管是朝前跳还是朝后跳，我们都会面临摔倒的风险，这是因为我们的双脚落地就会停止运动，但是我们的躯体并没有停下，尽管当你朝前跳的时候，躯体继续向前的速度会比向后跳的速度更快。不过更为重要的是，向前跳的安全性要比向后跳的安全性高。如果向前跳，我们会在落地的一瞬间下意识性地伸出一只脚（在车速较快时，我们会小跑几步），这样做的目的是防止摔跤，这是我们的习惯性动作，因为我们一辈子都是这么行走的。前一节已经提到过了，从力学的观点看，其实走路就是一系列向前倾斜的过程，迈出脚是为了防止摔倒。但是当我们向后跳时，就没办法用这样的方式进行补救了，因为这会大大增加摔倒的危险性。最后，同时也是最重要的一点，如果我们向前跳跃，可以伸出手臂支撑地面，这样的话，就算摔倒，受到的伤害也会比用后背着地小得多。

总而言之，向前跳更为安全，惯性定律并不是其中的原因，而是受到了我们自身的影响。不过显然这个规则并不适用于所有物体：将车上的瓶子朝车的前方扔出去，那么它在落地后要比朝后扔被摔碎的概率显然较大，所以，假如你有某种原因必须先把行李扔出去，然后自己从车里跳出去，那么你最好的选择是朝后面扔行李，而自己朝前面跳跃。

一些有经验的人比如电车售票员、铁路检票员等都是面朝行驶的方向朝后跳的，这样做既能降低惯性给我们的身体带来的速度，又能防止摔倒，因为跳车的人是面朝车辆的行驶方向的。

4. 徒手抓子弹

在第一次世界大战期间，有一篇报道讲述了一位法国飞行员的奇特经历。他在2 km空中飞行时，发现有个小东西在他的耳边飞行，他以为是某种小昆虫，就顺手把它抓在手里。但是当他将那东西拿到眼前时他吓了一跳，没想到他抓住的竟然是德国人射来的子弹。

这个故事跟那个传奇式的敏豪生男爵（德国著名故事《吹牛大王历险记》里的主人公）非常像，传说他能够徒手抓住炮弹。不过刊载飞行员徒手抓住子弹的报道在现实生活中确实有可能发生。

要知道，一颗子弹并不总是以800～900 m/s的初速度飞行的。考虑到空气的阻力，它会慢慢地降低自身的飞行速度。当它到达射程的边缘时，飞行速度只有40 m/s左右，这个速度飞机完全能够做到。当子弹的飞行速度和飞机相同时这样的事就很容易发生了，这时的子弹对于飞行员来说是静止不动或速度非常缓慢的，抓住它的确是小菜一碟。并且，飞行员都戴着手套，抓住滚烫的子弹也并不会被烫伤。

5. 西瓜炮弹

子弹在特定条件下会失去杀伤力，同样的，也有可能出现相反的情况：将不具备杀伤力的武器用较小的速度扔出去，却可以产生破坏性的力量。在1924年举行的一次汽车赛上，沿途的农民向从他们身边疾驰而过的汽车驾驶员抛去西瓜、甜瓜和苹果，想要通过这种方式来表达他们的欢迎之情。不过这种看似善意的行为却带来了糟糕的后果：西瓜和甜瓜把车身砸坏，而苹果则把人砸伤。理由很简单，汽车自身的速度和扔过来的西瓜、苹果的速度相加在一起，把这些东西变成了危险的、具有强大破坏力的炮弹。通过计算可以得出，发射10 g重的子弹产生的动能与向120 km/h的汽车扔4 kg西瓜时产生的动能不相上下（如图21）。

图21 迎着高速奔驰的汽车扔出的西瓜变成了"炸弹"

不过，西瓜在穿透力方面并不如子弹，因为西瓜不像子弹那样坚硬。

在大气高层（所谓"平流层"）飞行的超高速飞机有可能会遇到上述情况，超高速飞机的飞行速度高达3 000 km/h，这样的速度等同于子弹的速度，驾驶这种飞机的飞行员就会碰到杀伤力巨大的"西瓜炮弹"。换句话说，在超高速飞机飞行的路线上出现的任何一个物体，都会对飞机构成威胁。如果从另一架飞机上掉下了一颗子弹，那么即便飞机不是迎面冲向子弹，落在飞机上的子弹威力也相当于从机枪里发射过来的一样，它所产生的动能等同于用机枪向飞机扫射时产生的动能。其中的道理非常简单：子弹落在飞机上的速度等同于从机枪里射出来的子弹的速度（飞机与子弹以大约800 m/s的速度发生碰撞），那么，子弹在碰撞过后也会产生相同的破坏力。

　　相反地，假如子弹和飞机保持相同的速度前进，那么这颗子弹对于飞行员来说没有任何杀伤力。用相同的速度前进，即便发生接触也不会产生撞击。1935年，一位火车司机鲍尔晓夫曾经成功地运用这个原理，避免让自己的列车同一辆由36节车厢组成的列车发生灾难性的碰撞。这件事发生在南方铁路局，叶利尼科夫的奥利尚卡区间，事情的经过是这样的：一辆火车行驶在鲍尔晓夫驾驶的列车的前方，由于蒸汽不足，前面的列车停了下来，那位司机不得不拉着几节车厢继续向车站进发，把剩下的36节车厢停在了铁轨上。由于这些车厢下面并没有放置阻滑木，因此这些车厢以15 km/h的速度朝后面滑动，马上就要撞上鲍尔晓夫驾驶的列车了。机警的鲍尔晓夫及时发现了危险，他立刻让自己的列车向后面倒退，将倒退的速度慢慢升至15 km/h。正是因为他聪明的做法，这36节车厢才没有遭受任何损失。

　　有人根据同样的原理制造了一种装置，可以在行驶的火车上更加方便舒适地写作。众所周知，在火车的行驶当中写作是非常困难的，因为车厢在通过路轨接合处时会产生振动，这种振动无法同时传递到纸和笔尖上。倘若将振动同时传给纸和笔尖，那么它们就会相对保持静止，这样一来，在行驶的火车上写作就变得方便多了。

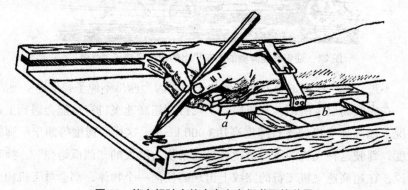

图22　能在行驶中的火车上方便书写的装置

　　这一想法依靠图22所示的装置就可实现。我们将板a绑在拿笔的手上，让板a可以在板条b的凹口处移动，而板条b又能在车厢里小桌上的木框横槽里移动。我们能够发现，手可以自由活动，实现逐行书写。与此同时，木座上的纸感受到的振动可以在第一时间传递给握在手里的笔尖上。通过这种装置，我们可以顺利地在车厢里书写，几乎跟在停下来的车厢里写作没什么两样。但是因为头和手受到的振动不同步，因此，纸上的字迹总是跳来跳去的。

6. 在磅秤上

用磅秤准确地测出你的体重的唯一方法，就是一动不动地站在磅秤上。只要稍一弯腰，磅秤上的数字就会变小。这到底是为什么呢？

肌肉从上半身向下弯曲的同时会将下半身向上拉升，减轻了支点给磅秤带来的压力，导致磅秤示数变小。相反地，当你把身体拉直时，那些肌肉的力量又会把身体上下部分推向其他方向，伴随着下半身对磅秤施加的压力增加，磅秤的读数也会上升。

如果磅秤非常灵敏，那么即便是抬起手臂，你的体重也会略有改变，磅秤的读数也会上升。因为抬起胳膊时，同肩膀连接的肌肉会把人的肩膀和躯体向下压，所以磅秤承受的压力也会跟着增加。假如把抬起的手臂静止地停在空中，那么情况刚好相反，肌肉会把人的肩膀和躯体向上提拉，所以体重对磅秤施加的压力就会变小。

相反，如果将手臂垂直放下去，自身的体重就会减轻，如果让手臂在空中静止不动，那么体重就会增加。我们得出的结论是，我们身体内部的力量具有增加或减少我们体重的作用，当然，这里所说的体重是指对支点施加的压力。

7. 物体在哪里分量更重

地球给物体施加的引力会随着物体与地面距离的增加而降低。如果我们把1 000克重的砝码提高到离地面6 400 km的高空，这段距离相当于地球半径的两倍，那么，地球对它施加的引力就会减弱到原来的$\frac{1}{4}$。那么它在秤上的重量就不是1 000 g，而是250 g。依照万有引力定律，地球对任何物体都具有引力，如果地球将所有质量都聚集在地心，那么引力和距离的平方会变为反比。在上面的描述中，砝码与地心的距离是地球半径的两倍，所以引力减弱到原来的$\frac{1}{4}$。如果将砝码提升到距离地面12 800 km的地方，这样的距离相当于地球半径的3倍，引力就会减弱到原来的 $\frac{1}{9}$。此时1 000 g重的砝码只有111 g的重量，其他情况以此类推。

因此，我们很自然地产生了一种想法：物体距离地心越近，受到的引力越大，我们将砝码带到地心，它会变得更重。不过这样的推理并不正确，物体向地心靠拢，它的质量不但不会增加，反而会减少。原因就在于，在地下深处，吸引物体的地球物质微粒已经不只有一面，而是来自四面八方。参照图23你会发现，处于地球深处的砝码一方面被其下方的微粒向下吸引，另一方面还被位于砝码上面的微粒向上吸引。事实上，发生作用的只是半径等于从地心到物体之间距离的那个球，所以，随着物体持续向地心下沉，它的重量会迅速减少。当物体到达地心后就会彻底失去重量，变成没有重量的物体，因为在那里，地球的物质微粒因为方向不一致而彼此抵消。

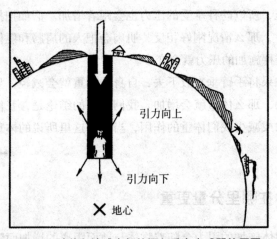

引力向上

引力向下

✕ 地心

图 23　随着向地球内部的深入重力会减弱的原因

因此，物体只有在地面上才拥有最重的重量，无论是升上高空还是沉入地下，自身的重量都会随之减少。

8. 落体的重量

我们在乘坐电梯的时候都会有种奇怪的，好像坠入悬崖的那种轻飘飘的感觉，这样的感觉就是失重。当电梯开始工作时，你脚下的电梯底板就已经开始下落了，不过你并未产生同样的速度，所以，在那一瞬间你的身体并未对底板产生压力，身体变轻了。但是这种奇特的感觉很快就消失了：你的身体比匀速下落的电梯具备更快的下落速度，这样就会对木板施加压力，我们的重量恢复。

如果把一个砝码挂在一个弹簧秤上，当磅秤和砝码一起下落时，仔细观察一下读数是否发生了变化（为了便于观察，可以在秤的缺口处放置一小块软木，并注意软木的位置变化）。你会发现当秤和砝码同时下落时，读数并未显示出砝码的标准重量，而只显示了一小部分。如果你在秤自由坠落时观察读数的变化，你就会看到当砝码和秤同时快速下坠时，砝码竟然一点重量都没有，指针显示的数值是0。

即便是最重的物体，在下落的过程中也不会有任何重量。这种现象很容易理解，重量就是物体压迫支撑点或悬挂点的力。不过正在下落的物体并不能对秤上的弹簧产生拉力，原因是弹簧同它一起下落。它在物体下落的时候，并没有牵拉任何东西，也没有挤压任何东西。所以，当有人问这个正在下落的物体的重量是多少，就等于在问没有重量的物体到底有多重。

17世纪，力学的奠基人伽利略曾经写道："当我们阻止重物下落时，我们能感到肩膀的重量。不过如果我们和肩上的重物以相同的速度下落，我们的肩膀还会感受到压力吗？这跟下面的情形非常相似：如果我们想用长矛刺伤一个人，但是这个人在用跟我们一样的速度奔跑。"

下面这个简单、便于操作的实验可以直观地证明这些推理的正确性。我们将一把夹坚果用的钳子放在天平的一个盘里，在一个盘上放上它的一支柄，将另一支柄用细线系在天平横梁的钩子上（如图24）。然后将重物

图24 证明落体失重的实验

压在另一个盘子里，以便让天平保持平衡。将烧着的火柴靠近细线，细线被火柴烧断时，被线系起来的钳子就会掉落到盘子里。

此时的天平会是怎样的情况呢？当钳柄向盘子里下落的时候，装有钳子的盘到底会下降、上升，还是依旧维持平衡？

因为你现在已经知道，正在下坠的物体没有重量，你可以预知这个问题的正确答案：左边秤盘会立刻向上升。

真实的情况也是这样的：尽管上面的钳柄在下落时会和下面的钳柄相连，但是毕竟它施加给下面钳柄的压力比静止时小，所以，钳子的重量减少了，那么左边秤盘立刻上升就变得很正常了。

9.《从地球到月球》

1865—1870年，儒勒·凡尔纳创作的科幻小说《从地球到月球》在法国出版发行。他在小说中提了一个极其独特的问题：将载人的超大号炮弹式车厢发射到月球上去。儒勒·凡尔纳还展示了看似可行的设计方案，这让很多读者产生了一个疑问：这个设想有没有实现的可能？

现在让我们来聊一聊这个有趣的话题。

首先我们讨论一下，我们能否向宇宙发射一颗炮弹，并且不让它落回地球？这种情况存在理论上的可能，不过从实际的角度出发，为什么水平射出的炮弹一定会落到地球上呢？因为地球会给炮弹施加引力，引力会让炮弹的飞行方向发生变化。它不是走直线，而是在地面上进行曲线飞行，因此它终究会掉落在地球上。的确，地球的表面也不是平整的，不过炮弹拥有更加弯曲的飞行路线。假如我们减少炮弹路线的曲率，让它和地球表面的曲率保持一致，这样一来，射出去的炮弹就永远也不会落在地球上，而会绕着地球进行曲线飞行。也就是说，它将成为地球的卫星，几乎就是第二个月亮。

不过，怎样才能让炮弹的飞行曲率比地球表面的曲率大呢？答案非常简单，观察图25，图中描述的是地球的一部分剖面图。将一门大炮（山高可以忽略不计）放在山上的A点处。如果地球不存在引力，射出的炮弹在一秒钟后就会到达B点。因为引力的关系，炮弹的飞行路线发生了改变。炮弹在1 s后并没有到达B点，而是到达了比B点低5 m的C点。在重力的作用下，每一个自由落体的物体在地表附近（真空）飞行时，第一秒经过的距离都是5 m。假如这颗炮弹在下落5 m后和地面的距离与它在A点时和地面的距离保持一致，那就说明它正在绕着地球飞行。

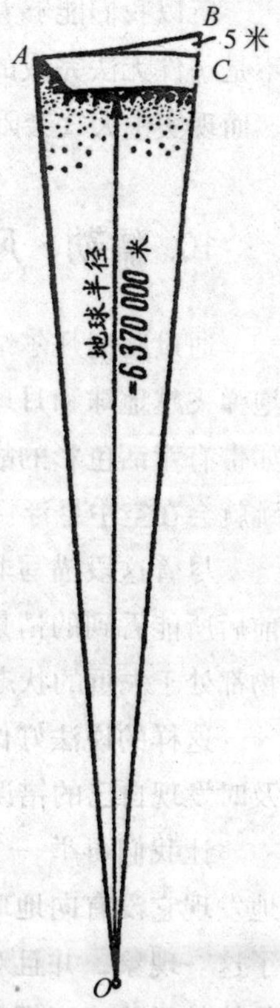

我们现在如果能计算出AB线段的长度（图25），即炮弹在一秒钟内沿水平方向经过的长度，我们就能得出炮弹应该用什么样的速度发射出去才不会掉落在地球上。用三角形AOB不难算出这个距离：三角形中的OA表示地球的半径（大约6 370 000 m），OC=OA，BC=5 m，所以，OB=6 370 005 m。依照勾股定理我们能够得知：

$$(AB)^2 = (6\,370\,005)^2 - (6\,370\,000)^2$$

计算可知，AB约为8 km。

这样一来，如果空气的阻力等于0，那么用大炮水平射出的，以8 km/s的速度飞行的炮弹就永远也不会落到地球上，它会像一颗卫星一样，围绕着地球旋转。

假如我们让大炮以更快的速度射出炮弹，那么炮弹会飞向什么地方呢？天体力学证明，8 km/s、9 km/s、10 km/s的炮弹会围绕地球作椭圆形的路线飞行，初速度越大，椭圆形越扁长。如果炮弹以11.2 km/s的速度飞行，炮弹的飞行路线就不再是椭圆形，而是非封闭的曲线，或者被称为"抛物线"，那样的话，炮弹将会永远从地球上离开（如图26）。

图25 对永远不会落回地球的炮弹速度的计算

（图中标注：A B 5米 C；地球半径≈6 370 000 米；O）

图26 以8 km/s或者更高的初速度射出的炮弹轨迹

（图中标注：速度为8 km/s；速度超过11.2 km/s；速度只为11.2 km/s；速度为8~11.2 km/s）

所以我们能够看出，从理论上讲，如果速度够快，坐着炮弹去月球并不是一件无法完成的事情。（以上推论的前提是大气不阻碍炮弹的运动。然而现实中大气会阻碍炮弹的运动，会给实现超高速带来不小的麻烦。）

10. 儒勒·凡尔纳如何描写这种月球旅行

通过阅读凡尔纳创作的《从地球到月球》，我们很难忘记在旅行中，炮弹飞越地球和月球引力相等时的那一点的美妙时刻。此时发生的情景犹如带有童话色彩的故事。炮弹中的一切都失去了重量，旅行者只要轻轻一跳就会在空中悬浮。

尽管这段描写非常正确，不过作者忽视了飞越引力相等时的那一点的前后所能看到的情景。不难证明，炮弹滑膛而出的时候，车厢里的任何事物都处于失重的状态下。

这样的说法好像让人觉得不可思议，不过我确信你很快就会因为没有及时发现自己的错误而感到震惊。

让我们再举一个凡尔纳小说中的例子。乘客们把狗的尸体扔掉后惊奇地发现它没有向地球下落，而是和炮弹一起继续飞行。小说家准确地描述了这一现象，并且对它做出了科学的解释。我们都知道，在真空中，任何物体的下坠速度都是相等的，地球引力让所有物体获得了相同的加速度。在这样的情况下，炮弹和狗的尸体受到地球的引力影响，具备了相同的加速度，更确切地说，炮弹和狗的尸体在从炮筒里射出时获得了相同的速度，在重力的作用下又一同降低了速度。由此得知，炮弹和狗的尸体在途中每一个点的速度都是完全一致的。那么被扔出炮弹的狗的尸体肯定会紧紧地跟在炮弹的后面。

不过小说家忽视了一点：假如狗的尸体在炮弹外面不向地球下降，那么它在车厢里时为什么会向下降？要知道狗无论在炮弹内部还是外部，受到的作用力都是相同的。狗的尸体在炮弹里没有支点，它的速度等同于炮弹的飞行速度，所以它应该悬浮于空中。对于狗的尸体来说，炮弹是处于静止状态的。

这个道理适用于狗的尸体，也同样适用于乘客和炮弹内部的所有物体：他（它）们在行程中的任何一个点上都具有炮弹本身所具备的速度，所以，就算没有支撑点，他（它）们也不会坠落。如果将炮弹内部地板上的椅子反着放在天花板上，它也不会朝下面坠落，它会跟着天花板一起朝前方飞行。乘客可以四脚朝天坐在这把椅子上，无论坐到什么时候都不会有从天花板上掉下来的危险。要知道，掉下来就意味着椅子接近地板了，也就是说炮弹的飞行速度比乘客的速度（要不然椅子不会接近地板）快。不过这种可能是不存在的，因为炮弹内所有的物体都具有和炮弹相同的加速度。

小说家忽略了这一点。他认为飞行的炮弹只有受到重力的作用才会继续挤压它们的支撑点，仿佛炮弹静止了一样。儒勒·凡尔纳并未对此重视，假如物体和支撑点都受到重力的影响，在宇宙中以相同的加速度飞行，那么，它们就不会彼此压迫。

如此一来，从坐在车厢里的乘客开始旅行的那一刻起，乘客们就已经失去了所有重量，并且可以自由地在车厢里飘浮。同样地，炮弹里的所有物体都会失去重量。乘客们可以依照这个特点很快判断出他们是在炮筒里纹丝不动，还是在太空里快速地飞行。不过小说里确实是这样描述的，在星际旅行开始的半个小时后，乘客们还在争论这个问题，他们到底有没有飞出去。

"尼柯尔，我们在天上飞呢？"

尼柯尔和阿尔唐彼此对视了一眼：他们都没有感觉到炮弹的振动。

"说实话，我们到底有没有在天上飞啊？"阿尔丹重复问道。

"难道我们仍旧静止地停在佛罗里达的地面上？"尼柯尔也问道。

"难道我们在墨西哥湾的海底？"阿尔丹又补充了一句。

轮船上的乘客产生这样的疑问是很有可能的，不过自由飞行的炮弹车厢里的乘客就没有必要问这种毫无意义的问题了：轮船上的乘客仍旧拥有自己的重量，但是炮弹上的乘客则变成了完全失去重量的人，他们难道察觉不到自己已经失重了吗？

这个幻想的车厢里真是拥有很多奇怪的现象啊！在这个狭小的世界里，所有的物体都失去了重量，从手里放开的东西并不会坠落，而是停留在原地，任何物体都以不同的形态保持着平衡，打翻的水瓶也不会有水流出。然而这一切都被儒勒·凡尔纳忽视了，要知道这些神奇的现象，原本可以为科幻小说家创造出更多的写作素材。

11. 用称重不准的天平进行准确的称重

想象一下，要进行准确称重，是天平重要，还是砝码重要？

如果你觉得这两种东西同样重要，那就大错特错了。只要你手上有正确的砝码，即便没有能够准确称重的天平，也可以准确称出重量。用不正确的天平称出准确的重量的方法有很多。我们来介绍一下其中的两种。

第一种方法是我们伟大的化学家门捷列夫提出的。我们先将一个重物放在天平上，无论放什么重物，只要它比我们要称的东西重就没问题。然后我们将砝码放在另一个盘子里，保持天平的平衡。然后我们把要称重的物体放在砝码那边的托盘上，为了让天平重新保持平衡，我们要从天平上拿掉一些砝码。很明显，拿下去的砝码重量就是我们要称重的物体的重量。

这种方法一般被称作"恒载量法"，在同时给一些物体称重时，这种方法非常适用。将原先的重物放在一个托盘里，就能完成所有的称重。

第二种方法被称为"博尔达法"，它是以一个学者的名字命名的，具体操作如下：将需要称重的物体放在一个托盘里，将沙子或铁砂倒在另一个托盘里，直到天平能够维持平衡为止。再将需要称重的物体（不要动沙子）拿出托盘，在盘子里放上沙子，直到天平能够再次维持平衡为止。很明显，现在砝码的重量和被它们替代的东西重量相同，所以，这种方法还有另一种叫法，"替代称重法"。

假如你有准确的砝码，即便使用只有一个托盘的弹簧秤，同样可以采用这个简单的方法。这样就不用准备沙子或铁砂了。将需要称重的东西放在托盘里，把指针所指的刻度记下来，再把物体拿走，用砝码替代它，直到指针指向原先的那个刻度为止。很明显，这些砝码的重量就是我们所要称重的物体的重量。

12. 我们的实际力量

你用一只手能提起多重的物体？如果是10 kg，你肯定认为你这只手臂的肌肉力量就是10 kg，然而这就大错特错了。肌肉的力量远比10 kg大。举个例子，请你仔细观察你的手臂上的二头肌（如图27）。它的固定点位于前臂骨，主要起到为前臂骨提供支撑的作用。但是重物却作用于它的另一端。从重物到支点的距离约为肌肉末端到支点距离的8倍。换句话说，假如一个重物有10 kg的重量，那么，想要用肌肉提起它需要用8倍的力量。如果肌肉的力量是我们手力量的8倍，那么肌肉能提起的重量就不是10 kg，而是80 kg了。

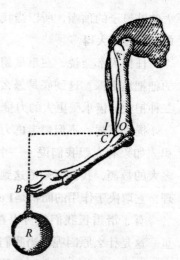

图27　人的前臂 C 属于第二类杠杆，作用力加在 I 点上，支点位于关节 O；要克服的阻力 R 作用于 B 点，BO 距离大约是 IO 的8倍

我们可以毫不夸张地说，任何一个人的力量都比自己实际展现出来的力量大很多。换句话说，我们的肌肉能发挥出来的力量要比我们实际表现出来的力量大得多。

这样的手臂结构真的合理吗？乍一看确实不太合理，我们能够发现，力量就这样白白失去了。不过，让我们回忆一下力学中古老的"黄金规则"：但凡在力量上有所损失，都会在移动距离上有所补偿。上面的例子就是典型的在移动速度上占得了便宜。我们双手的移动速度是支配双手的肌肉的移动速度的8倍。这种固定肌肉的方式也出现在动物的身上，可以让动物们行动敏捷。在自然界中生存，这可比力量重要得多。如果我们的手脚不具备这样的构造，我们就会成为移动迟缓的动物。

13. 为什么尖锐的物体容易刺进其他的物体

你有没有思考过这样一个问题：为什么针刺穿物体特别容易？为什么细针很容易就能刺进一块绒布或厚纸板，但是用钝钉子就非常困难？在这两种情况下，不是使用了相同的力量吗？

都是同样的力，为什么会产生不一样的压强？在第一种情况下，所有的力都集中在针的顶端；而在第二种情况下，相同的力量分布在面积比较大的钝钉子的顶端，所以当我们施加的力相同时，针尖的压强肯定比较钝的针尖压强大得多。

任何人都会说，在重量相同的情况下，拥有20个齿的耙比拥有60个齿的耙耙地更深。这到底是怎么回事？原因就在于，第一种耙上的齿要比第二种耙上的齿承受更大的力量。

提到压强，不但要考虑力量的作用，还要时刻留意这个力所作用的面积。如果有人跟我们说，一个人的工资是1 000卢布，我们并不知道这是多大的数额，我们要知道这到底是月薪还是年薪。力的作用也是同样的道理，它取决于作用的面积是1 cm^3，还是1 mm^3。

有了滑雪板我们就可以在雪地上滑行，没有滑雪板则很容易陷进雪里。这是什么原因呢？当我们踩着滑雪板时，我们的重量会分散到整个滑雪板的表面。打个比方，倘若滑雪板的底部面积是我们鞋底面积的20倍，那么，当我们踩到滑雪板上面时，我们的重量变成了直接踩雪时的$\frac{1}{20}$。软软的雪地可以承受住脚踩滑雪板的人带来的压强，但是不能承受脚直接踩雪的人带来的压强。

同样地，在沼泽里前行的马需要穿上一种为它量身定制的"靴子"，增加马蹄和沼泽之间的接触面，目的是减少沼泽受到的压强，如此一来就能避免马蹄陷入沼泽。有时候，人也会采取同样的措施。

如果要在特别薄的冰上走，就一定要爬着走，这样做的目的同样是尽最大可能把身体的重量分散到冰面上。

另外，虽然坦克和履带非常笨重，但是它们并不会陷入松软的地里。原因也是如此，就算它们的重量大，但是被分散到了较大的面积上。8 t及以上装有履带的拖拉机对1 cm^{2}的土地不会施加超过600 g的压力，如此看来，经过沼泽地时应该采用一种装有履带的车辆。一种能够载重2 t的车辆，对地面施加的压力只有160 g/cm^2，所以，在沼泽地或沙漠地带，它可以比其他车辆行驶更顺畅。

较大的接触面可以发挥技术上的作用，就像我们可以好好利用接触面积小的针尖那样。

依照之前提到的情况，我们不难发现，尖锐的物体之所以能够更容易地刺进物体，正是因为力量集中作用在了较小的面积上，尖锐的刀子比钝刀更容易刺进或是切割物体的原因也是如此。

因此，用尖锐的物体刺穿或切开东西会更容易，因为它们的尖端或刀刃上集中了较大的压强。

14. 我们与大海兽很像

如果我们坐在小木凳上肯定会感觉不舒服，但是，如果我们坐在沙发上，就会觉得非常舒适，这到底是为什么呢？为什么躺在质地很硬的绳索制成的吊床上就有种柔软的感觉呢？为什么我们把床上的弹簧垫换成金属网还是觉得躺着很舒服呢？

道理很简单。一般的凳子表面是平滑的，我们的身体能接触的面积很小，我们将躯干的全部力量都集中在了那一小块区域里。而沙发的表面是柔软的，躯干能接触的面积就会变大，它能将躯干的重量分散开。由于单位面积上受到的压力越大，承受的压强越小，我们坐着也就越舒适。

简而言之，问题在于平均分配的压力上。当我们惬意地躺在柔软的床上时，床面在我们身体的压迫下会出现凹凸不平的凹陷。如此一来，身体的压力能够均匀地分布在床的底面上，施加在每平方厘米上的力也只有几克。这样的情况下，无论是躺着还是坐着都会很舒服。

如果用数字表示出这样的差异就是：一个成年人身体表面的面积约为 2 m^2，或20 000 cm^2。倘若我们躺在床上，那么我们的身体与床接触的面积大约为我们身体表面积的 $\frac{1}{4}$，换句话说就是0.5 m^{2}或者5 000 cm^2。我们的重量约为60 kg（中等体重）或者60 000 g。就是说，平均下来每平方厘米受到的压力只有12 g。假如我们躺在几块光板上，那么身体接触的支撑面只有很少的几块地方，把它们全都加在一起也只约100 cm^2，所以压强约是0.5 kg/cm^2，而不是之前的小数字了。这样的差别显而易见，所以，我们的身体几乎是在一瞬间就能感受到这种差别，我们会说"真是硌得难受。"

不过，假如把压力分散到很大的接触面上的话，就算床再坚硬，我们也不会觉得不舒服。试想一下，你躺在柔软的泥地上，那上面还印着你的身体的印迹。你先从泥地上站起来，等到泥土被风干（泥土变干时其实会缩水5%～10%，不过我们将这种情况排除掉）。此时泥地的坚硬程度会和石头相当，不过上面依旧留有你身体的印迹。你现在再躺下去，用身体把那个印迹填满，就会有种躺在柔软的羽绒被褥上的感觉，肯定不会硌得难受，尽管你等于躺在了石头上。你此时就成了传说中的大海兽。在罗蒙诺索夫的诗中，我们能够找到这样的描述：

> 仰卧在棱尖角锐的石头上，
> 对硬邦邦的棱角不以为然，
> 拥有巨大神力的大海兽认为，
> 身下不过是稀软的淤泥。

不过我们躺在"硬床"上不觉得硌并不是因为我们具有"神力"，而是将体重分散到了比较大的接触面积上罢了。

第三章

介质和阻力

1. 子弹和空气

我们都知道空气会阻碍子弹的飞行，不过空气阻碍子弹的力量究竟有多大，这个还不得而知。大部分人都觉得，类似空气这种我们平时看不见摸不着的介质，应该对快速飞行的子弹产生不了多大的作用。

不过通过观察图28你就会知道，空气确实能对子弹产生相当大的阻碍。如果没有空气的阻碍，子弹的飞行距离就会超越图中那个较大的弧线。子弹从枪管飞出来时（成45°角，初速度为620 m/s），会在空中划出一条高达10 km的巨大弧线：子弹的飞行距离能够达到将近40 km。事实上，子弹在上述情况下只能划出一条很小的弧线，它只有4 km的飞行距离。跟同一张图上的第一条弧线作比较简直是天差地别：空气的阻力竟然能产生这么大的影响。如果没有空气，可以用自动步枪将弹雨射到10 km的高空，从40 km外就可以扫射敌人。

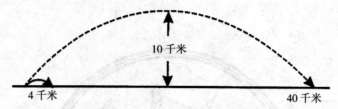

图28　子弹在真空中和在空气中的飞行（大弧线为没有大气时子弹飞过的路线，小弧线为子弹在空气中的实际路线）

2. 超远程炮击

在第一次世界大战行将结束的时候（1918年），德军炮兵第一次从100 km以外用炮弹攻击了对手，当时英法空军频繁告捷，完全限制了德军的空袭，所以德军司令部选择使用发射炮弹的方式突袭距离战争前线110 km的法国首都。

这种想法非常新颖，进行如此远距离的炮击可谓史无前例。德军炮兵的这一发明也是非常偶然的。他们意外地发现，在用大口径炮以较大仰角射出炮弹时，射程能够达到40 km，而不是以往的20 km。原来，如果炮弹以极大的初速度和更大的仰角发射出去时，能够进入更高处的大气层，那里空气稀薄，几乎可以忽略空气阻力，在这种阻力极其微弱的介质中射出的炮弹可以飞行很远的距离，然后才会落地。图29直观地向我们展示出了改变发射的仰角给炮弹飞行的路线带来的差别。

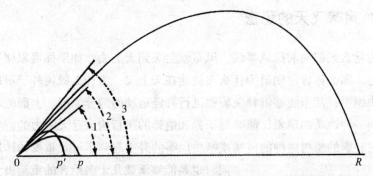

图29 炮弹的飞行距离随炮的射角改变而改变，射角为1时炮弹在 p 处落地，射角为2时炮弹在 p′ 处落地，射角为3时，由于炮弹进入空气稀薄的平流层，射程立即增加很多倍

这次意外的观察结果为德军的远程大炮奠定了设计基础，大炮成功地制造了出来，德军从115 km以外用远程大炮攻击了巴黎，并且在1918年的夏天，向巴黎发射了300多颗这样的炮弹。

后来，人们才知道这种大炮（如图30）的具体参数。

远程大炮拥有一根长34 m、宽1 m的巨大钢制炮筒；它尾部的壁厚达到40 cm。炮身重750 t，炮弹重120 kg，长1 m，宽21 cm。所装的火药重150 kg，可以在发射时产生5 000个大气压，使炮弹以2 000 m/s的速度发射出去。发射仰角为52°，炮弹射出后会划出一条很大的弧线，它的制高点距离地面40 km，也就是说它已经进入了平流层。炮弹从前线发射到巴黎的射程为115 km，总共耗时3.5 min，其中的两分钟是在平流层飞行的。

这就是现代超远程炮的雏形——人类历史上第一门远程大炮的基本情况。子弹（或炮弹）的初速度越大，空气的阻力就越大，这一阻力并不是跟初速度成简单的

图30 德军大炮"巨头"

比例增加，它会以更快的速度增加，以速度的二次方甚至更高次方成比例增加。至于到底是多少次方，主要取决于初速度有多大。

3. 风筝飞天的秘密

为什么我们向前拉风筝线，风筝就会飞到天上去？如果你可以回答这个问题，那么你肯定知道为什么飞机能在天上飞，为什么槭树种子可以在天空中飘浮，甚至能够解释飞旋镖进行奇怪运动的部分原因。上面的事例都是同一种性质的现象，能够对子弹和炮弹的飞行构成巨大阻力的空气，不仅对轻飘的槭树树种的传播或纸质风筝的升空起到了至关重要的作用，同时也是能够承载几十名乘客的重量极大的飞机在天上飞行的前提条件。为了弄明白风筝在天上飞的原因，我们可以先看一个简图，也就是图31。

假如风筝的断面为MN，风筝平面和水平线之间形成的倾斜角为a。我们将风筝放飞的时候会拉扯风筝线，风筝因为底部重量的原因开始从右往左做倾斜运动。那么这样运动时，究竟有哪些力会施加在风筝上面呢？

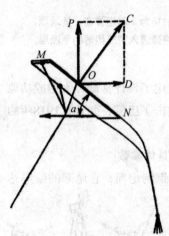

图 31 作用在风筝上的力

首先，空气肯定会给风筝施加压力。我们在图中用箭头OC来表示这种压力，因为空气的压力总是同平面保持垂直，所以，OC线和MN成一个直角。阻力OC可以分成OD和OP两个力，形成所谓力的平行四边形，其中OD将风筝向后推，以此降低它的飞行速度；OP让风筝向上升，从而减轻风筝的重量。假如这个力足够大，就可以将风筝的重力全部抵消，让它飞起来。

这就是我们向前拉风筝时，风筝会不断地往天上飞的原因。

飞机和风筝一样，只是手的牵拉力被飞机上的螺旋桨或喷气式发动机的推进力取代了。在螺旋桨或发动机的推动下，飞机会向前移动，结果就跟风筝一样，使飞机升空。我们只在这里对这种现象做出一个大概的解释，此外还有很多决定飞机升空的因素，这些因素我们在其他的章节里另行介绍。

4. 动物滑翔机

我们已经知道飞机不可能像人们想象的那样按照飞鸟仿制而成,准确地说,飞机的结构框架模仿了鼯鼠、猫猴和飞鱼。但是,上面这三种动物并不是用自己的飞膜向高处飞,而是为了跳得更远,正如飞行员的比喻一样,"滑翔下降"。对于这些动物们来说,上一节图31中提到的力OP不能彻底抵消它们自身的体重,只能减轻它们身体的重量,并且帮助它们从高处向远处跳跃。鼯鼠甚至能从一棵参天大树的树冠跳向30 m开外的另一棵较低的树的树枝上。有一种生活在东印度和锡兰的鼯鼠,学名叫袋鼯,个头很大,跟家猫差不多。当它将"滑翔机翼"打开的时候,竟然能有0.5 m宽。尽管袋鼯的体重比较大,但是这种巨大的飞膜仍然可以让它飞越50 m的距离。在菲律宾群岛生活的猫猴更是可以越过70 m的距离。

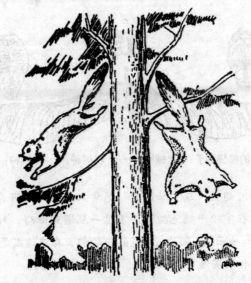

图32 鼯鼠能从高处跳到 20 ～ 30 m 之外

5. 植物的滑翔

植物也通过滑翔的方式来传播果实和种子。大部分果实和种子要么通

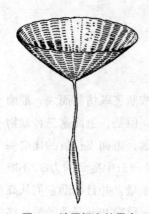

图33　婆罗门参的果实

过能够起到降落伞作用的绒毛（蒲公英、婆罗门参、棉花）传播，要么通过在空中保持平面的形状依靠滞留传播。我们可以从松柏、槭树、榆树、桦树、鹅耳枥、椴树和许多伞形科植物那里发现类似这样的植物"滑翔机"。

我们可以通过克尔纳·冯·马里拉温的名著《植物的生活》中找到对这一问题的描述。

白天艳阳高照，万里无云，很多果实和种子依靠垂直向上的气流上升到高空，不过到了傍晚，它们就会降落到不远的地方。这种飞行不仅可以将种子分散得更广，而且可以让种子落在悬崖峭壁上或缝隙间，而种子是无法通过其他方法到达这些地方的。水平方向流动的气流能够将在空中翱翔的果实和种子带到更加遥远的地方，更便于它们在水平方向上进行传播。

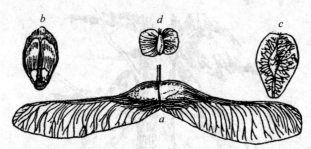

图34　会飞的植物种子： *a*，槭树种；*b*，松树种；*c*，榆树种；*d*，桦树种

有些植物的"翅膀"或"降落伞"通常只在飞行时附着在种子上，大翅蓟的种子可以在空中平稳地飘浮，不过一旦遇到障碍，种子就会脱离飘浮的状态，降落到地面上。因此，大翅蓟一般都长在墙边或是栅栏边，此外，有些植物的种子和果实通常都跟"降落伞"连在一起。

图33和图34展示了几种通过"滑翔机"传播的果实和种子。植物的"滑翔机"甚至在很多方面比人造的滑翔机更加出色，它们可以带比自己重得多的东西飞上天。而且，这种植物"飞机"有一大特点：拥有自动维持稳定的特性。倘若把印度茉莉的种子翻转过来，它会自动倒转回去，让

凸面朝下；假如种子在飞行的过程中碰到了阻碍，它也不会立刻失去平衡，不会突然朝地面降落，而是会平平稳稳地降落在地面上。

6. 延迟开伞的原因

说到"降落伞"，我不由得回忆起跳伞运动员纵身一跃的勇敢一刻。他们从大约10 km的高空中跳出飞机，但是他们并不会立刻打开降落伞。而是在最后几百米才打开降落伞，缓慢地落地。

大部分人认为开伞前人就好比坠落的石头，是自由落体的。如果情况真的如此，那么降落伞运动员延迟开伞的时间肯定会比现在提前很多，而且最后达到的速度也要比现在更快。

不过，由于空气阻力的原因，速度的增加会受到阻碍。在延迟开伞的那段时间里，跳伞运动员只有在一开始的十几秒也就是最初的几百米内会增加下降的速度。随着速度的增加，空气阻力越来越大，增加的速度越来越快，很快跳伞者的降落速度就会达到最大值。之后这种运动便会从加速运动变为匀速运动。

我们可以用数学的计算方法将延迟开伞用绘画的形式表现出来。加速下落只发生在运动员从飞机上跳下来的最初12 s甚至更短的时间内，如果体重略轻，时间还会更短。他能在短短的十几秒内下降400~500 m，产生约50 m/s的下落速度，之后在打开降落伞之前，他一直会以这样的速度匀速下落。

雨滴下落的过程跟跳伞类似，唯一不同的是雨滴降落的加速度只能维持约1 s的时间，甚至少于1 s，所以雨滴最后的下落速度并没有延迟开伞运动员的速度快，而是只有2~7 m/s。雨滴的形状大小不同，速度快慢也会略有不同。

7. 飞旋镖

飞旋镖是原始人的完美作品，它代表了那段时期人类高超的技艺，很长一段时期以来都令学者们感到无比震惊。没错，飞旋镖可以在空中划出复杂且奇特的轨迹（如图35），人们对此难以理解。

图 35　大洋洲原住民用飞旋镖从遮蔽物后击杀猎物

　　现在，人类可以详尽地解释飞旋镖的飞行原理，这种奇怪的飞行方式已经不是什么神秘的事情了。我们不会详细地描述那些妙趣横生的细节。我们只需要指出，是三种因素的相互作用导致了飞旋镖奇特的飞行方式：①最开始的一掷；②飞旋镖的旋转；③空气的阻力。大洋洲原住民下意识地将这三种因素结合在一起：他们熟练地将飞旋镖的倾斜角、抛掷的力度以及方向做了改变，从而获得他们想要达到的效果。

　　其实，我们每个人都可以学到这个技巧。

　　为了方便训练，我们可以用纸做一个飞旋镖。依照图36的形状，我们可以剪出一个长约5 cm，宽差小于1 cm的飞旋镖。用一只大拇指的指甲紧紧地按住纸镖，用另一只手的食指弹向它的偏上方，纸镖就会从你的手里飞出5 m左右，在空中划出一道完美、圆滑的曲线。如果它没有碰到什么障碍物的话，它还会落回你的脚边。

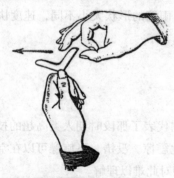

图 36　纸质飞旋镖及其抛掷方法　　　图 37　纸质飞旋镖的另一种形状

假如依照图37所示的大小和形状来做飞旋镖的话，那么就可以达到更加出色的效果。另外，最好将纸镖的两翼轻轻扭曲一下，使它呈螺旋形。如果学会了这一技巧，就可以让飞镖在空中划出复杂的曲线，然后降落到你的脚边。

图38　古埃及抛掷飞旋镖的兵士画像

最后，我们必须再指出一点，同人们想象的不一样，飞旋镖不仅是大洋洲原住民的独门兵器，它在印度同样被广泛使用。通过壁画的遗迹可以得知，它甚至曾经是亚洲士兵的武器，在古埃及和努比亚，飞旋镖也是家喻户晓的武器。只是原住民飞旋镖有一个独一无二的优点，就是它的弯曲稍微带点螺旋。因此，原住民飞旋镖可以划出令人匪夷所思的曲线，如果没有命中目标，它还会重新返回抛掷者的脚边。

第四章

旋转"永动机"

1. 如何区分熟蛋和生蛋

如果要在不打破蛋壳的情况下辨别鸡蛋的生熟，应该怎么办？

破解这个难题，我们仅需一点儿力学方面的知识就够了。由于熟蛋和生蛋在旋转时会产生不同的效果，所以我们可以通过这种现象解决这个难题。

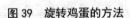

图 39　旋转鸡蛋的方法　　　图 40　把熟鸡蛋和生鸡蛋分别挂起
根据旋转情况进行判别

将需要分辨的鸡蛋放在平底盘子里，通过两只手指让它们开始转动（如图39），此时对于生鸡蛋来说，即便是让它旋转起来都很难。反观煮熟的鸡蛋，它的旋转速度就很快，它的整体形态在我们眼里成了白茫茫的一片，俨然成了一个白色的扁扁的椭圆形，有时候甚至能利用尖端竖立起来。除此之外，它旋转的持续时间也很长。

之所以能够产生类似的现象是因为煮熟的鸡蛋本身就是一个整体，而生鸡蛋里的液态物质并不能跟着蛋壳一起快速转动。在惯性的影响下，蛋白和蛋黄会减慢蛋壳的移动速度，它们起到的作用跟刹车类似。

当煮熟的蛋和生蛋停止旋转时，就会出现区别。假如我们用手指轻轻触碰一下正在旋转的熟鸡蛋，它会在一瞬间停止旋转。反观生鸡蛋，当你缩回手指后，它会再接着转一会儿才停下来。惯性是产生这种现象的原因：当生蛋壳里面的液态物质完全停止转动的时候，它并不会停下来，而当熟蛋完全停止旋转时，里面的物质也会停止转动。

此外，我们还有别的方法进行判断。用橡皮圈分别将熟蛋和生蛋"沿子午线"捆紧，并且挂在两条相同的细线上（如图40）。将这两只鸡蛋拧转相同的圈数，再同时将手松开，我们就可以立刻发现这两者之间的差别：旋转的熟蛋会回到之前的位置，由于惯性的原因，它会同细线一起向反方向旋转，再退转回来，经过几次的反复，旋转的圈数会慢慢减少。相比之下，生蛋的旋转次数只有两次，在煮蛋停止旋转之前它早就不再转动了：生蛋的蛋白和蛋黄起到了阻碍它旋转的作用。

2. "快乐转盘"

打开一把伞，让伞的尖端接触地面，然后旋转伞柄，你可以轻松地快速旋转伞，此时，如果你将一个小球或是纸团扔到伞里，它们不会停留在伞里，而是被抛出来。很多人都错误地称这种力量为"离心力"，其实这样说是不正确的，出现这种情况的原因是因为惯性。被扔出去的球并不是沿着半径的方向运动，而是沿着圆周运动路线的切线方向被抛了出去。

依照这一旋转运动所产生的效应，人们发明了一种名叫"快乐转盘"（如图41）的娱乐设施，我们可以在文化公园里看见这样的设施。游客能够在这里真实地感受惯性的作用。人们在这个转盘上分别找到自己的位置，他们有的站着，有的坐着，有的懒洋洋地躺在上面。阀盘下面装有发动机，在它的带动下，阀盘以竖轴为中心开始平稳地旋转。起初会转得很慢，然后速度逐渐加快。此时，在惯性的影响下，转盘上所有的人纷纷向旁边滚爬。一开始，人们并没有向外面移动的感觉，不过随着游客们离圆心越来越远，越来越接近边缘，运动的速度和惯性的作用也开始愈发明显。无论使多大的力气，都无法保持原地不动，最终，游客们都被"快乐转盘"抛了出去。

图 41 "开心转盘"旋转时人们被抛掷出边界外

事实上，地球也是一个类似这样的"快乐转盘"。只不过它的尺寸要比转盘大很多。当然，地球并没有把我们抛出去，不过它将我们的重量减轻了。众所周知，赤道是地球转速最快的地方，因此，在这里生活的人，体重会比真实的重量轻$\frac{1}{300}$，假如我们将其他影响体重的因素也算进去的话（地球椭率），那么重量会减少半个百分点（即原重量的$\frac{1}{200}$）。所以，成年人的体重在赤道附近会比在两极附近时轻大约300 g。

3. 墨水漩涡

如果将光滑的白色硬纸板剪成圆形，然后在中间插一根削尖的火柴棍儿，你就做好了一个陀螺。图42左图展示的陀螺大约是实际尺寸的一半。想让陀螺旋转的话，只要用两只手指把火柴棍儿捻住，让它旋转起来，并且迅速地丢在平滑的地面上就可以了。

我们现在用陀螺做一个非常有意思的实验。首先我们在陀螺上滴点墨水，在墨水还没有干的情况下直接旋转陀螺。等它彻底停止转动时，再看看那几滴墨水发生了什么变化：我们发现每一滴墨水都划出了一条螺旋线。如果我们将这些螺旋线都组合在一起，一个漩涡般的图形就会呈现在我们面前。

图42　墨水在旋转的圆纸片上流散

这种图形类似漩涡并不是偶然的。你知道纸片上的漩涡表示什么吗？

这是那几滴墨水的运动轨迹。墨水受到了力的作用，就跟坐在旋转的"快乐转盘"上的人们一样。因为离心效应的原因，墨水滴在离开圆心时，流向圆纸片上比墨水滴本身拥有更快圆周速率的地方，圆纸片在这些地方沿着墨水滴的下方滑过去，来到它的前面。就出现了这样的情景：墨水滴好像落在了圆纸片的后面，处于半径线后面的位置。所以它们的路线产生了弯曲，因此，曲线运动的轨迹就呈现在了纸片上。

无论是从高气压区流出的气流（即"反气旋"），还是流入低气压区的气流（即"气旋"），都会受到相同的力的作用，所以我们说由墨水滴产生的螺旋纹就是这些空气漩流的真正缩影。

4. 被欺骗的植物

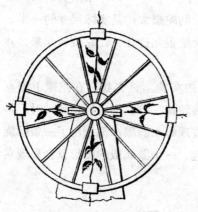

图 43　在旋转轮圈上生长的豆种

在飞速旋转时，离心效应可以达到的数值甚至超过了重力的作用。下面这个有意思的实验可以向我们证明，一个普通的轮子在飞速旋转时产生的向外抛掷力到底有多大。我们都知道，刚长芽的植物的茎往往向逆着重力的作用方向生长，换句话说就是向上生长。不过，如果让一颗种子在飞速旋转的车轮上生长的话，就如同英国植物学家奈特在一百多年前第一次做的实验一样。你肯定会发现一个非常奇怪的现象：根朝车轮的外面生长，而茎则沿着轮子朝着中心方向生长（如图43）。

植物仿佛被我们欺骗了：我们用离心效应替代了原本影响植物的重力。它的作用方向总是由车轮中心处朝外延伸。由于茎总是逆着重力的方向生长，所以，它现在则沿着轮子朝中心处生长。人为的重力超过了自然的重力，所以，在人为的重力作用下，刚长苗的植物得以茁壮成长。

5. "永动机"

无论是"永动机"，还是"永恒运动"，都被人们谈论了太长的时间，可是并不是所有人都明白这其中的含义。"永动机"是这样一种机械，它只存在于人们的想象之中，它可以永不停歇地运作，而且还可以提供一些有用功（比如提重物）。虽然人们很早就进行过这方面的尝试，不过从来没有人成功过。所有参与这种尝试的人都无功而返，这促使了人们相信永动机是不存在的，并且因此确立了现代科学上一个基本的定律：能量守恒定律。关于"永恒运动"，依照字面意思就是一种在不做功的情况下实现不停运动的现象。

图44所展示的就是存在于人们脑海里的永动机的样子。这是古老的设计方案之一，直到现在，仍然有很多科学家在屡屡失败的情况下，不断地拿出新的设计方案。一些能够自由活动的小短杆被放置在轮子的边缘部分。无论轮子在什么地方，轮子右侧的重物都会比左侧更偏离中心，所以，右边的重物肯定比左边的重，轮子在这样的情况下就会发生旋转。换句话说，轮子

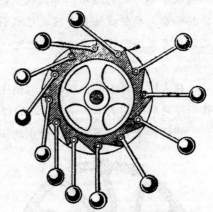

图44　中世纪设计的永动轮

可以不停地旋转下去，一直转到轮轴全被磨烂为止。这就是发明家设计出来的方案。不过，这部机器真的被制造出来后，并没有如人们预想的那样旋转。

为什么会出现这样的情况呢？

下面我来讲一下原因，尽管轮子右边的重物总是偏离中心，不过，右边的重物数量明显少于左边，请看图44，右边的重物加在一起只有4件，可是左边的重物加在一起却有8件。这就导致轮子处于一种平衡的状态下，在这样的情况下，轮子肯定转不起来。就算它能够摆动几下，也会停留在图示的位置上。

如此一来，我们可以证明，既能不停地运动，还能做某种有用功的机器是造不出来的。将精力全都花费在这个难题上完全没有意义。以前，尤其是在中世纪，人们花费了大量的时间和金钱解决这一物理难题，那时候的人们认为，发明永动机要比在质地粗糙的金属中提炼黄金更能吸引人们

的眼球。

在《骑士时代的几个场景》中，普希金曾经通过别尔托尔德的外貌特征描述了这样一位幻想家。

"什么是永动机？"马丁问。

"永动机，"别尔托尔德回答说，"就是永不停歇的运动。如果我可以实现永不停歇的运动，那么人类的创造就会突破极限。我亲爱的马丁，你要明白，尽管提炼黄金确实很吸引人，但是永动机的发明会比它更有意思，更有实用价值。不过，实现这一发明的前提是拥有永动机啊！"

在人们设计出的上百台永动机中，没有一台可以真正运转起来。正如我们在之前举的例子，一些问题的忽视导致发明家的全盘计划落空。

我们再来看一下下面这台永动机：这是一只装有很多滚动的钢珠的轮

子（如图45）。发明家当初的设想是，轮子上肯定有一边的滚珠偏离中心，如此一来，轮子会依靠自身的重量旋转起来。

毫无疑问，这样的轮子是没法转动起来的。它和图44里的永动机拥有相同的问题。不过在美国的一座城市里，一家咖啡店另辟蹊径，制造了一个图46这样的巨型轮子来吸引顾客。尽管在空隙里翻滚的沉重的球体会如人们预想的那样让轮

图45　设想的装有滚珠的"永动机"

子翻滚起来，可是，实际情况却是一台隐藏起来的发动机在偷偷地推动这台"永动机"转动。经常摆在钟表店橱窗里吸引顾客的永动机也都是骗人的，道理跟这个类似，它们都是由电动机偷偷地供电运转的。

曾经有一个带有广告性质的永动机着实给我的讲解带来了麻烦，我的工人学生们都被它迷住了。起初他们对我提出的观点持质疑的态度，跟我讲的大道理相比，那些通过滚动的珠子带动轮子旋转显然更能吸引他们，他们也不认为那个所谓的工业奇迹其实是由城市发电厂输送的电流驱动

的。正巧那时是假期，供电厂休息，这着实让我轻松了不少，因此，我让学员们在工厂放假期间多多观察那台机器，他们真的去看了。

"你们看见永动机了吗？有什么感觉？"

"我们没看到，"他们面红耳赤地回答道，"它被人用报纸遮上了……"

后来，他们再也不怀疑能量守恒定律的真实性了。

图46　为了做广告而在洛杉矶建造的想象中的"永动机"

6. "小故障"

许多出色的俄国发明家绞尽脑汁想要解决"永动机"的问题。有一位名叫谢格洛夫的西伯利亚农民就是他们中的一员，谢德林的小说《现代牧歌》中描写的"小市民普列津托夫"就是以他为原型创造出来的。小说的作者是这样描写这位发明家的：

小市民普列津托夫年龄约 35 岁，脸色苍白，身材瘦弱，一双大眼睛无比深邃，长长的头发一直披到脖子后面。他的木房宽敞无比，不过有一半的地方都被一个非常大的轮子占据了，因此，我们一行人只好费劲地挤在里面，那个大轮子并不是实心的，上面有轮辐，轮圈巨大无比，由薄木板钉制而成，仿佛一个中空的大箱子。那个发明家的秘密，也就是这个空心中的机关就藏在里面，这并不是什么复杂的机械，看上去仿佛若干袋装满沙土的袋子，主要用于保持平衡，还有一根从轮辐中穿过的棍子，用来让轮子处于静止状态。

"听说，你将永恒运动的定律付诸实践了？"我张口问道。

"这应该怎么说呢？"他红着脸答道，"好像……"

"可以让我参观一下吗？"

"没问题，这是我的荣幸！"

他将我们带到轮子的旁边，然后围着这个大轮子绕了一圈。我们从各个角度观察它，但是，怎么看它也只是个轮子。

"它可以转动吗？"

"不出意外，可以转动的，不过它最近情绪不好。"

"我们可以把那上面的棍子拿走吗？"

普列津托夫将棍子拿了出来，轮子完全不动。

"它又在闹情绪了，"他又说了一遍，"必须得推它一下，它才能转。"

他用两只手抱紧轮缘，不停地上下摇摆，最后使劲一摇，将手松开，轮子开始转动了。一开始，轮子转动得非常快，而且非常均匀，沙袋在轮圈里的撞击声音不绝于耳，随后，轮子转动得越来越慢，木轴也开始发出咯吱咯吱的声响，最后，轮子彻底停了下来。"看起来，还是有一点小故障啊。"发明家红着脸解释道，他又牟足了劲儿推动了轮子，可是，结果还跟第一次一样。

"是不是将摩擦的问题忽视掉了？"

"这个还需要考虑摩擦问题吗？这跟摩擦力没有关系，只是……它有时候情绪不稳定，有时候高兴，有时候不高兴，假如轮子是用质量有保证的材质制作而成就没问题了，可惜，它的材料都是东拼西凑来的。"

很明显，这里存在的问题并不是什么轮子闹情绪或者"东拼西凑的廉价材料"的问题，归根结底是因为制造轮子的思想存在问题。尽管轮子可以飞速旋转，但那是发明家用力推的结果，当推力和摩擦力互相抵消，轮子就会停止转动。

7. 乌菲姆采夫的蓄能器

人们口中流传的"乌菲姆采夫机械能蓄能器"能够证明，假如只从表面现象评论"永恒"的运动，就会产生很多错误的概念。库尔斯克的发明家乌菲姆采夫发明了一座可以安装"惯性"蓄能器的新型风力发电站，这种蓄能器非常廉价。1920年，乌菲姆采夫将蓄能器的模型制作了出来，那是一个巨大的圆盘，它可以在滚珠轴承上围绕竖轴转动，他将这个圆盘放在一个被抽干空气的机箱里。假如我们有办法让它每分钟的转速达到20 000转，那么它就可以持续不停地转动15个白天和黑夜！倘若我们只观察它的表面，就会发现这种圆盘的轴即便没有受到外力的作用，仍旧可以不停地转动，如此一来，很多人就真的相信人类已经解开了永恒运动的难题。

8. 并不神奇的奇迹

研究"永动机"总是让发明家们无功而返，这让人们在这方面陷入了绝望。我认识一位工人，可以这么说，他为了制造出"永动机"的模型，不惜倾其所有，最后花光了所有积蓄，沦为了不可能完成的理想的牺牲品。虽然他没衣服穿，也不能填饱肚子，但仍然恳求人们捐助他，因为这样他就能制造最后一台不停转动的永动机。这个人让自己变得贫穷，原因就在于他对基本的物理学原理了解太少。

有意思的是，假如对"永动机"的探索总是无疾而终，那么我们就应该认真思考一下永动机无法存在的这一概念，这样我们或许能够得到一些惊人的发现。

16世纪末17世纪初，著名的荷兰学者斯泰芬发现了斜面上力量平衡的定律。在例证永动机方面，他就是权威。这位数学家完全有资格得到更高的声誉，原因就在于他有一系列重大发明，我们经常在日常生活中运用这些发明。他的杰出贡献包括：小数的发明、将指数运用于代数，以及流体静力学定律的发现。

斯泰芬发现斜面上力量平衡的定律，并未通过力的平行四边法则，而是依靠14个架在三棱体上的如球一样的物体（如图47）获得的。将一个三棱体上挂上一个由14个相同的球串在一起的链条。链条会怎么样呢？很显然，垂在下面的部分能够维持平衡，那么，上面的两个部分能够保持平衡吗？也就是说左右两侧的几个球体能够互相维持平衡吗？答案是可以的，如果不能，链条就会自然而然地从右边滑向左边，并且不会停下来，因为每一次其他小球都会取代滑下来的小球的位置，永远也不能恢复平衡。不过，我们都知道，如果搭在三棱体上的链条没受到外力的作用，它就不会自己滑动，那么显而易见，右侧的两个球是可以同左边的四个球保持相对平衡的。奇迹好像就这么产生了：两个球产生了同四个球相同的拉力。

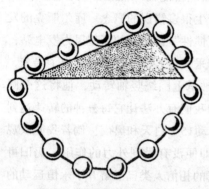

图47　"不足为奇的奇迹"

斯泰芬从这个并不神奇的奇迹中推导出了一个意义重大的力学定律。他的想法是这样的：这段链条分为两个部分，长度各不相同，它们有长有短，重量也不一样。长链重量和短链重量的比值恰好等于斜面上长段和短段之间的长度比值。我们可以由此得出，将两个用绳子相连接的重物放在斜面上，倘若这两个重物的重量之比等同于斜面的长度之比，它们就能够实现彼此平衡的状态。

假如斜面中相对较短的一个刚好处于竖直状态，那么，我们可以获得力学上的另一大重要定律：为了使斜面上的物体处于静止状态，就应该在竖直的方向上施加一个力。物体重量与力的比值等于斜面的高度与其长度的比值。

如此一来，将"永动机"无法实现这一想法作为参照，他竟然获得了力学上的一大重要发现。

9. 还有两种"永动机"

你可以在图48上看到，一条沉重的链条缠绕在几个轮子上面。无论链条旋转到什么地方，左边的一半总是短于右边的一半。所以发明家声称，右侧的一半比左侧的沉，可以不分昼夜地下落，为运转整个机器带来足够的能量。事实是这样的吗？

结果是不能。正如我们刚才见到的，假如几个力从各个角度拉拽链条，链条上重量较重的部分会跟较轻的部分之间保持平衡。现在，我们研究的这个机器，竖直方向的牵引力影响着左侧的链条，而右侧链条则呈弯曲状态，所以右侧的链条比左侧的重，但是将左侧拖拽过来是不可能的，我们在这里仍旧无法让令人备受期待的"永动机"问世。

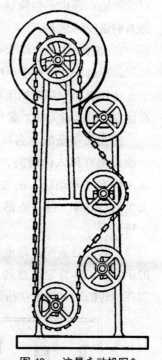

图48 这是永动机吗？

19世纪60年代，在巴黎博览会上，一位发明了"永动机"的发明家展示了自己的发明，他好像充分发挥了聪明才智才做出这台机器。它是由一个大轮子和在里面滚动的球体组成的，当时的发明家声称，没有人可以让轮子停止转动。参观者们纷纷尝试将轮子停止转动。不过，只要将手离开轮子，它就会马上接着转动。让人想不到的是，带动轮子转动的力量恰恰来自那些试图阻止轮子旋转的参观者。在他们将轮子向后面推的时候，就会将隐藏在机器里的弹簧拉紧。

10. 彼得大帝时代的"永动机"

1715—1722年间，彼得大帝的书信被妥善保存了下来，这其中的内容跟"永动机"的购买有密切的关系。一位名叫奥菲列乌斯的德国博士发明了"永动机"，这项发明让他在德国名声大噪，经过他的许可，这台机器被高价卖给沙皇。彼得大帝命令学识丰富的图书馆藏员舒马赫尔去西方搜集珍品，他与奥菲列乌斯谈判商议购买"永动机"一事。他依照奥菲列乌斯提出的要求向沙皇禀告如下：

"发明家提出了最后的要求：支付100 000耶菲莫克，只有看到钱才同意交货。"

依照舒马赫尔的转述，发明家在讲解机器的时候说道："它的性能绝对没问题，谁也不会质疑它，除非图谋不轨，或是整个世界充满了无法得到人们信任的恶人。"

1725年1月，彼得大帝决定亲自去德国参观那台轰动一时的"永动机"，不过，这位沙皇还没动身就死了。

这位奥菲列乌斯博士到底是什么人？他那台"传说中的永动机"究竟有他说的那么神奇吗？最终，我查到了与这两个问题有关的资料。

奥菲列乌斯的本名叫贝斯莱尔，1680年在德国出生，对神学、医学和绘画都有深入的研究，最后，他专心研究"永动机"。奥菲列乌斯在众多研究"永动机"的发明家中是名气最大的，也是最幸运的。直到他去世的1745年，他一直都在用表演"永动机"获得的钱财过着衣食无忧的生活。

图49便是依照古籍重新描绘的奥菲列乌斯于1714年发明的"永动机"的示意图。你肯定注意到了那上面的大轮子，它不仅能够自由旋转，还可以在旋转的同时将重物抬到高处。

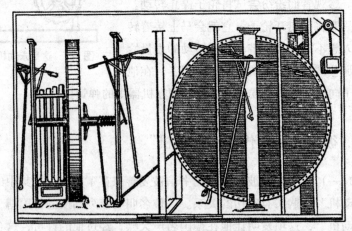

图49　彼得大帝没有买下的奥菲列乌斯"自动轮"

一开始，这位学识丰富的博士在市场上展示这项发明，人们都惊呼这简直是"奇迹"，他的名声迅速遍及德国全境。很快，奥菲列乌斯就找到了力量强大的庇护者：波兰国王。随后，德国黑森卡塞尔州的侯爵也被这项发明所吸引。后者还把自己的城堡提供给发明家，想要用尽一切的办法检查这台机器。

因此，1717年11月12日，他在一个单独的房间里悄悄启动了"永动机"，然后将房间锁上了，将封条贴在门上，两名高大威猛的士兵守卫着门口，保持高度警惕。14天里，所有人都无权进入那间有轮子转动的神秘房间。直到11月26日，门上的封条才被揭下来，侯爵及其随从赶紧来到屋子里面。里面到底发生了什么？轮子仍旧在转动着，并且速度并未减慢，人们阻止了机器的转动，认真查看了之后，就让它再次启动了。在之后的40天里，房门上又被贴上了封条，就这样，卫兵们又在门口守卫了40天。直到1718年1月4日，封条再次被揭下来，专家委员会发现轮子并未停止转动！

侯爵对这样的结果很不满意，于是进行了第三次实验。这一次，机器被封存了两个月。两个月如期而至，人们发现机器依旧像往常一样，快速地转动着。

因此，侯爵对此项发明拍手叫好，他还向发明家颁发了官方证书。证书中这样写道："他的'永动机'转速能够达到每秒50转，还可以将重约16 kg的重物抬到1.5 m高的地方，它甚至能够让锻铁带动风箱和砂轮机。"就这样，奥菲列乌斯带着他的证书开始在欧洲游历。如果他将"永动机"以不少于100 000卢布的价格卖给彼得大帝，那么，他肯定能得到很大一笔钱。

有关奥菲列乌斯博士以及他的发明的消息很快便传遍了欧洲大陆。没过多久，这个消息传到了彼得的耳朵里，这让对任何"精巧的机器"都很感兴趣的沙皇垂涎三尺。

彼得大帝最早开始留意奥菲列乌斯的轮子还要追溯到1715年，那个时候，他并不在德国。当时的他受到著名的外交官奥斯捷尔曼的委任，前去详细了解这项发明。没过多久，后者就把介绍"永动机"的相关详细资料寄了回来，尽管他本人并没有见过"永动机"。彼得甚至想让伟大的发明家奥菲列乌斯到俄国就任官职，他曾经派人向当时著名的哲学家赫里斯季安·沃尔夫（罗蒙诺索夫的老师）征求对奥菲列乌斯的宝贵意见。

　　无论这位声名远扬的发明家走到哪里，都会受到潮水般的邀请。世界各地的伟人都非常敬重他。诗人们还以他的奇迹般的发明为题材创作诗歌。不过，还有一部分人质疑他的发明创造，他们认为这里面一定暗藏了什么机关。有一些胆子大的人公开谴责他欺骗了所有人，甚至有人愿意出1 000马克奖励揭秘奥菲列乌斯骗术的人。我们从一本揭露骗术的小册子中找到了一幅插画，我们现在将这幅插画在这里进行复原（如图50）。揭秘骗局的人是这样描述的："永动机"真正的神秘之处仅仅是一个人偷偷地藏在机器里拉绳子而已，观察者看不到那根绳子是因为它被拴在立柱轮轴的一个小零件上面。

　　揭穿这个计划缜密的骗术完全是个巧合，博学多识的博士以及知道内幕的妻子和女仆吵过一次架。否则，我们很有可能直到现在都觉得那台"永动机"很神秘呢。原来，"永动机"的背后真的有人在偷偷地拉绳子，而那些拉绳子的人正是发明家的弟弟和女仆。

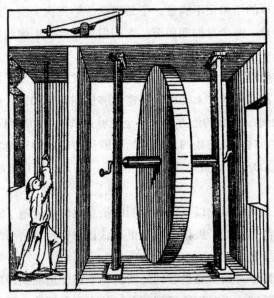

图50　奥菲列乌斯轮子的秘密

　　发明家的骗术被揭穿了，但是他不愿放弃，他直到去世都在不停地狡辩，他说他的老婆和女仆是因为痛恨他才揭穿他的谎言。不过，人们已经不再信任他了。他向彼得大帝的使者舒马赫尔不停地说着一些这些人毫无道德之心的话，他说这个世界上充满了无法得到人们信任的恶人，他这么说确实没什么问题。

彼得大帝统治时期的德国还有一台"永动机"声名远扬，发明它的人叫格特纳。

舒马赫尔这样描述了这台"永动机"："我在德累斯顿看过格特纳先生的永动机，其实它就是一块麻布，上面洒满了砂子，外观很像机器上的磨石。这台机器可以实现自己前后移动，不过用发明家的话说，动作的幅度不能过大。"毋庸置疑，这台"永动机"也无法达到真正意义的永恒运动，它最多也就是台样式新颖的机器，跟"永动"完全没有关系，只是在内部装了一台发动机而已。舒马赫尔向彼得大帝汇报说，法国和英国学者对这些花哨的"永动机"根本不买账，他们说这些机器违背了物理学的基本定律。

舒马赫尔说的话非常正确。

第五章

液体和气体的特性

1. 两把咖啡壶

两把粗细相同的咖啡壶（如图51）摆在你的面前，它们高低不一，到底哪把壶盛的液体更多一些呢？

或许很多人不经过大脑思考就会得出结论，认为高壶比矮壶盛得水多。不过，如果你把水倒入高度略高的壶中，水只能达到壶嘴的位置，如果水的位置超过壶嘴，就会从壶嘴里溢出来。原因

图 51　两把咖啡壶

就在于这两把壶的壶嘴的高度相同，因此，高壶和矮壶盛的水是相同的。

这个不难理解：壶体和壶嘴就是一个连通器，能够让水维持在同一水平，虽然壶里的水比壶嘴处的水重很多。不过，如果壶嘴的高度不够，那么无论你怎么努力，壶也不能被灌满，因为水会从壶嘴里溢出来。一般情况下，壶嘴的高度比壶体的上沿高一些，这样一来，即便壶轻微倾斜，水也不会轻易流出来。

2. 古人不懂什么

直到现在，罗马城的居民仍在使用前辈们留下的供水设施。古罗马的奴隶们建造的这些设施无比坚固。

至于那些负责指导这些工程设施的工程师们，他们的专业知识太匮乏了，完全不懂物理学的基本原理。

图52展示的是慕尼黑的德意志图画的复刻品，从这张图上能够发现，罗马人将供水管道架在管道之上，而不是埋在地面以下。他们为什么这么设计呢？如果跟现代的设计一样，将管道铺设在地面以下岂不是更加便捷？肯定更加便捷。不过当时的罗马工程师并不懂连通器的规则。他们认为那些被较长的管道连起来的蓄水池，并不能保证水面与自己同高，假如按照地面的坡度将管道铺设在地面以下，那么在某些地段，管道里的水会往上流。古罗马人害怕水不能从地下流上来，所以，他们会在供水管道的线路上弄出平顺的斜坡（付出的代价就是要频繁让水绕行，或是将拱柱建得很高）。罗马有一条名为阿克瓦·马尔齐亚的管道，它的长度有

100 km，不过，这个长度却是前后两端之间直线距离的两倍。由于物理学基本定律的匮乏，他们竟然多修了50 km！

图52　古罗马供水设施

3. 液体的压力是向上的

　　液体的压力朝下，指向容器的底端，同时朝向侧面，也就是容器的侧壁，即使是对物理学一无所知的人来说也明白这些道理。不过，液体的压力也可以朝向上方，肯定很多人绝对不会想到这一点。一个普通煤油灯的玻璃灯罩就可以向我们证明，液体确实存在向上的压力。现在，我们在一个厚纸板上剪出一个圆片，圆片的大小刚好将灯罩的小口盖上。将被纸片盖住灯罩的小口放入水中，如图53所示。为了防止纸片在水中脱离小口，我们将一根线穿过纸片的中心，拉住它，或直接用手将它托起来。当灯罩下沉到一定的位置时，你会发现，就算不托着它，也不用绳子拉着它，它仍旧可以牢牢地待在灯罩上，原因就在于位于它下面的水向它施加了自下而上的压力，将它托了起来。

　　你甚至能够测量出这种压力到底有多大。现在，我们慢慢地往灯罩里倒水，当灯罩里面的水和容器里面的水保持同一高度时，纸片就会自动脱离灯罩，换句话说，容器里自下而上的压力与灯罩里自上而下的压力相当，互相抵消了。液体对任何浸入液体的物体都会采用这种定律。而且，举世闻名的阿基米德定律中所描述的在液体中失重的情景也正是由这种定律造成的。

　　如果我们拥有形状不同，但开口相同的玻璃灯罩，那么我们就可以证明液体的另一大定律。这就是液体对底端施加的压力，应该考虑的主要因素是底部的面积和液体的高度，而不是容器的形状大小。我们可以通过将不同的灯罩放入水中同样的位置来证明这一定律。（我们需要提前在容器的同一高度贴上纸条）。你会注意到，当几个灯罩中的水到达同一位置时，那上面的纸条就会掉下来（如图54）。换句话说，如果水柱的底部面积和高度完全相同，那么即便水柱的形状不同，压力也是一样的。需要注意的是，最重要的不是长度，而是高度，原因在于较长的倾斜水柱对底部施加的压力与高度相同但长度较短的竖直水柱对底部施加的压力（在底部面积相同时）是一样的。

图 53　验证液体自下而上
压力的简单方法

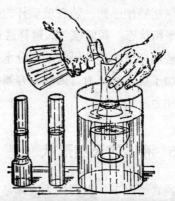

图 54　验证液体对容器底部的压力仅
取决于底部面积的大小和液面高度

4. 哪只桶更重

我们将一只盛满水的水桶放在天平的一个托盘里，在另一个托盘里也放上盛满水、重量相同的水桶，不过，第二个水桶里放了一块漂浮的木头（如图55）。你觉得哪边的水桶更重？

我给很多人出过这个问题，得到的答案也是不尽相同。有人说，那只漂着木头的水桶更重，因为桶里既有水，也有木头。还有人说，事实刚好相反，我觉得第一只水桶重，因为木头比水轻。

图 55　两只桶

　　不过他们都说错了，两只桶的重量相同。第二只桶里的水的确比第一只桶里的少，因为在里面漂浮的木头占据了一部分体积。依照浮力定律，任何漂浮的物体，会以浸入液体的部分排出与该物体重量相当的水，也就是说，天平依旧保持着平衡。

　　我们现在再来解答另一个问题。我将一只盛着水的玻璃杯放在天平上，将一个小砝码放在杯子的旁边。当另一个盘里的砝码让天平保持平衡时，我就将它浸入那只盛满水的玻璃杯里。那么，此时的天平会出现什么情况呢？

　　依照阿基米德定律，处于水中的砝码重量要轻于处于水外的砝码。我们好像能够预感到，装有玻璃杯的托盘会升高。但是，事实上，天平依旧处于平衡状态。我们该怎么解释这种现象呢？

　　玻璃杯里的小砝码将一部分水排了出去，导致水面升高，对容器的底部施加了更大的压力，因此，容器的底部必须承受一个与减少的重量相等的附加力。

5. 液体的天然形状

　　通常情况下，人们认为液体是没有形状的。这种说法并不正确，每一种液体的天然形状都是球形。由于重力的作用，液体往往不能以天然形状存在，因此，注入容器的液体就会变成容器的形状，不在容器中的液体就会变成薄雾四处飘散。依照阿基米德定律，将一种液体注入与其比重相同的液体中，它就会丧失自身的重量，好像一丝分量都没有了，不再受重力的影响。此时的液体就会呈现出最天然的形状，这就是球形。

　　橄榄油可以在水上漂浮，但是放到酒精里就会下沉，所以，我们可以混合水和酒精制成一种液体，让橄榄油在里面既不漂浮，也不下沉。我们通过注油器向这种混合液体里注入一些橄榄油后，可以观察到一种奇特的现象：橄榄油会聚集在一起，形成一个巨大无比的圆形油滴，它既不浮在水面，也不沉到水底，而是静止不动地悬浮在水中（如图56）。

　　这个实验需要耐心，而且注意力要高度集中，不然的话，悬在里面的就不是一个大油滴，而是数个体型较小的油滴。不过即便如此，你仍然会觉得这个实验很有意思。

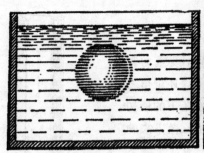

图56 普拉托实验

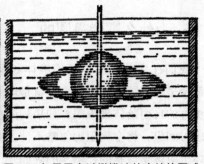

图57 如果用穿过橄榄油的木棒使圆球
在液体里旋转，会从球上甩出一个环

　　不过，这个实验并未就此结束。我们用一根长木条或金属丝从橄榄油的中心穿过去，然后开始旋转它，球形油滴也会随之旋转。一开始，球形油滴会因为旋转的影响变成扁圆形，不过几秒钟后就会出现一个圆环（如图57）。然后，这个环形会散成若干个部分，不过再次形成的是新的圆形油滴，而不是几个形状不同的碎块。它们会继续围绕中间的球体转动。

　　比利时物理学家普拉托首次做了这个有趣的实验。上面阐述的方法是标准的普拉托实验的做法。我们不妨采用另一种更简单的做法进行这个实验，而且还能保留实验的趣味性。首先我们用水把小玻璃杯洗净，将橄榄油倒进去，将它放在一个大玻璃杯的底部，然后小心地将酒精倒进大杯里，让小杯被大杯里的酒精彻底覆盖，接着小心地用小勺沿着大杯的侧壁注入一些水。橄榄油的表面开始在小杯里呈现出凸起状，凸起变得越来越大，当注入的水足够多时，它就会从小杯子里跑出来，向我们呈现出一个体型巨大的圆球，并且在稀释的酒精里悬浮（如图58）。假如我们没有酒精，则可以用苯胺替代它。在常温下，苯胺的密度大于水，不过当温度处于75℃~85℃之间时，它的密度就会比水小了。我们只要将水烧热，苯胺就可以悬浮在水里，此时，它的形状会变成一个巨大的球形。如果在常温中进行这个实验，苯胺会以球形的状态悬浮于盐溶液中。

图58 普拉托实验简化做法

6. 为什么霰弹是圆的

我们在之前提过，任何液体如果不受重力影响都会呈现其天然的形状，也就是球形。还记得之前讲过的自由落体现象吗？如果物体在落下的最初一段时间里，将空气阻力忽略不计，那么落下来的液体也应该是球状的，事实的确如此，从天上降下来的雨水确实是圆形的。霰弹其实就是呈滴状的铅水凝固形成的。在工厂里制造霰弹也是利用了这个原理，让呈滴状的铅水从高空落入冷水中，凝结后成为规则的球状物。

这样制造霰弹的方法被称为"高塔法"，因为霰弹是从很高的"霰弹铸造塔"坠落下来制成的（如图59）。霰弹铸造塔用金属建造而成，高度为45 m，顶部设有带熔锅的铸造间，地面上放置有水槽。铸成的霰弹需要先分类，再进行精加工。在下坠的时候，滴状的铅水已经被冷却，成了霰弹，而放置水槽的目的是为了缓冲霰弹坠地时产生的撞击力，防止球状遭到破坏（榴霰弹是直径在6 mm以上的霰弹，它的制造方法和这种方法不太一样，它是通过将金属丝弄成小块，再进行打磨，使其变圆）。

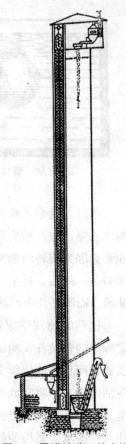

图 59　霰弹铸造厂的高塔

7. "无底"的高脚杯

向高脚杯里倒水，直到将水斟到杯口。将一些大头针放在杯子旁边，看看杯子里能否放下一到两枚大头针。

可以一边计数一边向里面放入大头针。这一过程一定要小心谨慎，先将针头慢慢浸入水中，然后轻轻地松开手，整个过程中不能有任何晃动。我们发现，将一枚大头针放进去时，水面并没有变化。然后将第二枚、第三枚大头针放进去，水面依旧没有变化，就这样放进去十枚、二十枚、三十枚大头针，发现水还是没有溢出来。接着放入五十枚、六十枚、七十枚大头针，直到整整一百枚大头针，可是水依旧没有溢出来（如图60）。

图 60　放大头针

而且，水不但没有溢出来，水面上也没有任何显而易见的凸起。接着放入大头针，二百枚、三百枚、四百枚大头针纷纷沉入杯底，仍旧没有一滴水溢出杯口。不过此时，我们已经能够看到水面出现了微微的凸起。正是这微微的凸起可以解释这种奇特的现象。众所周知，如果玻璃上有一丁点油渍，就很难被水浸湿。这个实验中的杯子和我们平时用的餐具没什么不同，也会或多或少留下一些油渍，如果杯口不能沾水，杯子里的大头针排出来的水就会形成一个凸起，用肉眼看，觉得它很小。不过假如你耐心计算一下一枚大头针的体积，再将它同杯口微微凸起的体积进行一番比较，你就会明白，大头针的体积只是凸起部分体积的百分之一。所以，装满水的杯子可以放进上百枚钉子，杯子的杯口越大，能放的大头针的数量就越多，原因就在于杯口越大，能容纳凸起的体积就越大。

如果我们想彻底弄明白这种现象，就需要进行一番细致的计算。大头针的长度约为25 mm，直径约为0.5 mm。依照几何学公式，可以计算出这个圆柱体的体积，为5 mm³。现在再加上大头针的顶端，总体积应该在5.5 mm³以内。

现在让我们来计算一下杯口以上凸起部分的体积。如果杯子的直径是9 cm，即90 mm，那么圆形面积大约是6 400 mm²。假如将凸起部分的厚度算作是1 mm，那么它的体积就应该是6 400 mm³。大约为一枚大头针体积的1 200倍。也就是说，盛满水的容器里可以放进去1 000多枚大头针。事实上，如果我们非常小心，非常仔细地将大头针放进杯里，的确可以放进1 000枚，因此，即便我们觉得大头针已经将整个杯子装满，甚至比杯口还要高，可是，水依旧在杯子里，不会溢出来。

8. 煤油的有趣特点

曾经接触过煤油灯的人大致知道煤油的某种特点能够给人带来麻烦。你将煤油灯里灌满煤油，将外壁擦拭干净，一个小时以后再去观察，你会发现外壁是湿润的。

　　因为盖子没有被拧紧，本应顺着玻璃往外流的煤油却跑到煤油灯的外壁上去了。假如你不希望出现类似的意外，你就得尽可能地拧紧盖子。

　　煤油的这种"弥漫性"给需要将煤油作为燃料的轮船带来了不小的麻烦。如果不采取必要的措施，轮船就只能运送煤油或石油了，因为这两种液体透过不易观察到的空隙流出来，不但顺着油箱流到外壁上，并且会向周围渗透，甚至可以跑到乘客的衣服里去，将那种令人作呕的气味附着在所有的物体上。人们绞尽脑汁想要摆脱这种麻烦，结果却总是失败。

　　英国幽默作家杰罗姆在中篇小说《三人同舟》中对煤油做了充分的描述，这并不是他有意夸张描写：

　　我从没有见过有什么东西比煤油更具穿透力，我们将煤油放在船头，它却能从船头跑到船尾，并且在它所到之处附着上难闻的味道。它渗透甲板，掉进水里，毒害空气、天空和人。掺杂着汽油味的空气时而自西向东，时而自东向西，时而从北方来，时而从南方来，在空中来回飘浮。无论是白雪皑皑的北极，还是荒凉的沙漠，它总是不停地骚扰我们。在傍晚时分，漂亮的晚霞会被这种难闻的味道侵袭，就连月亮的光辉也被破坏了，我们从船上下来，在城里散步，可是，难闻的煤油味始终纠缠着我们，好像整座城市都被煤油味渗透了。

　　事实上，被煤油渗透的只有旅行者们的衣服而已。人们误以为，既然煤油可以浸湿容器的外壁，就一定可以透过金属和玻璃，然而这种想法很明显是错误的。

9. 不下沉的硬币

　　这种在水里永不下沉的硬币，不仅发生在童话故事里，也发生在现实生活当中。接下来，我们做几个非常简单的实验来验证这种现象。首先我们要准备一个小物件，也就是缝衣针。让钢针在水面上漂浮看似很难实现，其实非常简单。我们在水面上铺开一张薄纸，将一根干燥的针放在纸上。接下来，我们只需要把针下面的薄纸拿掉就可以了：用一根针将薄纸的边缘顶进水里，慢慢地压到纸的中央。当薄纸被完全浸湿的时候，它就会向水底下沉，但是，针却依旧在水面上漂浮着（如图61）。

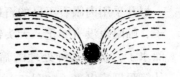

此时，你将一块磁铁靠近杯子，这根在水面上漂浮的针会在水杯里按照你的要求移动。

如果操作非常娴熟的话，不用薄纸就能让针在水面上漂浮。用两根手指将针的中部捏住，在离水面不远的地方将手指放下，让针以水平的方式掉落在水里。

如果没有针，可以用大头针（针和大头针的宽度均不能超过2 mm）、重量较小的纽扣，或是小巧的金属小物件代替。经过一段时

图61　上图：针的剖面图；
下图：借助卷烟纸完成实验

间的训练以后，你就可以开始尝试了，将1戈比（俄国辅币名，100戈比等于1卢布）的硬币放在水面上，它也能漂浮起来。

这些金属物件可以在水面上漂浮是因为当我们拿着它们的时候，在那上面留下了一层油，所以它们不容易沾水。因此，在水面上漂浮的针四周会形成一个向下凹的表面，我们甚至可以用肉眼直接看见。水的表面想尽一切办法重新恢复原来的平面，无形中对针施加了自下而上的压力，所以针就被压力支撑住了。支撑针悬浮的除了压力还有液体的浮力，依照浮力定律，针受到的浮力等同于它排斥水的力量。

除此之外，让针在水面漂浮的最简单的办法是在针上涂上一层油。这样一来，即便将针直接放进水里，它也不会沉下去。

10. 用筛子盛水

事实上，用筛子盛水这样看似不可能的事情不仅可以在童话故事里做到，在物理学原理的帮助下，我们在现实生活中也可以做到。要想用筛子盛水，我们首先需要准备一个直径大约在15 cm，筛眼较大（约1 mm）的金属丝筛子，然后在熔化的石蜡里浸泡筛子。再将它从石蜡里取出来，

一层几乎用肉眼看不见的石蜡就将金属丝全部覆盖了起来。筛子依旧是筛子，筛眼也没有变化，大头针可以在筛眼里来去自如，你现在可以往里面灌水了。经过这种处理的筛子盛的水比普通的筛子还多，而且水绝不会从筛眼里流出来（如图62）。但是，我们在往筛子里灌水时一定要小心谨慎，不能碰撞筛子。

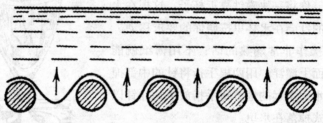

图 62　水并不会流下

为什么筛子里的水不会流出来呢？原因就在于水无法将石蜡浸湿。所以每个筛眼里都有向下凹的薄膜，它就是不让筛子里的水流出来的关键所在。

如果我们将在石蜡里浸过的筛子放在水里，就会发现，它不仅可以用来盛水，还能在水面上自由漂浮。

这个看似奇特的实验向我们解释了生活中出现的普遍现象。将木桶和船只涂上树脂，将油涂在塞子和套管里，在需要防渗水的物体上涂抹一层油性的东西，用橡胶对织物进行处理，这些例子都和上面谈到的处理筛子是一个原理，只不过筛子的情况比较特殊罢了。

11. 泡沫的技术应用

之前讲到的让钢针和铜币在水面上漂浮的实验，同矿冶工业挑选矿物的方法非常类似，也就是说它与提高矿石中有价值的成分含量而采用的方法很像。挑选矿物的方法有很多，我们接下来要讲的方法被人们称为"浮沫挑选法"，它具有最佳的效果。在其他方法均不起作用的情况下，采用这个办法一般都不会出现问题。

浮沫挑选法的操作过程是这样的：将被压得很碎的矿石装在盛有水和油的池子里。由于油可以在有用矿物的粒子外面附着，导致油可以在有用矿物粒子外覆盖一层薄膜。之后充分搅拌混合物与空气，可以产生很多非常微小的泡沫，被薄膜包裹起来的有用矿物粒子与气泡接触后会附着在气泡上，并且随着气泡向上漂浮，这和气球可以在大气中将吊篮升起来是同样的道理（如图63）。没有附着在气泡上的是没有被油性物质覆盖的矿石粒子，它们不会脱离液体。值得注意

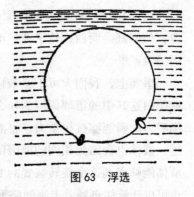

图63　浮选

的是，泡沫中的气泡体积比矿物粒子的体积大很多，它可以带来充足的浮力，将固体粒子带到上面去。其结果是，有用矿物粒子差不多都附着在了泡沫上，在液体的表面漂浮。将泡沫捞上来进行各种加工，就可以获得所谓的"精矿石"，其中含有的有用矿物比例要比原始矿石中的有用矿物比例高数十倍。

　　现在的浮选技术已经高度发达了，只要选择合适的拌和用液体，我们几乎可以将任何种类矿物中的有用部分提取出来。

　　浮沫挑选法并非起源于理论，它是通过仔细观察偶然事件才发现的。19世纪末，一位名叫凯里·埃弗森的美国女教师在清洗装过黄铜矿的、被弄得满是油渍的袋子时，留意到黄铜矿石的微粒跟着肥皂泡沫一同漂浮了起来。正是这次意外的发现给浮沫挑选法的发展带来了推进作用。

12. 想象中的"永动机"

　　有些书将具有这样构造的机器（如图64）称为真正意义上的"永动机"。油绳将容器中的油吸到上面的容器中，油在那里会被其他的油绳吸到更高的地方，处于最高处的容器里有一个用来搅拌油的斜槽，油下落到轮子的叶片上，促使轮子旋转。流下来的油再一次被油绳吸到上面的容器中，如此往复，油可以不停地沿着斜槽流下来，因此，轮子可以不停地转动。

图64　无法实现的旋转装置

　　假如描述这种机器的作家们全都夜以继日，最终造出了这样一台机器，他们就会明白，轮子非但不会转动，并且，就连一滴油也不会流到上面的容器里。

　　事实上，我们大可不必亲自去制造这样的机器，说实话，我们自己就能明白这其中的道理，但为什么发明家觉得油可以顺着油绳流上去呢？毛细吸力的确能够抗拒重力，将液体沿着油绳吸到上面去，但是我们必须知道，液体也会因为相同的原因留在油绳里而不会滴下来。也就是说，虽然液体能够来到这个旋转装置的上层容器中，但是那些将液体吸上来的油绳也可以让液体再顺着上来的路重新回到低处的容器中去。

　　这台存在于人们的幻想中的"永动机"使人们联想起了1575年意大利力学家斯特拉达发明的另一台"不停运动"的水轮机。我们将这个颇有意思的设计图还原了一下（如图65）。阿基米德螺旋引水机在旋转时能够将水送入上方的水箱里，水会沿着排水槽从水箱里流出来，撞击水轮上的叶片（见图65的右下方），磨石被水轮带动，此外还通过一系列齿轮让阿基米德螺旋引水机转动起来，引水机会再次将水送入上方的水箱中。螺旋

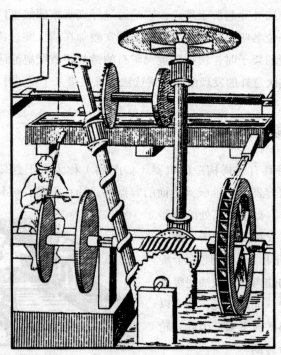

图65　供磨石用的水力"永动机"

引水机将水带动起来，而水又将螺旋引水机带动起来。如果这样的机器可以实现永动，那么就可以在滑轮上搭一根绳子，在两端分别系上相同重量的砝码，当一个砝码下落时，它会同时将另一个砝码提起来，当第二个砝码从高处落下时，会在同时提起第一个砝码。这样的机械不也算是"永动机"吗？采用这个方法岂不是更简单？

13. 肥皂泡

你会吹肥皂泡吗？

我原本以为吹泡泡是很简单的事情，没有什么技巧可言，后来通过实践我才发现，将泡泡吹得又大又漂亮并没有想象的那么简单，需要掌握一定的技巧。不过，利用宝贵的时间吹泡泡不是很浪费吗？

在日常生活中我们极少谈及它。然而在物理学家眼里，情况就大不一样了。

"请你试着吹一个肥皂泡，"英国伟大的科学家开耳芬勋爵写道，"然后认真观察它，你可以用一生的时间去钻研它，不断地从它身上学到物理学知识。"

事实就是这样，肥皂膜轻薄的表面那犹如梦幻般的色彩让人着迷，物理学家能通过这层表面测量光波的波长，弄明白这些不堪一击的薄膜的表面张力有多大，还能够帮助专家们研究分子之间力的相互作用规律，也就是内聚力。倘若没有内聚力，世界上仅存的东西就只有极其细微的尘埃了。

下面我们来描述几个实验。这并不是为了深入了解这些问题，只是为平时闲聊提供谈资，让我们掌握吹泡泡的基本技巧。英国物理学家博伊斯在《肥皂泡》一书中非常详细地描述了很多关于泡泡的实验。

我们推荐对泡泡感兴趣的读者多看看这本书，下面我就来介绍几个。

制作肥皂泡需要用到洗衣服用的黄肥皂液。不过，对于对这些非常感兴趣的读者，我们建议采用纯橄榄油和扁桃仁油制作的肥皂，这样的肥皂能够吹出最大最漂亮的肥皂泡。将这种肥皂切成小块，让它们在干净的冷水里慢慢化开，这样就能制作出浓度最纯的肥皂液。最好的选择是用纯净的雨水或是雪水，假如都没有，可以用凉的白开水代替。如果想让吹出的肥皂泡保持更长的时间，普拉托推荐在肥皂液里放上体积比例三分之一的甘油。

用小勺把肥皂液表面的泡沫除掉，然后将一根陶瓷细管插进去，提前将肥皂抹在管的末端。当然，用大约10 cm长的、底部切成十字状的麦秆儿效果也非常好。

吹泡泡的步骤是这样的：第一步，将细管垂直地浸在肥皂液里面，这样能够形成一个溶液薄膜。第二步，向管里吹气。此时必须要小心，因为我们此时吹进去的是肺里的热气，由于周围的冷空气挤压，吹好的气泡会迅速向上升。

假如一口气吹出了一个直径10 cm的气泡，那么肥皂液就算达标了。如果不行，就得在溶液里再添加一些肥皂，直到我们能吹出10 cm的气泡为止。不过单靠这样的检验是不行的。我们在手上涂上肥皂液，吹出一个气泡放在手上，让手指钻进气泡里。假如肥皂泡没有破掉，实验就可以进行了；如果肥皂泡破了，我们就得再添加一些肥皂。

我们在做这些实验时一定要小心谨慎，并且尽可能地保证光线充足，不然就没办法让肥皂泡呈现出犹如彩虹般的色彩。

我来介绍几个非常有意思的肥皂泡实验：

围绕在花朵四周的肥皂泡。将一些肥皂液倒在盘子或托盘里，让盘底的肥皂液的厚度维持在2~3 mm。之后将一朵花或一只小花瓶放在中间，在它们上面扣一只玻璃漏斗。缓慢地将漏斗抬起来，向漏斗的细管里吹气，一个肥皂泡就由此形成了。当这个泡泡膨胀到一定程度（如图66）时倾斜漏斗，让下面的肥皂泡从漏斗的底部完全暴露出来。此时的花朵犹如罩在半透明的肥皂膜里，散发出五彩斑斓的光芒。

假如没有花或是花瓶，我们就用一个人体雕塑代替，在它的头上戴上用肥皂泡做的桂冠（如图66）。我们要提前在雕塑的头上涂上一些肥皂液，随后把我们要求的泡泡吹出来，插进细管，在雕塑的头上吹出小泡。

层层相套的泡泡。我们像上面那样用漏斗吹出一个大肥皂泡，然后把麦秆儿完全放进肥皂液里，只露出它的顶部，保证接触嘴的那部分不被浸湿。耐心地让麦秆儿穿过第一个气泡的薄壁，直抵中心，接着小心地将麦秆儿抽出来一部分，记住不要完全离开肥皂泡。之后在第一个泡里吹出第二个泡，在第二个泡里吹出第三个泡，就这样一直吹下去。

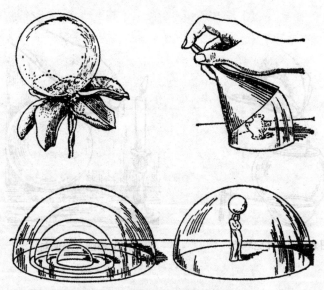

图66 各种各样的肥皂泡试验

用肥皂膜吹成的圆柱体（如图67）。首先准备两个金属环，在下面的环上吹出一个普通的球形气泡，然后在肥皂泡上放上被浸湿的第二个环，将它慢慢地向上提拉，直到肥皂泡形成一个圆柱体为止。让人感到好奇的是，假如你把上面的环提高到比环的周长还要高的地方时，圆柱体的一半就会收缩，而另一半会膨胀，最后分裂成两个独立的气泡。肥皂泡的薄膜一直都受张力作用的影响，时刻挤压气泡中的空气。倘若将漏斗口放在蜡烛的火焰旁，你就能看到火焰会明显地向另一侧偏移（如图68）。由此看来，我们不能忽略薄膜的力量。

观察将肥皂泡从温暖的房间放到冰冷的房间发生的变化非常有趣，它的体积会比之前有显著的缩小，与此相反，倘若把肥皂泡从冰冷的房间放到温暖的房间，它的体积就会膨胀。这其中的原理就是气泡内的空气发生了收缩和膨胀。举个例子，假如在−15℃的时候，气泡的体积为1 000 cm³，将它从冰冷的地方拿到温度为15℃的温暖的室内，它就会膨胀。

$$1\ 000 \times 30 \times \frac{1}{273} \approx 110\ cm^3$$

图 67　圆柱体肥皂泡

图 68　蜡烛火焰偏向

　　值得一提的是，关于肥皂泡稍纵即逝的传统观念并不完全正确：如果处理得当，肥皂泡能够保存数十天。以液化空气方面的著作闻名于世的英国物理学家杜瓦曾经把肥皂泡保存在特制的密闭且防尘、防空气干燥以及震动的瓶子里，在这样的条件之下，他成功地将几个气泡保存了一个多月的时间。美国的劳伦斯采用将肥皂泡放在玻璃罩里的方式将肥皂泡保存了好几年。

14. 最薄最细的东西

　　估计很少有人知道，人用肉眼能看到的最薄的物体之一是肥皂泡上面的那层膜。我们经常用一些比喻的语言表示特别薄或细的东西，比如"像头发丝一样细""犹如卷烟纸般轻薄"，这两种比喻中提到的物体都比肥皂泡厚得多，肥皂膜的厚度仅有头发丝和卷烟纸的五千分之一。如果将人的头发放大200倍，厚度可以达到1 cm。如果我们将肥皂膜的剖面也放大200倍，我们用肉眼仍然看不见它。我们必须再把肥皂泡剖面放大200倍，才能发现犹如细线般的剖面。倘若我们把头发放大相同的倍数（40 000倍）宽度则可以超过2 m。图69向我们展示了它们之间的鲜明对比。

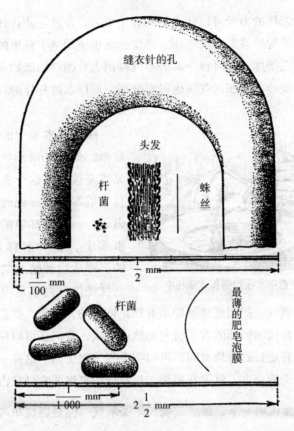

缝衣针的孔

头发

杆菌

蛛丝

$\frac{1}{100}$ mm

$\frac{1}{2}$ mm

杆菌

最薄的肥皂泡膜

$\frac{1}{1\,000}$ mm

$2\frac{1}{2}$ mm

图69　对比图

15. 如何从水中取物而不把手指沾湿

我们将一枚硬币丢到平底的大盘子里，往里面灌入一些水，让硬币被水完全淹没，让你的客人在不沾水的情况下用手将硬币从盘子里拿出来。

这个挑战看似困难，但如果用一只玻璃杯和一张烧着的纸就可以轻松完成。将一张纸点着，把它放进玻璃杯里，快速地将杯子扣在盘子里硬币的旁边。被点燃的纸熄灭了，杯子里冒起了白色的烟雾，随后盘子里所有的水全都钻进玻璃杯里去了，然而硬币却停留在原地。又过了片刻，硬币上的水干了，这样你的手就可以在不沾水的情况下，将硬币从盘子里拿出来了。

到底是怎样的力量可以让水跑到杯子里去，并且还能让杯子里的水维持一定的高度呢？答案是大气压。燃烧的纸迅速加热了杯里的空气，里面的压力也随之增加，并且将一部分空气排出去。燃烧的纸熄灭后，杯子里的空气再次变冷，里面的气压也慢慢变弱，所以水被杯外的气压推到了杯子里面。

图70　把盘中水收到倒扣玻璃杯中

插在软木塞中的火柴可以代替纸，如图70所示。我们时常听见或是读到对这个古老实验的不科学的解释，称此时"氧气被点燃了"，导致杯里的气体减少。事实上，这种解释是非常错误的。产生这种情况的主要原因是空气受热，而不是因为烧着的纸消耗了部分氧气。我们这样解释是有理论依据的，首先，我们可以用沸水涮一涮杯子替代燃烧纸的方式将它加热；其次，我们还可以用酒精棉球替代纸，它拥有更长的燃烧时间，可以把空气烧得更热。这样一来，水甚至能抬升到杯子的一半，然而我们都知道空气中氧气的含量只占全部体积的 $\frac{1}{5}$。最后需要说明一下，虽然"烧掉"了氧气，但是燃烧却可以产生二氧化碳和水蒸气，虽然前者能被水溶解，但是后者却不会，这两者都会或多或少占据杯子的空间。

16. 我们如何喝水

喝水也成了问题吗？这确实是个问题。我们将盛着水的玻璃杯或汤匙放到嘴的旁边，将水"喝"进嘴里，我们对这种简单的"喝"已经司空见惯，然而这么简单的动作却需要好好解释一下。水为什么会流进我们的嘴里呢？又是什么促使它流进来的？

喝水时，我们的胸腔会变大，口腔里的空气就会被排出，导致口腔里的气压减弱。在外部压力的作用下，水会来到压力较弱的地方，因此水就流进了我们的嘴里。这种现象与连通器里液体的情况类似。倘若我们将连通器一个管里的空气变得稀薄，管里的液面就会在大气压的作用下向上抬升。假如我们用嘴唇咬紧瓶口，就会产生相反的结果，无论你如何用力，都不可能把水从瓶子里吸出来，因为口腔里的气压等于瓶子里的气压。

所以，严格来说我们不仅仅通过嘴喝水，还需要通过肺，肺部扩张是我们将水喝到嘴里的关键。

17. 改进漏斗

假如你使用过漏斗，你肯定知道，当我们用漏斗向瓶子里灌液体的时候，必须经常向上提一下漏斗，不然液体就会停留在漏斗里。漏斗将瓶子里的空气的出口堵上了，它会用自己的气压阻止漏斗中的液体向下流。一开始少量液体会从里面流下来，不过由于瓶子里的空气受到了液体的压力作用。空气因为受到挤压导致体积变小，从而拥有更大的弹性，弹性甚至强大到自己的压力等同于漏斗中的液体的重量。不难想象，如果我们略微提一下漏斗，就可以让被压迫的空气跑出去，这样漏斗里的液体才会再次向下流。

所以改进漏斗最实用的办法就是：将漏斗逐渐变细的外壁部分突出几道纵向的凸起，以便瓶颈不会被漏斗严丝合缝地堵上。

18.1 吨木头和 1 吨铁

1 t 木头和 1 t 铁，哪个更重？有些人往往会毫不犹豫地回答，当然是 1 t 铁更重，这时常引得周围的人哈哈大笑。如果有人回答，1 t 木头比 1 t 铁重，那么周围的人会笑得更大声。不过，这样的结论看上去没有理论依据，但是严格来说，这的确是正确的答案！

我们知道阿基米德定律不但适用于液体，同时也适用于气体。空气中的任何物体"失去"的重量等同于被它排开的空气体积的重量。

木头和铁也是如此，它们也会在空气中"失去"一部分重量。我们必须将失去的重量加进来，才能算出它们的实际重量。所以在这样的情景下，木头的实际重量分为两部分：分别是 1 t 的重量，以及跟木头体积相同的空气的重量，以此类推，铁的重量是 1 吨加上同铁的体积相同的空气的重量。

不过 1 t 木头所占的体积大约是 1 t 铁的 15 倍，所以 1 t 木头的实际重量确实比1 t铁的实际重量大！假如我们用更准确的方式表达，那就是在空气中重1 t的木头的实际重量，比在空气中同样重1 t的铁的实际重量更重。

原因在于1 t铁的体积是$\frac{1}{8}$ m^3，而1 t木头的体积大约是2 m^3，它们排出空气的差别大约为2.5 kg。根据这些，现在你应该知道1 t木头到底比1 t铁重多少了。

19. 没有重量的人

很多人小的时候就曾幻想过自己跟羽毛一样轻，甚至比空气还轻，可以摆脱重力的束缚，在天空自由飞翔，想去哪里就去哪里。不过，他们忘记了一件重要的事情，人类可以在地面上来去自如地走动，只是因为人类比空气重。实际上，正如托里切利所说的那样："我们生活在空气海洋的海底。"如果我们的体重因为一些因素突然变成现在的几千分之一，也就是说变得比空气还轻，那么我们就会无法避免地飘浮到空气海洋的上空了。我们的经历就会和普希金笔下的那位"骠骑兵"遇到的情况一样："我喝光了整瓶酒，你可以不信我，但是我突然感觉自己像在天上飘浮的羽毛。"我们会升到几千米的空中，直到稀薄的空气密度等同于我们的身体密度为止。到了那个时候，在高山和谷地上四处游走的梦想就变成了泡影，因为不受重力约束之后，我们又沦为了气流的俘虏。

作家威尔斯在他的一篇科幻故事中设置了这样一个非比寻常的情节：一个极度肥胖的人希望通过各种方法减肥，故事的主人公刚好有一种能够快速减肥的神药，它能够把那个胖子身上多余的肉都除掉。这个胖子跟他要了药方，并且服用了该药物。当主人公想要探望这位朋友时，却被眼前的景象吓了一跳。下面就是其中的某段：

敲了这么久也没有人开门。我听见钥匙转动的声音了，然后我听见派克拉弗特（胖子的名字）在说："请进。"我转动门柄，将房门打开了，我以为能够一眼看到派克拉弗特，不过我根本找不到他！书房里乱糟糟的：书和文具之间散落着盘子和碟子，几把椅子被掀翻在地，不过却没有派克拉弗特的身影。"我在这里啊，老兄！快把门关上。"他说道。直到这时候，我才发现他。原来他在靠近门的角落的屋顶上，仿佛被人粘在了天花板上一样（如图71）。

图71　派克拉弗特飞起来了

他一脸怒气，但是表情中又夹杂着些许恐惧。

"假如什么地方出现了差错，你就会掉下来把脖子摔断。"我说。

"我巴不得赶紧掉下去呢。"他说。

"从你的年龄和体重来看，你竟然还有闲心玩这样的把戏……不过，你是怎么让自己粘在房顶上的？"我问道。

我突然发现，他并非在屋顶上支撑着自己，而是像一个被打足气的气球一样在房顶上飘着。他竭尽全力脱离天花板，沿着墙壁朝我的方向爬过来，将一幅画的框子牢牢抓在手里。可惜画框承受不住他的重量，因此，他又飘回到天花板上。只听砰的一声，他的后背跟天花板撞在了一起，我直到现在才猜到，为什么他的身上都沾满了白色的粉末。他再一次耐心地借助壁炉向我爬来。"这药，"他费力地喘着粗气，"效果太明显了，我身上的重量几乎都减没了。"我这才回过神来。

"派克拉弗特！"我说，"你需要的只是把重量减下来，可是你坚称这是体重……你先等等吧，让我帮你一把。"我边说边往下拉这位倒霉的人的双手，他在屋里小心翼翼地挪动身子，拼尽全力找一个地方将身子稳住。那场面真是太搞笑了！就好像我在暴风中拼尽全力想要拽住船帆一样。

"这张桌子，"运气糟糕的派克拉弗特他被跟跄的步伐搞得四肢无力，他说，"这张桌子实在太结实了，而且分量很足。你赶紧把我塞到桌子底下吧。"

我按照他说的做了。不过他被塞到桌子下以后仍然摇晃不停，犹如一只绑在那里的气球一样，完全不能停下来。

"很明显，"我说，"你有一件事千万不能做，比如突然脑子发热跑到屋外去。因为这样做的话你就会向天上飘去，而且会越飘越高……"

我灵机一动想了一个好主意，那就是让他适应自己现在的状态。我向他暗示，掌握用手在天花板上走路的技巧非常容易。

"可是我睡不了觉啊。"他发起了牢骚。

我给他出了个主意：将一个柔软的褥垫固定在床屉的铁网上，用带子把要铺的东西捆在上面，然后从两侧把被子和床单用扣子扣住。

我找人给他的屋子里放上一个木梯子，并且把所有吃的东西都放在书橱的上面。我们还想出了一个完美的点子，只要派克拉弗特想下来，他就能立马下来。这个点子就是把《不列颠百科全书》放在书橱的最上层，让书橱处于敞开的状态，他只要从中抽出两卷，紧紧抱住，就能立刻从天花板上降下来。

我在他家住了两天两夜，用钻头和锤子在他的家里创造出很多神奇的装置：利用一根铁丝让他拉铃唤人，以及类似这样的小东西。

我在壁炉旁坐下。他仍旧飘浮在他最喜欢的角落里，正在将一块土耳其地毯钉在天花板上。此时，我又来了灵感：

"派克拉弗特！"我大喊道。"这么做完全没有必要！在衣服里装一层铅衬就可以了！"

派克拉弗特差点就喜极而泣了。

"快点把铅板买回来，"我说，"将它放进你的衣服里，然后穿上铅底的靴子，再提一个用铅制成的箱子，一切难题就都迎刃而解了！到了那个时候，你就不用在这里待着了，你可以出国，到处旅游。你再也不用担心轮船失事，只要你脱几件衣服或是把全部的衣服都脱光，你就可以立刻飞到空中去。"

大致一听，他说的似乎完全符合物理定律。不过，我对这其中的一些细节却不敢苟同。最大的异议便是，即便胖子失去了重量，他也不会飘到天花板上去啊！

事实上，依照阿基米德定律，派克拉弗特只有在他的衣服和衣袋里的所有物品加在一起的重量比他肥胖的身躯所排开的空气的重量小时，他才会"飘浮"到天花板上去。那么跟我们人体体积拥有相同重量的空气到底有多重呢？我们只需记住我们身体的重量等同于同体积的水的重量，这样计算起来就会非常简单。我们的体重大约60 kg左右，相同体积的水也差不多是这样。通常情况下，空气的比重是水的$\frac{1}{770}$，换句话说，同我们身体相同的空气的重量是80 g。派克拉弗特先生即便再胖也绝不会超过100 kg，所以，让他排开130 g重的空气是不可能的。莫非派克拉弗特身上的衣服、鞋、钱包和其余所有物品的重量之和也没超过130 g吗？这些物品的重量肯定比130 g重。那么，这个胖子就应该依旧待在地板上。尽管他会处于一个极度不稳定的状态，不过他至少不会"犹如一只绑在那里的气球一样"向天花板飘浮了。只有派克拉弗特把身上所有的衣服都脱掉，他才有可能真的飘浮到天花板上。假如他穿着衣服，就会像一个绑在"蹦床"上的人一样，只要轻轻用力一跳，就能离地很高。在风和日丽的天气里，他还能从高处安稳地落地。

20. "永动"的时钟

我们之前已经讲过几种想象中的"永动机"，并且仔细地解释了发明"永动机"的尝试总会面临不可避免的失败。我们现在再来研究一下"全自动"的原动机，换句话说就是，这种原动机在不需要外力的帮助下，就能时刻不停地工作，因为它可以从周边的环境中不停地汲取它所需的能量。想必大家都看到过水银气压计和金属气压计，水银气压计中的水银柱的上端会根据大气压的变化而发生变化，时而上升时而下降。金属气压计上面的指针也会因为相同的原因不停地来回晃动。18世纪时，有一位发明家巧妙地运用这种变化给钟表机械上弦，因此，他发明了自动上弦的方法，在不借助外力的情况下，让钟表不停地运转。著名的英国力学家和天文学家弗格森在1774年看到这项有意思的发明后，对它这样评价道：

"我认真观察了这只钟表。它拥有独特构造的气压计，利用气压计水银柱的上下移动达到不停运转的目的。我们没有任何理由相信这只钟表最终会停下来，就算把气压计撤掉，钟表积攒的能量也足以维持它运转一年的时间。我可以坦白地说，通过我对这只钟表的观察，无论从设计还是从制造工艺方面，它都是我所见过的最精巧的机械。"

可惜的是，图72上这只钟表并未保存到现在，原型机被人偷走后它便在人间蒸发了。不过那位天文学家画的结构图却保留了下来，所以我们还是有可能将它复原的。

这只钟表的机械结构中有一只巨大无比的水银气压计，悬在框架中的玻璃罐和瓶颈朝下倒置于玻璃罐上方的大烧瓶里装有大约150 kg的水银。这两个器皿是可以上下移动的，当大气压升高时，烧瓶就会下降，当大气压下降时，烧瓶就会升高。在这两种运动的作用下，细小的齿轮自始至终都能向同一方向转动，并且只有在大气压不变的情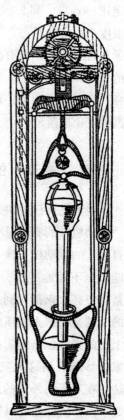况下才会停止运转。不过当齿轮停止转动的时候，钟表依旧可以依靠积蓄的能量持续运转。既让钟锤上升，又让钟锤下落推动机械，这是很难实现的，可是古代的钟表匠还是利用出色的发明创造解决了这一难题，但是大气压波动的能量严重超出所需的时间，换句话说，锤的上升比下落更快，所以我们需要一个特别的装置，等到钟锤升到最高点时，让它周期性地自由下落。

很显然，这台原动机和"永动机"在原则性上存在重大的区别。"全自动"原动机的能量跟"永动机"不同，它的能量并非发明家虚构出来的，而是从外部汲取的，从我们举的例子来看，它应该是从周围的大气中汲取的，而空气中的能量又依靠阳光来积蓄。如果将这些"全自动"原动机的结构与为其提供的能量进行比较，价格不是太过高昂的话就和真正的"永动机"一样经济实惠了。

我们接下来还会了解其他种类的"全自动"原动机，并且通过实例证明为什么类似的机械对工业来说毫无价值可言。

图72　18世纪"全自动"原动机

第六章

热 现 象

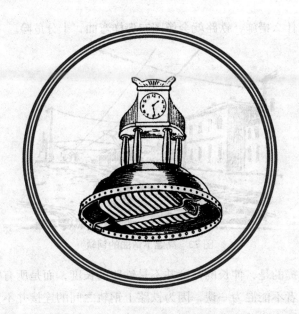

1. 十月铁路的长度

面对"十月铁路有多长"这个问题，有人这么回答，"它的平均长度是640 km，夏季大约比冬季长300 m。"

这个回答真是让人非常惊讶，但是这样的回答很合乎常理。假如铁路的长度不包括钢轨之间间隙的钢轨长度，那么，这条铁路的确是夏季比冬季长。我们都知道，钢轨受热就会被拉长，温度每升高1℃，钢轨就会比原先的长度多增加$\dfrac{1}{100\,000}$。在炽热的夏日，钢轨的温度有可能达到30℃，或者比这更高；在寒冷的冬季，钢轨的温度能够降到−25℃。假如我们用55℃来计算夏季和冬季之间的温差，那么，用55乘以这条铁路的总长度640 km，再乘以0.00001，能够得出这条铁路伸长了0.352 km。也就是说，这条连接莫斯科和圣彼得堡的钢轨在夏季的确比冬季长$\dfrac{1}{3}$ km，也就是约300 m。

如果没什么措施，铁路就会像图73那样弯曲，十分危险。

图 73　高温下弯曲的钢轨

值得一提的是，伸长的长度并不是铁路的长度，而是所有钢轨的长度总和。这两者不能混为一谈，因为铁路上钢轨之间的连接并不紧密。我们能从两根钢轨之间的接合处发现很多缝隙，通过计算为钢轨受热后变长预留的空间得知，钢轨的长度之和是在这些预留的空隙中增加的。钢轨在炽热的夏季比在寒冷的冬季长大约300 m，因此，十月铁路的钢轨长度在夏季比在冬季长大约300 m。

2. 不受惩罚的盗窃

每年的冬季，在列宁格勒（现名圣彼得堡）与莫斯科之间的通信线路上，经常会丢失几百米昂贵电话线和电报线，可是没有人会因为这件事而感到焦躁不安，因为人们都知道这些线是谁偷的。你肯定也知道这是谁偷的，小偷就是"寒冷"。电线跟铁轨一样，会出现热胀冷缩的现象，唯一的区别就是，铜制的电话线受热膨胀的程度是钢的1.5倍。不过电线跟钢轨不一样，它不允许在线路上有任何的空隙，所以我们可以断定，在冬季，列宁格勒—莫斯科的电话线比在夏季大约短500 m。每年冬季的严寒都会肆无忌惮地偷走大约500 m长的电线，却不会给电话或电报通讯带来任何麻烦，而且当天气变暖时，又会将偷走的电线还回来。

不过，因为严寒而收缩的不是电线而是桥梁的话，后果就非常严重了。1927年12月的报纸报道了一则这样的新闻：

"法国连续数天遭遇严寒的袭击，导致巴黎市中心的塞纳河大桥严重受损。大桥的铁制骨架因为温度降低而收缩，致使桥面上的砖块破裂。因此，桥上的交通只能暂停。"

3. 埃菲尔铁塔的高度

倘若现在有人问你，埃菲尔铁塔的高度是多少，你在回答"三百米"之前，估计会反问提出问题的人：

"那要取决于是什么季节，冬季还是夏季？"

因为这个庞然大物不可能在任何温度下都具有相同的高度。我们都知道，300 m长的钢筋每升高1℃，就会增长3 mm。对于埃菲尔铁塔来说，温度每升高1℃，也会增长3 mm。在巴黎艳阳高照的夏日，铁塔的温度有可能飙升到40℃，而在阴凉的雨季，它的温度会骤降到10℃左右，到了冬季，会降到0℃，甚至可以降到−10℃（巴黎很少有非常冷的时候）。我们都看到了，铁塔一年的温差能够达到40℃左右，换句话说，埃菲尔铁塔的高度变化可能达到3 × 40=120 mm，也就是12 cm。

我们甚至能够通过实地考察发现，埃菲尔铁塔对温度的变化比空气对温度的变化更加敏感：太阳在阴天里若隐若现，铁塔的升温和降温都比空气快，它能够更早地做出反应。我们可以通过一根用镍钢制成的钢丝测出埃菲尔铁塔的高度变化。这种镍钢钢丝不受温度变化的影响，又被称为"因瓦合金"（在拉丁文里"因瓦"有不变的意思）。

这样一来，埃菲尔铁塔的顶部在夏天比冬天高出的那一部分，差不多有这本书的一行字那么长。但是，我们不会为多出来的这一小部分花哪怕一个生丁。

4. 茶杯和水位计

通常情况下，有经验的主妇在往茶杯里斟茶前，都会在每只杯子里放一把银制的茶匙，用来防止茶杯破裂。那么你知道这种做法的原理是什么吗？

我们先来弄明白将滚烫的水倒进茶杯时造成茶杯破裂的原因。

玻璃的膨胀并不均匀，滚烫的热水倒进杯子之后，并不能迅速让杯子受热，最先受热的部分是杯子的内壁，外壁并未受热。玻璃内壁的温度升高后会迅速膨胀，外壁并没有发生任何变化，却要受到来自内壁膨胀的挤压，所以玻璃杯就这样破裂了。

如果你以为买了加厚的玻璃杯就不会出现这样的事故，那就大错特错了。在这样的情况下，厚玻璃杯恰好是最不稳固的，相对于薄的玻璃杯来说，它更容易破裂。壁薄的玻璃杯受热快，内壁和外壁的温差能够迅速达成一致，同时向外膨胀，相比之下，厚玻璃杯传递热量的效率就会低很多，破裂的情况更容易发生，这一点不难理解。

在选用薄玻璃杯的时候，一定要记住一点：不能只挑选侧壁薄的杯子，杯子的底部也一定要薄。当热水被倒入杯子里时，受热最多的是杯子的底部。倘若杯底很厚的话，那么就算侧壁再薄，玻璃杯照样会破裂。此外，有厚底脚的玻璃杯或瓷碗也很容易破裂。

玻璃器皿越薄，对它加热的时候就越是放心。研究化学的人使用的器皿都非常薄，即便将水放进酒精灯里，然后放在火上烧，直到将里面的水煮沸，也不用担心它会破裂。

当然，最理想的器皿材料是在受热时完全不会膨胀的。石英就属于这种，它的膨胀程度只有玻璃的二十分之一至十五分之一。如果厚壁器皿是由石英制成的话，那么无论怎么加热也不必担心杯子破裂。我们可以把烧得滚烫的石英器皿扔进冰冷的水里而不用担心它会破裂，因为石英的导热系数要比玻璃大得多。

玻璃杯不仅在被加热的时候容易发生破裂，在快速冷却的时候同样容易破裂，因为玻璃杯的收缩同样不均匀，外壁受冷开始收缩，内壁却被外壁传来的压力压坏。所以，我们不能把装有热果酱的玻璃罐直接放在冰箱里或是浸在冷水里。

我们现在将话题转移到玻璃杯里的茶匙上。把它放在杯子里的目的是为了防止玻璃杯破裂，其中的原理是什么呢？

在受热的情况下，玻璃杯的内壁和外壁之间的区别非常明显，不过我们只有在拼命地往杯子里灌热水时才会出现，如果倒的是温水，它们之间就不会有这么大的差别了，所以不会产生巨大的压力。那么，如果将一把茶匙放在杯子里会发生什么情况呢？当热水流到杯底时，由于玻璃是热的不良导体而金属茶匙是热的良导体，所以玻璃受热以前金属汤匙会先受热，液体的温度自然会降低一些，热水也因此变为温水，避免杯子破裂。就算接着倒热水，也不必担心杯子出现问题，因为杯子已经开始变热了。

总而言之，玻璃杯里的金属茶匙（特别是大号茶匙）可以让玻璃杯受热不均匀的现象得到明显缓解，从而避免杯子发生破裂。

不过为什么放银匙更好一些呢？

银是热的良导体，和铜匙相比，银匙能在水中更快地吸收热量。浸在开水杯里的银匙摸起来特别烫手，就是因为这个原因。依靠这一点，你就可以准确地判断茶匙的材质了，毕竟铜匙是不可能烫手的。玻璃器皿侧壁不均匀的膨胀不仅会导致茶杯破损，还会破坏蒸汽锅炉的重要组成部分，也就是我们所说的用来观察锅炉中水面高度的水表计。这些玻璃管的内壁在滚烫的蒸汽和沸水的加热下，会比外壁膨胀得更厉害。除此以外，蒸汽和沸水也给管壁增加了无形的压力，所以，玻璃管将更容易破裂。为了避免这一现象的发生，人们会用两层不同品种的玻璃管制作水表计，让里层的膨胀系数比外层小很多，这样就能够有效防止由于膨胀带来的玻璃碎裂了。

5. 洗浴后难穿靴子的怪事

"究竟是什么原因导致冬季白天时间长，夜晚时间短，而夏季则恰恰相反呢？答案就是热胀冷缩。冬季白天短是因为遇冷收缩，夜晚长是因为灯火通明，导致受热膨胀。"

上面这段荒诞的话取自契诃夫的小说《顿河退伍军士的部队》，因为观点太过滑稽，你肯定会觉得可笑。然而，经常嘲笑这些论点的人们，往往自己也创造出很多同样荒诞离奇的观点。我们都听过甚至读过有关浴室里靴子的怪事，据说洗完热水澡后再穿靴子会很难是因为"脚在受热后变得膨胀"。人们对这种被人所熟知的事例做出了不合常理的解释。

首先，人在浴室里洗澡时，体温几乎保持不变。即便温度升高，增幅也不会超过1℃。人的机能会顽强地抵御周围忽冷忽热的恶劣环境，让身体维持一定的温度。

不过我们的温度增加1~2℃时，体积增加却非常有限，穿靴子时，我们不可能注意到这种增长。人体的各个部分，无论是肌肉还是骨骼，膨胀系数都不会超过万分之几，脚掌和小腿的宽度最多膨胀约$\frac{1}{100}$cm。难道缝制一双普通的靴子，其精度可以精确到0.01 cm，也就是跟头发丝一样的宽度吗？

事实上，之所以洗完澡后靴子难穿，是因为皮肤充血、外皮肿大等原因，然而这些都与热胀冷缩毫无关系。

6. "显灵"

古希腊亚历山大城的力学家海伦发明了喷泉（一种喷泉以他的名字命名），他给我们遗留下了两个愚弄人民的奇妙方法，埃及祭司曾利用这些方法欺骗百姓，让他们明白"显灵"是确实存在的。

图74为我们展示了一个中空的金属祭台，祭台下面的地下室里装着可以打开庙门的装置。庙宇的外面设有祭台。点火以后，祭台中的空气开始受热，对藏在地下容器里的水施加更大的压力，水从管子里流出，然后流进桶里，水增加了木桶的重量导致水桶下沉，装置被启动，庙门因此打

开（如图75）。观众颇感惊讶，他们绝对想不到地下还藏着一套装置，只能看到"显灵"的景象：当祭台的火被点燃，庙门就仿佛听到了祭司的召唤，神奇地自动打开了……

图74　揭穿埃及祭祀的"显灵"

图76向我们展示的是祭司们研究出的另一种把戏。当祭台上的火燃烧起来时，受热开始膨胀的空气会把油从下面的储油罐里压到装有祭司塑像的管子里，所以油就自己流进火里去了……不过，祭司只要悄悄地将储油罐盖上的塞子拔掉，就不会再有油流上来了，因为具有受热膨胀特性的空气可以自由地从孔里跑出来。如果祈祷者的捐献不能让他们满意，祭司们就会玩这一手。

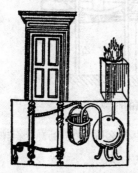 

图75　自动打开的庙门示意图　　图76　油自动流入祭台火里的骗术

7. 不用上弦的时钟

前面（见《"永动"的时钟》一节）我们已经介绍了无须上弦的时

钟（准确地说，是不需要人去上弦），它是利用大气压的变化来进行"永动"的。现在，我们再来介绍一座依靠热膨胀原理制成的，类似自动上弦的时钟。

图77展示的就是这种时钟的结构图。它的主要部件包括传动杆Z_1和Z_2，这两根传动杆都是由拥有巨大膨胀系数的特殊合金制成的。将Z_1杆支撑在齿轮X上，因为受热伸长的缘故，齿轮开始缓慢地转动。在齿轮Y上勾住Z_2杆，因为受冷收缩的缘故，齿轮会朝相同的方向旋转。它们都被放置在轴W_1上，当该轴旋转时，它会带动勺斗的大轮一起转动。当齿轮转动时，勺斗就会开始浸入水槽里的水银，然后被带上来，流到另一个长槽里。当左侧的轮子被灌满水银后，在重力的作用下，它开始转动起来。于是，它将围绕在轮K_1和轮K_2上的链带KK一起带动了起来，K_2轮则将时钟的弹簧上紧。

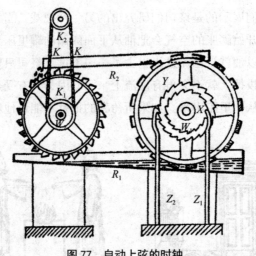

图 77　自动上弦的时钟

从左侧的轮子里流出来的水银会发生什么呢？它会顺着斜槽R_1重新流向右侧的轮子，然后再次被右侧的勺子顶上去。

我们发现，这样的装置好像真的可以不停地运转，只要传动杆Z_1和Z_2不停地伸展和收缩就没有问题，所以，我们只要让时钟周围的空气温度时刻保持升降，就能实现时钟的不停运转。事实也正是如此，时钟四周温度的不断变化确实会导致传动杆的胀缩，如此一来，时钟的发条就会缓慢地、连续不断地被上紧，所以我们大可不必为此多心。

我们可以称它为"永动机"吗？不能。虽然只要保持装置没有破损，时钟就能不停地运转，但这需要四周空气温度的不断变化。时钟积攒了传动杆热胀冷缩带来的能量，不停地将能量全部作用在指针的转动上。它是不折不扣的"全自动"原动机，它不需要人为维持机器的正常运转，消耗也几乎可以忽略不计。但是，它的能量并非是幻想出来的，而是来源于让地球升温的太阳能。

图78、图79向我们展示了另一座结构相仿的自动上弦时钟。它的关键部分是甘油。甘油在受热之后便开始膨胀，将重锤提起来，当重锤下降的时候会把时钟带动起来，因为甘油的凝固点可达-30℃，沸点却高达290℃，因此，这种时钟非常适合安放在城市的广场或是比较开阔的地带。只要温度的差别在2℃以上，时钟就可以正常运转。人们曾经用这种时钟做过一次实验，它在没有外力的帮助下自己运转了一年。

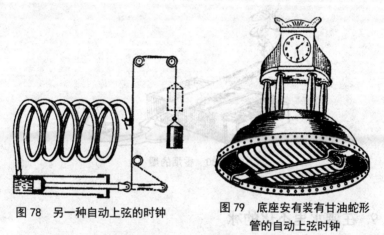

图 78　另一种自动上弦的时钟　　图 79　底座安有装有甘油蛇形管的自动上弦时钟

那么，根据这样的原理，我们似乎可以制造一台更大的原动机。不过，制造"全自动"原动机听上去好像很划算，但计算以后我们得知这完全是事与愿违。让一座普通的时钟马不停蹄地走上一整晚，需要做约$\frac{1}{7}$ kg·m（1 kg·m=9.8 N·m）的功，也就是说，每秒钟需要$\frac{1}{600\,000}$ kg·m；我们都知道，1马力等于75 kg·m/s，因此，一座时钟的功率是一马力的$\frac{1}{4\,500\,000}$。换句话说，如果将之前所说的第一种时钟中热胀冷缩的传动杆或第二种时钟中的隐藏装置算作1戈比的话，那么，这种原动机每发出一马力的功就需要花费：1戈比 × 45 000 000=450 000卢布。1马力竟然需要花费大约45万卢布，这台"全自动"原动机还真是价值连城啊！

8. 让人长学问的香烟

如图80所示，火柴盒上放着一支香烟，它的两端都冒着烟雾。不过从烟嘴出来的烟向下沉，从另一端出来的烟却向上飘。这是怎么回事呢？从两端冒出来的不都是烟吗？

没错，两端冒出来的烟都是一样的，不过烧着的那一端上方的空气受热，导致密度减小，冷气流下沉挤压热空气，热空气在被迫上升的同时也把烟一并带走了。然而，从烟嘴里出来的烟和空气早已冷却下来，再加上烟的微粒比空气重，烟就会向下沉了。

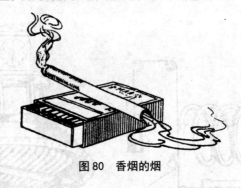

图80　香烟的烟

9. 在沸水里不化的冰

我们准备好一支试管，灌满水后将一小块冰放进去。为了不让冰块漂起来（冰的重量比水轻），我们需要用一些比较重的东西压住它，比如铅弹或铜块，目的是要让冰块浸泡在水里。现在，我们将试管拿到酒精灯上加热，让火焰只能加热试管的上部（如图81）。没过多久，水就开始沸腾了，一股蒸汽冒了出来。不过神奇的事情发生了：躺在试管底部的冰块竟然没有融化! 这真是奇迹啊，冰在沸水里竟然不会融化!

现在我们来揭晓秘密。其实试管底部的水并没有沸腾，它的温度并没有升高，真正沸腾起来的只是上面的水。受热后的水开始膨胀，密度减小，所以它并不会下沉到试管的底部，而是依然停留在试管的上部。温水的循环局限于试管的上部，并未对试管底部的水造成影响。而试管底部的水只有在导热作用下才能被加热，然而水的导热性很差。

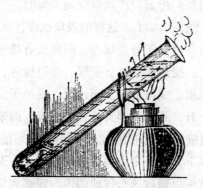

图 81　上边水沸腾，下边冰不化

10. 放到冰上还是放到冰下

我们烧水的时候会把盛水的容器放在火上烧，而不是放到火的旁边。这是正确的做法，因为受热后的空气会变轻，会被较重的冷空气挤压上升，从各个角度对容器进行加热。

所以，我们必须把需要加热的物体放在火焰的上方，采用这样的方式可以最有效的利用能源。

不过如果我们想用冰来让某种物体冷却，应该怎样做呢？通常情况下人们会把物体放到冰上，然而事实上这种做法相当不合理，冰块上方的空气被冷却后会下沉，它的位置会被温暖的空气所顶替，所以我们可以得出一个符合逻辑的结论：假如我们想冷却饮料或是食物，就应该把它们放在冰的下面，而不是冰的上面。

接下来，让我更详细地解释一下吧。假如我们把盛水的容器放在冰上，那么唯一被冷却的就是最下面的一层水，而水的其他部分依然没被冷却。相反，如果我们把冰块放到容器的盖子上面，就会加速容器里水的冷却。受冷的液体上层开始下沉，而下面比较温暖的水会被挤压导致上升，这样的过程要到整个容器里的水都被冷却下来后才会停止。另一方面，冰块周围被冷却的空气会下降，从各个方向冷却容器。

11. 为什么把窗户关紧还觉得有风

通常情况下，当我们把窗户严丝合缝地关紧时，仍然会觉得有风灌进来。听起来好像很奇怪，事实上，这样的现象也没什么奇怪的。

室内的空气不会一直处于静止状态，同样会有热胀冷缩形成的气流，只是肉眼看不到而已。受热的空气会变轻，变得稀薄，而冷却的空气则恰恰相反，它会变得沉重，变得紧密。通过暖气或炉子受热的空气，受到冷空气的挤压而被迫上升，直到升到天花板的位置。而笨重的冷空气聚集在窗户或温度较低的墙壁周围，开始下沉，并且很有可能降落在地板上。

假如我们在气球下方系一个小物体防止气球飞向天花板，让它在空中自由地飘荡，我们就可以通过这个气球的走向观察到房间里的气流。如果在烧得很旺的炉子旁，气球就会受到隐形气流的压迫，而在屋子里来回游动：首先从炉子边升到天花板上，然后再下沉到窗户旁边，紧接着从窗户下降到地板，然后重新回到炉子旁，按照这种路线不停地移动。

虽然在冬季我们会将窗户关紧，外面的冷空气无法进到屋里来，可是我们还是觉得屋子里有风流动，原因就在于此。

12. 神秘的风车

将薄薄的卷烟纸剪成长方形的形状，并按照它们的横竖两条中线互相对折后重新拆开，得到这张纸重心的具体位置。之后把这张纸放在一根直立的针尖上，让针刚好支撑住这张纸的重心。

纸的重心被针尖支撑着，所以它能够维持平衡。不过只要受到一丁点儿外力的影响，针尖上的纸片就会开始转动起来。

至此，我们并未看出这个东西的神秘之处在哪里。但是，如果你把手放在纸片的旁边，如图82所示。一定记住要轻轻地伸出手，防止伸手时产生的气流过大

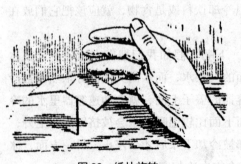

图82　纸片旋转

将纸片吹掉。你会观察到一种奇特的现象：纸片竟然开始转动了，一开始转速比较缓慢，随后速度越来越快。如果我们把手拿开，纸片就会停止转动，可如果我们再次把手放在它的旁边，纸片就又开始旋转了。

19世纪70年代，这种神秘转动曾经让很多人觉得我们人体具有某种特异功能，神秘主义的信徒通过这个实验来"证实"了这种超能力是真实存在的。事实上，造成纸片旋转的原因非常简单：纸片下面的空气被你的手加热，于是空气开始循环，推动纸片旋转。这跟我们所熟悉的将螺旋形纸条放在灯上会旋转一样，你折纸的时候会使纸片的各部分产生微小的倾斜。

认真观察的人可能注意到了，这张纸片只是朝着一个方向转动，它总是从手腕朝着手指那边转动。出现这种情况的原因在于人的手掌的各个部分具有不同的温度：手心的温度总是比手掌的末端高，所以靠近手心的地方易形成较强的气流，它对纸片施加的冲击力比手指热量产生的气流冲击力更强劲。

13. 皮袄会给人温暖吗

假如有人对你说穿皮袄一点儿都不温暖，你会怎么想？你肯定认为他在跟你开玩笑。不过假如我们通过做实验的方式证明他的话，会怎么样呢？举个例子，我们先做一个类似的实验。准备一只温度计，记住上面的温度刻数，接下来，用皮袄将温度计紧紧地包裹起来，几个小时后再把它拿出来。你观察后就会发现，温度计上的数字并没有升高，现在的温度跟放进皮袄前的温度是一样的。你甚至可以证明皮袄不仅不能让物体升温，反而能让物体降温。我们准备出两个盛着冰的小瓶子，其中的一个用皮袄把它包起来，将另一个直接放在室外。直到第二个瓶子里面的冰彻底融化以后，再将皮袄打开，你会惊讶地发现，瓶子里面的冰完全没有融化的迹象。换句话说，皮袄不但没给冰块带来热量，反而让冰变得更冷了，减慢了冰融化的速度。

现在你还认为这是句玩笑话吗？我们根本无法反驳。假如让人温暖就是带来热量的话，那么灯和炉子都能给人带来温暖，人体本身也能给人带来温暖。不过皮袄不能给人带来温暖，因为它本身无法产生热量，只能防止我们身上的热量流失。温血动物自身就是能量的载体，所以会觉得穿皮袄就暖和了。但是，温度计本身不是热源，它自身的温度并不会因为放进皮袄里而发生变化。如果冰被皮袄包裹起来，那么它的低温状态能够保持得更加持久，因为皮袄本身的导热性很差，能将本来能够传到里面的能量隔离在外面。

从理论上讲，雪花和皮袄一样，可以保持大地的温度稳定。雪花和所有粉末状的物体一样具有极差的导热性，会阻止热量从土壤中流失。假如我们用温度计测量被积雪覆盖的土壤温度，它的温度通常比没被积雪覆盖的土壤高10℃，因此，"皮袄能给我们带来温暖吗"这个问题应该这么回答：皮袄只是帮助我们更好地保暖。

真正的情况是我们温暖了皮袄，而不是皮袄温暖了我们。

14. 我们脚下的季节

如果地球表面是夏季，那么离地表3 m以下的地方是什么季节呢？

当然也是夏季啊！你肯定会这么想。不过，这么认为的话就大错特错了，它并不像人们预想的那样，地上和地下的季节是不同的。土壤的导热性很差，位于列宁格勒（现名圣彼得堡）地下2 m处的自来水管，即便遇到非常寒冷的天气，也不会被冻坏。地上的温度变化传到地下需要很长的过程，土壤层越深，传递的时间就越长。比如说，我们在斯卢茨克进行精确的测量，结果表明：地下3 m处，一年中最温暖的时间比地面晚了76天，而一年中最严寒的时刻竟然比地面晚了108天。换句话说，如果地面上最热的一天是7月25日，那么，3 m深处最热的一天则要等到10月9日。倘若地面上最严寒的一天是1月15日，那么3 m深的地下要等到5月份才能迎来。地下更深的地方相隔的时间就更长，深度越深，温度的变化就会越弱，到达一定的深度以后，这种温度变化就会停止。在这里，数个世纪都会保持同样的温度不变，这个温度就是此地全年的平均温度。

在巴黎天文台有一处地窖，它的深度有28 m，里边保留着拉瓦锡当年放在那里的一只温度计。这只温度计的读数甚至在150年里都没有一丝的变化，一直指示着同一个温度11.7℃。

总而言之，我们脚底下的季节从来都跟我们过的季节不一样。当地面上是冬季时，3 m深的地下还处于秋季。但是，地下的秋季跟地面上的秋季不同，它是降温比较缓和的秋季；当我们过夏季的时候，地下深处的冬季还没有过完。

当我们钻研地下动物（例如金龟子幼虫）以及位于植物地下的部分的生活状况时，这个原理显得至关重要。比如，树木根部的细胞繁殖通常在一年中最寒冷的冬季进行，而根部的所有组织在夏季则完全停止了任何活动，这跟地上树干的情况刚好相反。知道了这一小节的内容，对这样的景象就不必感到惊讶了。

15. 纸锅

请看图83，用纸折叠起来的尖顶帽竟然可以煮鸡蛋！"眼看着纸就要被烧着了，水会把火浇灭的。"你一定会这么说。现在，请你准备一张厚的牛皮纸，用它做一个纸锅，用铁丝把它紧紧地固定住。之后我们可以来做个实验，这样你就会相信纸不会被烧着了。

出现这种情况的原因是，在开口的容器里水的最高温度只能到100℃，所以锅里的水将纸上剩余的温度都吸收了，这样的话，纸的温度就不会比100℃高太多。换句话说，避免了纸达到可燃的温度，如果使用如图84所示的那种小纸盒，则会有更好的效果。就算火焰不停地触碰它，它也燃烧不起来。

此外还有一种情况跟这个类似：三心二意的人忘记了炉子上持续被加热的水壶。久而久之，壶底的焊锡就会被烧化。事实上，这跟上面谈到的烧不着的纸锅的情况类似。焊锡熔点较低，唯一让它承受高温的方法就是让水贴近它。老式马克沁重机枪就是利用水吸收能量的原理来防止枪筒熔化的。

 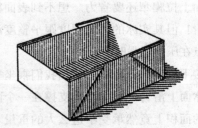

图83 纸锅煮鸡蛋　　　　图84 纸盒能煮开水

再举个例子，你可以把用扑克牌折叠的盒子熔化铅块，不过必须让火苗恰好触及放着铅的位置。铅的导热性能比较好，它可以迅速吸收纸上的热量，从而避免让纸的温度比铅的熔点（335℃）高出太多，就算达到了这样的温度，也不足以让纸燃烧起来。

下面的这个实验更容易证明这个原理（如图85）。准备一枚粗钉或铁棒（铜棒效果更好），用窄纸条将它们裹好，就像螺丝杆一样，然后把它放在火上，火苗碰到纸条，将它烧黑，但是，纸条在铁被烧热以前是不会燃烧起来的。原因就在于金属具有良好的导热性。如果我们将钉子或铁棒换成玻璃棒，纸条就会燃烧起来。图86向我们展示了另一个类似的实验：将被棉线紧紧缠绕的钥匙放在火上烤。

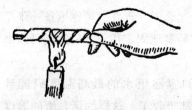 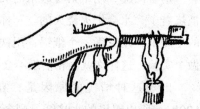

图85　烧不着的纸条　　　　　　　图86　烧不着的线

16. 冰为什么那么滑

走在表面光滑无比的地板上，比走在普通的地板上更容易摔倒。走在冰面上也是大致的情况，换句话说，表面平滑的冰面比表面粗糙的冰面更加光滑。

不过如果你曾经在表面坑洼的冰面上拖着装满重物的手拉爬犁行走的时候，你肯定会有不同寻常的体会：在表面坑洼的冰面上拉爬犁比在平滑的冰面上拉爬犁还要省力。想不到表面粗糙的冰面竟然比表面平整的冰面更光滑！但其实冰的光滑程度跟平整度没有关系，它取决于别的原因：冰的熔点在压力增强时会降低。

接下来我们分析一下，当我们乘坐雪橇或滑冰的时候。我们穿着滑冰鞋在冰面上滑行，整个身体支撑在一个面积不足几平方毫米的冰面上，如此小的面积上竟然承受了这么大的重量。倘若你能回想起我们在第二章里谈到过的关于压强的问题你就会明白了，滑冰者会对冰面产生非常大的压强。冰在受到重压之后，即便温度比较低也能够融化。举个例子，假如冰的温度是−5℃，在冰刀压强的作用下，冰刀接触的冰熔点降低了5℃，所以，你脚下的冰会融化，因此，冰刀和冰面之间就会产生一层薄薄的水，滑冰者能在光滑的冰面上滑行也就不足为奇了。滑冰者滑到哪里，哪里的冰面和冰刀之间就会形成一层薄水，自然界的一切物体中只有冰具有这种独特的特性。一位苏联物理学家将冰称为"自然界唯一的滑体"，除此之外，其他的物体只是表面平整，实则粗糙。

下面，我们再将话题转到"平整的冰和粗糙的冰谁更滑"的话题上。众所周知，当冰面受到重量相同的物体的挤压时，受到挤压的面积越小，受到的压强就越大。那么滑冰者是站在平滑的冰面上，施加的压强更大呢，还是站在表面粗糙的冰面上，施加的压强更大呢？显而易见，当然是后一种情况施加的压强更大，因为他此时仅仅接触了冰面上的粗糙部分。对冰施加的压强越大，冰融化的速率就越快，所以冰面就会更加光滑。

冰的熔点在极强的压强下会下降，这样的原理能够解释日常生活中的其他现象。因为冰具备这样奇特的特点，所以当一些碎裂的冰块受到挤压后，它们就很有可能冻在一块。小孩子喜欢打雪仗，他们会用手把雪团捏紧，冰粒的熔点在受到巨大的压强下会降低，然后再次冻在一起。我们还利用了冰的特点将雪团成雪球堆雪人，当地面的雪跟雪球的下面发生接触时，更多的雪会在雪球的重力的影响下冻成一团。这下你应该明白为什么雪花在寒冷的温度下是松散的，不易滚成雪球了。当行人的脚踩在雪上时，人行道上的雪会慢慢地结成光滑的冰，也正是因为这个原因。

17. 冰锥问题

你是否考虑过，我们经常看到的挂在屋檐上的冰锥是如何形成的？

冰锥是在什么样的天气下形成的？到底是在温暖的天气下，还是在严寒的天气下？如果是在温度高于0℃的天气下，那么水为什么会冷却变成冰锥呢？并且如果是在寒冷的天气下，房檐上怎么会出现水呢？

你看，问题并不像我们想象的那么简单。冰锥只有在两种温度同时具备的情况下才能形成，这两种温度就是：积雪被融化的温度——高于0℃，雪水被冷却的温度——低于0℃。事实正是如此，由于阳光的照射，屋檐上的积雪的温度会升高到0℃以上，开始融化。而当雪水流到房檐时，因为这里的温度低于0℃，所以又会重新冻结。

请设想一下这样的场景，在阳光充足，但是温度只有-2℃～-1℃的天气下，阳光普照大地。虽说斜射的阳光能够让大地暖和起来，但还没到使地面的积雪融化的地步。可是屋顶的阳面接受阳光照射的方式却有所不同，它不像地面那样被太阳光斜射，由于角度比较大，太阳几乎是直着照射这里的。我们都知道，光线和被照射的平面之间形成的角度越接近直角，这个平面被阳光晒热的效果也就越明显。（这一夹角的正弦与光线的作用成正比。如图87所示，房顶上的雪接收的热量是地面上同样面积的雪接收热量的2.5倍，因为sin60° 是sin20° 的2.5倍。这就是房顶的斜坡能够接收更多热量的原因。）

图87　倾斜房顶比水平地面阳光更强

屋顶上的雪会融化，流到房檐。可是房檐下面的温度又在0℃以下，与此同时，水滴在蒸汽作用的影响下开始凝结成冰。随后流过来的水滴会来到结成冰的水滴上，也结成了冰……如此循环，就形成了小冰球。到了第二天，这些小冰球在极端寒冷的条件下越变越大，最后就变成了冰锥，它的外形跟地下溶洞里的石灰岩钟乳石非常相似。我们在柴棚或不生火的屋子的房檐上也能找到这样的冰锥。

我们可以利用这样的原理解释自然界中更加恢宏的神秘现象，比如气候带和季节的温度差别。这其实也是由阳光照射的角度发生变化而形成的。太阳在冬季和夏季与我们的距离基本相同，太阳和两极及赤道的距离也基本相同（距离差距非常微小，其影响可以忽略不计），但是赤道地区阳光的倾角要大于两极地区阳光的倾角，夏季时阳光的倾角要大于冬季时阳光的倾角。正是这一点让一天以及一年之内出现了温差，造成了世界各地气候的千差万别。

第七章

光 线

1. 被捉住的影子

啊，影子啊，漆黑的影子，

有谁不被你追上？

有谁不被你超过？

黑色的影子，只有你，

没人能抓到并拥抱你！

——涅克拉索夫

假如我们的祖先无法捕捉到自己的影子，那么他们起码懂得如何利用这些影子，通过影子画出"侧影像"，也就是利用人侧身的大体轮廓画出人的"影像"。

现在我们有了照相机，可以进行自拍或给好朋友们拍照。不过18世纪的人们就没有这个运气了：想要有自己的画像，就得请专业的画师，但是没有几个人能承受高昂的价格，因此"侧影画"就流行了起来，从某种程度上说，它就等同于现在的照相机。"侧影像"就是被抓住并且被钉在纸上的影子。这样的影像是由机械画出来的，我们不禁联想起了现在的照相机技术：我们在拍照时，利用的是光，但我们的祖先并没有利用光，而是利用了影子。

图 88　画侧影像

通过观察图88可以得知画侧影像是如何进行的。首先将头侧过去，将本人基本的轮廓特征完全展示出来。用铅笔大致描出整体的轮廓，将墨涂在上面，然后用剪子把它剪下来贴在一张白纸上，这样就做好一张侧影像了。我们还能通过一些专业的仪器——缩放仪，将它缩小（如图89），你不要认为一个又简易又黑的轮廓无法还原本人的典型特征。事实上，结果正好相反，有时候，画得好的侧影像几乎和本人一模一样，比如图90。

图 89　将侧影像缩小　　　　　　　图 90　席勒的侧影像

侧影像画法简便，而且还能完美还原原貌，因此一些画家对它颇感兴趣，于是，他们开始采用这种方法描绘一些场面恢宏的景色或风景画。久而久之，侧影像绘画形成了一个画派。侧影像一词是从法语"西卢埃特"翻译过来的，谈到这个词的出处，还有一段非常有意思的小故事。据说这一词是从18世纪中叶法国财政大臣艾蒂安·德·西卢埃特那里借用的。这位财政大臣曾经建议那些花钱大手大脚的人勤俭节约，并对法国权贵在绘画和画像方面的肆意挥霍大加指责。再加上侧影画的价格很低，所以人们就称侧影画为"西卢埃特式"画像了。

2. 鸡蛋里的小鸡

如果你懂得利用影子的特性，就可以给小伙伴们表演一个很有意思的魔术。把一张被油浸过的纸当成屏幕，然后将这张纸放到一块硬纸板中间方形的洞里。将两盏灯放在屏幕的后面，让观众在屏幕的前面坐下并将一盏灯点亮，比如靠近左边的那一盏。

将一块椭圆形的硬纸固定在这盏灯和屏幕之间的铁丝上，因此，屏幕上呈现出了一个鸡蛋形状的影子（此时右边的灯还没有打开）。之后向小伙伴们说，你要打开X射线透视仪，然后小伙伴们就会透过鸡蛋看到里面的雏鸡。这可真是神奇，他们一瞬间就看到了鸡蛋的内部构造，好像鸡蛋

的边缘部分被X射线照亮了一样，小鸡
的侧影非常清楚地出现在了黑影的中间
部分（如图91）。

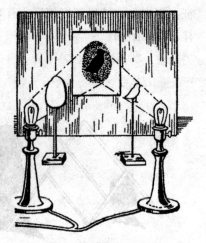

　　其实，这个魔术并没有那么神秘：
我们在右边的灯前面放了一块剪成小鸡
轮廓的硬纸板，当你将右边的灯点亮
时，纸板上本来就存在的椭圆形的影子
上，又跑出一个"雏鸡"的影子，因此
"鸡蛋"的边缘部分会比中心部分更加
明亮些。坐在屏幕另一面的观众，并不
知道你的小把戏。如果他们不了解物理
学和解剖学的话，或许真的会以为你用
X射线将鸡蛋透视了。

图91　X射线透视表演

3. 漫画式的照片

　　也许很多人不知道，照相机就算没有放大镜（镜头）也能拍照，只
要使用小圆孔就可以了，不过这样拍出的照片清晰度很差。这种暗箱采用
"缝隙式"的结构，圆孔被两道互相交叉的缝隙所替代，这会使照出来的
影像发生很有意思的变形。暗箱的前部有两块板，其中的一块板上有一道
竖直的缝隙，而另一块板上则有一道水平的缝隙。倘若将这两块板紧密地
贴合在一起，那么我们得到的图像就和用小圆孔暗箱拍出的图像没什么区
别了，不会得到失真的图像。不过如果我们拉大这两块木板之间的距离
（将两块板做成可移动的），就能看到完全不同的图像：此次的失真达到
了令人捧腹大笑的程度（如图92、图93）。与其说我们得到的是照片，不
如说我们得到了漫画。这种失真现象应该怎么解释呢？

　　首先我们来研究一下水平缝隙处于竖直缝隙之前的情况（如图94）。
图形D（一个十字）的竖直的光线在通过第一道缝隙C时，和通过一个普通
的孔没什么区别，不过之后的缝隙B并不会改变竖直的光线的行走路线，
所以，毛玻璃A到缝隙C之间的距离与竖线和它在毛玻璃A上的成像比例有
很大的关系。

图92 被横向拉长的照片　　图93 被纵向拉长的照片

当两道缝隙保持位置一致时，横线与竖线在毛玻璃上形成影像的情况完全不同。横线的光线在通过竖直缝隙B之前，可以顺利地通过第一道水平的缝隙，和过普通的孔是一样的。但是当它通过缝隙B时只有纵向的光线不会被改变了。于是，D上竖线与毛玻璃A上像的比例和毛玻璃A与缝隙C的间距有关。

简单来说就是，当两道缝隙按照图94的样式排列时，水平的线只会受到缝隙B的影响，竖直的线只会受到缝隙C的影响。由于前面的纸板比后面的纸板距离毛玻璃更远，因此，竖向的投放程度要比横向的更大，物体的影像在竖直的方向上仿佛被拉长了。

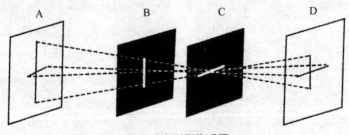

图94 变形影像成因

假如将两道缝隙的位置对调，那么我们就能获得另一种影像，它将在横向上被拉长（比较图92、图93）。

那么，如果我们将两道缝隙斜着放置，我们自然而然就会得到另一种扭曲的图像。

这种暗箱不仅可以拍摄犹如漫画般的照片，表现严肃的艺术形态也不在话下。举个例子，我们能用这种暗箱做出各种地毯以及壁纸上的图案等。总而言之，它可以任意获得拉长或压扁的装饰和图案。

4. 日出问题

我们不妨做一个假设，我们在早上五点钟能够看到日出。可是众所周知，光传播到我们的眼前并不是发生在一瞬间，它的传播是需要时间的，它需要从太阳光的光源传播到观看者的眼睛里，因此，我们可以提出一个问题：如果光可以在转瞬间传到这里，那么，我们几点钟能看到日出呢？

光线从太阳传播到地球需要8 min。如果光线可以在一瞬间传过来，那么我们就可以省去这8 min，也就是说，我们在4点52分就可以看到日出了。

也许大部分人听了会觉得意外，其实这样的回答并不完全正确。我们所说的日出，只是由于地球将表面的其中一部分转到了已经有太阳光照射的地方而已，所以，就算光线能够在一瞬间传到这里，你看到的日出还是跟光线断断续续传播的时间相同，也就是整5点。

假如你留意（用望远镜）太阳边缘上的一种突起（日珥），那就是另一码事了：如果光线的传播是在一瞬间完成的，那么你确实可以在8 min以前看到日出。

第八章

光的反射和折射

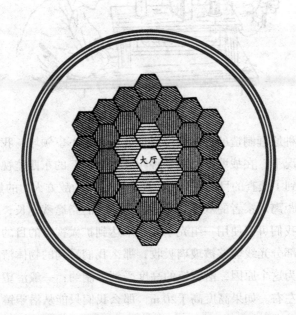

1. 看穿墙壁

在19世纪90年代，曾经在市面上流行这样一个有意思的玩具，它的名字甚是响亮，"X射线透视仪"。我依稀记得，当我还上小学时我人生中第一次把玩这个有趣的小玩具，当时我非常疑惑，这样一根不起眼的棍子竟然可以让人具备透视的能力，我们不仅能够透过厚纸，还能透过真正的X射线也不能穿透的刀片，将周围的一切尽收眼底。图95便是这种简易X射线透视仪的示意图，你不妨亲自来观察一下，看后你就会明白这个机器的构造其实并不复杂。四面小镜子呈45°角，让光线进行数次折射，绕过不透明的物体。

图95 "X射线透视仪"玩具

依照这种原理制造的仪器被广泛地应用在了军事领域。我们可以在不伸出头的情况下，在战壕里利用一种叫"潜望镜"的东西监视敌人（如图96），既达到了侦查的目的，又可以避免自己成为敌方火力的焦点。

潜望镜距离观察者的双眼越远，光线经过的路途就越长，潜望镜的视野就越小。我们可以使用一组光学玻璃来达到扩大视野的目的。如果进入潜望镜的一部分光线能够被玻璃吸收，那么我们看到的物体清晰度就会受到影响。因为这个原因，潜望镜的高度受到了制约：一般潜望镜的高度极限只有20 m左右。如果高度高于20 m，那么我们只能从潜望镜里看到极其微小的视野和模糊的影像，这种情况在阴天的情况下尤为常见。

当潜水艇的艇长观察受到攻击的船只时，使用的也是潜望镜，这种潜望镜的上端会将一根长管露出水面。虽然它的使用要比在陆地上复杂得多，可是它们都是采用的同一原理：光线通过潜望镜露出水面的镜面（或棱镜）反射，顺着管子向下传送，在管子底部的镜子再次反射，最后进入观察者的视线（如图97）。

图 96　潜望镜

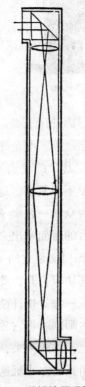

图 97　潜望镜原理图

2. "被砍下的"人头

在世界各地的博物馆和陈列馆里做巡回展出的时候，我们经常可以看到这样的"奇迹"，不明白其中道理的人一定会觉得困惑不已。在你的前面摆放了一张桌子，桌上有一个盘子，那里面放了一个活生生的人头，它的眼睛可以转动，嘴巴可以说话，还可以吃东西！而且桌子下面并没有足够的地方放下一个人的身体。尽管你不能亲自走到桌子旁边，可是你还是看得非常清晰，桌子下面没有任何东西。

倘若你有幸可以目睹这一"奇迹"，那么你不妨尝试将一个纸团儿

图 98　魔术揭秘

扔到桌子下面。当纸团被弹开时，谜题也就解开了，原来桌子这里有一面镜子。就算你扔的纸团并没有跑到桌子旁边，你依然可以发现那里面有一面镜子，因为你会在镜子中也发现一个纸团（如图98）。

倘若在桌子的每两条腿之间放一面镜子，那么，人们从远处看就会认为这下面是空的，显而易见，我们不能将屋里的陈设和在场的观众都映射在镜子里，因此屋子必须是空的，周围的墙壁也要保持一致的风格，用单一的色调涂地板，不允许有任何花纹存在，而且镜子必须得远离观众。

你听了这其中的秘密不禁哈哈大笑，不过如果人们不明白其中的道理，就会百思不得其解。这样的魔术表演有时会让观众们捏一把汗。首先魔术师会让观众看一张桌子，桌子的上下都是空的。接下来，将一个紧闭的箱子从舞台的后面拿出来，他声称里面有一颗"没有身体的活生生的头颅"（其实那里面是空的）。魔术师将箱子放在桌子上，然后将箱子上正对着观众的那块板打开，此时在观众眼前突然出现了一颗会说话的人头，人们着实吃了一惊。也许读者们已经猜到了：桌面上有一块板是可以任意折叠的，魔术师刚才将它放在了桌子的窟窿上，然后将没有底座的空箱子放到了桌子上，如此一来，在镜子后面坐着的人就可以把头伸出来了。其实我们还能用其他方式玩这个魔术，不过我并不想在此逐一描述，因为读者们可以很快就将它们识破。

3. 放在前面还是放在后面

大部分人都或多或少不合理地使用过日用品。我们已经在前面说过，很多人不会用冰来冷却东西，在冰的上面而不是下面冰镇饮料。如此一来，并不是所有人都能正确地使用普通的镜子。很多人在照镜子的时候总喜欢把灯放在身后，她们认为这样能够让镜子里的形象变得更亮。大部分妇女都是这么做的，然而，真正正确的方法是将灯放在身体的正前方。她们应该照亮的是她们自己。

4. 看不见的镜子

还有一个证据可以证明我们确实不太了解镜子，很多人就本节提出的问题给出了错误的回答，虽然我们每天都会照镜子。

假如谁说他看见了镜子，那他肯定是在撒谎。我们是看不见质量好，并且非常干净的镜子的。虽然镜框、镜子的边缘以及镜子中的映像会映入我们的眼帘，不过只要镜子是干净的，我们就看不见镜子。任何反射面和散射面都不相同，我们无法看见前者（散射面就是向各个方向散射光线的表面。我们在日常生活中经常把反射面称为抛光面，把散射面称为毛面）。

任何以镜子为道具的特技或是魔术，比如之前说过的人头魔术，都是根据镜子本身不可见的原理实现的，我们只能看到镜子里映射出的物体。

5. 镜中人是谁

"看到的肯定是自己啊，"很多人都会这么回答，"镜子里映射出的那个人是我们自己最准确的复制品，里面的一切都跟本人保持一致。"

你也这么认为吗？如果你的右脸有一颗痣，但是镜中人的右脸却是干干净净的。他的左脸有一颗痣，但是你的左脸却没有痣。你将头发向右梳，镜中人的头发却是向左梳。你的左眉比右眉矮，并且较为浓密，镜中人则刚好相反，他的左眉比右眉高，并且比较稀疏。你在上衣右边口袋里装了块怀表，在左边口袋里装了一本记事本，镜中人右边的口袋里装了记事本，却在左边口袋里装了块怀表。我们可以注意一下镜中那块怀表的表盘（如图99），你会发现根本没有这样的表，因为那上面的数字排列以及字母的形状与众不同。举个例子，表盘上出现了一个从未出现过的数字：将8放在了12的位置上，可是却没有12这个数字；而6后面的数字竟然是5，处处都是错误。而且，镜中人的表上表针转动的方向也跟普通的手表有着本质的区别。

图99 镜子里的怀表

你还能从镜中人身上发现一个生理缺陷：他是左撇子。无论是写字、缝衣服，还是吃饭都用左手，假如你想跟他握手的话，他也是伸出左手。

我们无法猜测他是不是有文化的人，至少他的文化有点另类，你也许能从他手里拿的书中念出一句半句，或是从他左手比画出的字迹里读出一个词。

那个所谓跟你完全一样的人就是这样，你竟然产生了用他来衡量自身面貌的想法。

我们暂且不开玩笑。假如你认为镜中的人就是自己，那么你肯定是弄错了。严格来讲，大部分的脸、躯干以及衣服都不是对称的（尽管我们通常注意不到这一点），右侧和左侧并不完全相同。镜中人的右侧特征全都反映在了左侧，反之亦是如此，因此，站在我们面前的那个人跟我们一点儿也不一样。

6. 对着镜子画图

原物跟镜中映射出来的影像是不一样的，下面这个实验得出的结果尤为明显。将一面镜子立在你的面前，把一张纸铺在镜子的前面，之后在纸上随意画一个图形比如长方形，然后再画两条对角线。这当然很容易，不过，请不要直接去画，而是通过镜中人的手去画（如图100）。画完之后你就会明白，在这种的情况下，就连这样简单的事情也没法办到。我们的视觉和运动感觉经过多年的适应，已经非常协调了，可是镜子却将这种协调打破了，你看到镜中人的手部移动会认为很不正常。他的动作和你一直以来早已习惯的动作完全相反，比如你想用右手画条线，伸出的却是左手。

图100　对着镜子画图

假如你对着镜子画的不是简单的图，而是更加复杂一些的图形，或是边看镜子边写些什么，那么你就会碰到很多奇怪的事情：手里画的，写出来的东西完全是令人啼笑皆非的胡言乱语！

吸墨纸上印出的痕迹和镜像是一样的，它印出来的字迹跟纸上写的字完全一致。

认真看看吸墨纸上那些潦草的字迹，尝试着读一下就会发现你什么也看不出来，就算字迹再清晰也认不出来，字母不像以往那样朝右边倾斜，它们纷纷向左倾倒，而且笔画的顺序跟你熟悉的完全不一样。不过如果在吸墨纸的前面立上一面镜子，你会发现镜子里所有的字都跟你熟悉的字迹一样了：镜子把被吸墨纸颠倒左右的字迹重新翻转了过来。

7. 善于走捷径的光

众所周知，光在相同的介质中沿着直线传播，换句话说就是用最短的路线传播。就算它不是从一点直接到另一点，而是通过镜面反射传播到另一点，它也依然会选择最短的路线。

我们不妨来观察一下它的轨迹。如果图101中的字母A表示光源，直线MN表示镜面，光线从蜡烛到眼睛C的路线用折线ABC表示，直线KB垂直于MN。

依照光学定律，反射角2等于入射角1。在了解了这一点后，我们很容易证明，在光从A点到镜面，然后再到C点的任何有可能的路线中，ABC的线路用时最短。我们可以通过光线经过的路线ABC和另外任意一条路线比如ADC（如图102）进行对比并加以证明。

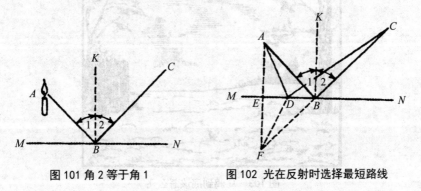

图 101 角 2 等于角 1　　　　图 102 光在反射时选择最短路线

先从点A向MN画一条垂线AE，延长AE，交CB的延长线于点F，之后连接F、D。首先我们证明△ABE和△FBE全等。这两个图形都是直角三角形，彼此拥有共同的直角边EB且∠EAB=∠EFB，因为它们分别和∠2、∠1相等，所以，AE=EF。我们可以由此进一步证明，Rt△AED等于Rt△EDF的两个斜边，也就是说AD=DF。

如此一来，我们可以用线路CBF代替线路ABC（因为AB=FB），用路线FDC代替路线ADC。然后，我们只要比较一下FBC和FDC这两条路线就行了。显而易见，折线CDF比直线CBF长，所以，路线ADC比路线ABC长，证明完成。

无论点D在什么位置，只要反射角和入射角相等，路线ABC就永远比路线ADC短。换句话说，我们证明光在光源、镜子以及眼睛之间进行传播时，确实会选择最短、最有效率的路线。公元2世纪，亚历山大城的希腊力学家、数学家海伦第一次提出了这一理论。

8. 乌鸦的飞行路线

我们可以通过运用上一节学到的知识来解决一些实际的难题。下面的这个难题就是其中之一。

一只乌鸦落在树枝上，院里的地面上洒满了米粒。它从树枝上飞下来，啄了一颗米粒之后重新飞回栅栏上。请问它采用什么样的路线去啄米粒飞行的距离最短呢？（如图103）。

图103　乌鸦到底该怎么飞

　　这个问题跟我们在前面提到过的问题完全一样，所以，我们不难得出正确的结论：乌鸦应该模仿光的移动路线，换句话说，在它的飞行路线中，∠1应该等于∠2（如图104）。我们知道，这样的飞行路线才是最短的。

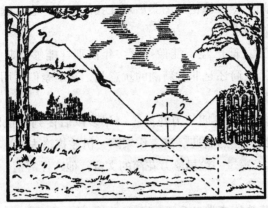

图104　该这么飞

9. 万花筒

　　我们都对一种叫万花筒的玩具非常熟悉，它的构造非常巧妙。见图105，一些五彩斑斓的碎玻璃片在两三块平面小镜子的反射下形成了一无比美丽的图案，如果我们轻轻地转动一下万花筒，就会出现多种多样的图案变化。尽管万花筒人尽皆知，不过有不少人曾经想过"万花筒到底具有多少种图案变化"这个问题。我们不妨假设你手里的万花筒有20块碎玻璃，我们用每分钟10次的速率转动它，让这些碎玻璃产生新的排列组合。这样的话，你究竟需要花费多长的时间才能把所有的图案排列组合看完一遍呢？

　　虽然我们可以充分发挥想象力，可是无论我们怎么想也无法给出合理的回答。就算研究到海枯石烂，你仍然无法看透万花筒里所有的奥秘，因为我们至少需要五千亿年的时间才能看完所有的图案变化。如果我们还

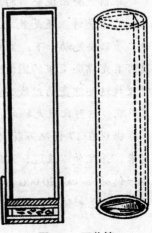

图105　万花筒

需要仔细观察每一种变化的话，那么需要花费的时间就远不止这些了。

从事装饰工作的美术师们在很久以前就对万花筒里千变万化的特点颇感兴趣。他们的想象力跟万花筒无穷的想象力相比完全没有可比性。万花筒可以在一瞬间将令人惊艳的图案展现在我们面前，它为壁纸装饰，编织图案提供了很好的素材。

不过现在万花筒已经不能像一百多年前那样能够激起大众的好奇心了。在那时，万花筒还是非常新潮的玩意儿，文学家们还用写散文或写诗歌的方式来赞美它。

1816年，英国人发明了万花筒，一年多以后传到了俄国，它在这里受到了俄国人民的热烈欢迎。寓言作家阿·伊兹梅洛夫在《善良人》杂志（1818年7月）上写过一篇描绘万花筒的文章，他这样写道：

> 我看了万花筒的广告以后，
> 想方设法找来了一个，我向里面看去，
> 奇形怪状，五彩斑斓：
> 蓝宝石、红宝石，还有黄宝石，
> 还有祖母绿、金刚石，
> 也有紫水晶，以及大珍珠，
> 再加上珍珠母——一个大宝库呈现在了我的眼前！
> 我只要动一动手，
> 眼前就会出现全新的美景！

无论是诗歌还是散文，都无法将你看到的万花筒的美景完美地描述出来，手只要晃动一下，里面的图案就会发生变化，每次的变化都不尽相同，这可真是漂亮至极的图案啊！如果将它们全都绣在布上就好了！我们要去哪里找这些漂亮的丝线呢？这种玩具还真是打发无聊时间、排忧解难的好工具啊，这可比玩无聊的占卜游戏强多了。

据说在17世纪万花筒就已经家喻户晓了。不久前它又在英国盛行了起来，并且加以改进，这股风潮大约在两个月前又从英国传到了法国。当地一位有钱人以20 000法郎的价格定做了一只万花筒，他的要求是，不要往里面装色彩偏杂的玻璃碎片和玻璃珠子，一定要用珍珠和宝石。

接下来，寓言作家又讲了一个跟万花筒有关的趣事，又在文章的结尾写了一段甚是忧伤的话，这也充分反映了农奴制时代的落后状况：

皇家物理学家和力学家罗斯皮尼拥有出色的光学仪器，他制作万花筒，并且以每只 20 卢布的价格出售，毋庸置疑，热情的买家可比物理和化学讲座上的听众多得多，令人倍感惋惜又让人惊奇的是，虽然善良的罗斯皮尼先生做过很多讲座，可是却没有因此得过任何好处。

在相当长的一段时间里，万花筒只是一个好玩的玩具，直到现在人们才将它应用到图案的设计之中。人们发明了一种仪器，用来拍摄万花筒里千变万化的图案，如此一来，我们就可以用机器设计出多种多样的装饰图案了。

10. 迷宫和幻景宫

如果我们能将自身的尺寸缩小至碎玻璃片的程度，然后放到万花筒里，会出现什么情况呢？曾经有人亲自尝试过，1900年巴黎世界博览会的参观者就有幸目睹了这一壮举。世界博览会上所谓的"幻景宫"颇受参观者的喜爱。它就像一个不能转动的巨大万花筒。请你设想一下：一个六边形的大厅，每面墙壁都是一面大镜子，经过了高度抛光。在这个由镜子组成的大厅里，每个墙角处都安装了柱式和檐形的建筑装饰，它们与天花板上的雕塑合二为一。观众会觉得自己置身于无数个大厅和柱子之间，更不知道自己置身于多少跟自己长相相同的人群当中。大厅和人们从四周将他包围了起来，并且尽可能地向远处伸展。

图106是具有水平阴影线的大厅，那是经过第一次反射后产生的影像。经过第二次反射后，又得到了12个有竖线的大厅；经过第三次反射后，还会再增加

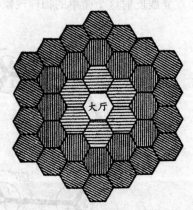

图 106 中央大厅 3 次反射后能看到 36 个大厅

18个大厅（画有斜阴影线的）。每次反射后，大厅的个数都会增加。它的总数由镜子的光滑程度以及彼此相对的镜子平行的精准度来决定。大厅在经过12次反射以后，仍旧依稀可见，换句话说，我们现在可以看到468个大厅。

对光反射规律有研究的人就会明白造成这一"奇迹"的原因：因为大厅里有三对平行的镜子，以及十对不平行的镜子，因此，它们之间经过这么多次反射也就没什么奇怪的了。

更有意思的是巴黎世界博览会上所谓的"迷宫"，让我们领略了美丽的光学效果。这个宫的设计者不但设计了多次反射，还让它在瞬息间变换图像。仿佛一个可以转动的巨大万花筒，这个巨大的万花筒可以容纳很多观众。

这座"迷宫"里的图像变化是通过下面的方法实现的：把镜子纵向切开，放在距离棱角不远的地方，这样角状镜面就可以围绕柱子里的轴旋转。从图107我们可以发现，可以利用∠1、∠2、∠3变出3种变化。现在设想一下：如果在角1放上热带森林景观装饰，∠2放上阿拉伯大厅的陈设，角3则放置印度庙宇的风貌（如图108）。那么只要我们启动暗藏的机关，就会带动墙角旋转，热带森林就会突然变成印度庙宇或是阿拉伯大厅。它的全部秘密都建立在光线反射这个简单的物理现象的基础之上。

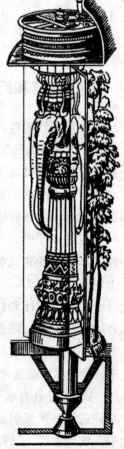

图108　"海市蜃楼宫"
奥秘

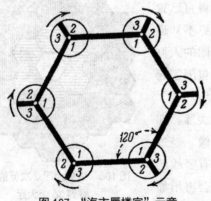

图107　"海市蜃楼宫"示意

11. 为什么光会折射？光如何折射

大部分人都认为光线从一种介质进入另一种介质时出现折射的现象是大自然的坏脾气所致。那么光线为什么不在新介质里保持之前的行走路线，而是选择较为曲折的路线呢？如果抱着这个疑问的人能够理解下面的比喻，那么他们差不多就明白原因了。事实上，列成纵队前行的士兵遇到的情况与光线完全一样，他们必须从适合行军的路线进入不适合行军的路线，才能穿过一道界线。19世纪著名的天文学家和物理学家约翰·赫歇尔关于这个问题做出了这样的解释：

"请你设想一下：一队士兵来到了两种不同地形的交界点，之前的地形非常平坦，适合行军；而另一处地形凹凸不平，非常不适合行军，所以在第二处地形上无法保持先前的移动速度。并且，我们再做出一个假设，队伍的正前方与两块地面之间的界线存在一个夹角，因此士兵们并不是同时走过这里，而是逐一经过这里。如此一来，穿过界线的士兵都到第二块地形上后，就无法保持之前的快速行进了。他无法与同一横列中仍旧在适合行军的地形中的其余士兵维持在同一条直线上，他开始被他们超过，而且渐渐地落后了。假如士兵们队列整齐，继续行进，那么穿过界线的队伍就会落在其余队伍的后面，这是不可避免的，所以他们会在界线的交叉点上形成一个钝角。而且队伍必须步伐整齐，因此士兵的行军方向必须跟刚刚形成的正向成直角，朝着正前方行军，所以，士兵越过界线之后的行走路线，必须与新形成的队伍正面相垂直，而且新的路程和没有放慢步伐行走的路程的比例，同新速度与原速度的比例保持一致。"

你可以在家里做一个小型实验，准备一张桌子，将桌面的一半用桌布盖好（如图109），稍微倾斜桌面，将一对牢牢装在一根轴上的小轮子（比如从坏了的玩具火车头上拆下来的轮子）从桌面上翻滚下去。倘若轮子翻滚的方向同桌布的边缘形成一个直角，那么车轮的行

图 109　光的折射实验

走路线就是一条直线。这种现象证明了一条光学定律：垂直射向不同介质分界面的光线是不可能出现折射现象的。假如轮子的翻滚方向同桌布边缘存在偏斜时，那么车轮的行走路线就会发生改变，也就是说它会在两种介质的分界线上出现路线的变化。不难发现，从行进速度很快的部分（未被桌布盖住的部分）进入行进速度缓慢的部分（桌布上），轮子的翻滚路线（"光"）的方向会向入射垂线（法线）出现偏折，反之，则会偏离入射垂线出现偏折。

我们还能从其中获得一个重要的结论：光在两种不同介质中的速度变化由折射率决定。速度的变化越大，折射的程度也就越大。折射率用来表示光线折射的程度，它就是这两种速度的比值。众所周知，光从空气进入水中的折射率是 $\frac{4}{3}$，也就是说，光在空气中传播的速度是在水里传播速度的 $\frac{4}{3}$ 倍。

所以，光的传播还具有其他的特点。我们知道光线在反射的时候会选择最短的路线行进，而光在发生折射时会选择最为快捷的路线行进。除了这条折射线路以外，任何方向都无法让光线以飞一般的速度到达"目的地"。

12. 什么时候走长路比走短路快

难道说走弯路到达目的地的时间要比走直路到达目的地的时间还短？一点不假，如果说在路程中保持不一样的速度，那么这种情况是有可能发生的。你思考一下，如果有一位村民，他住在两个火车站的中间，而其中一个车站离他的住所比较近。如果他想去离他家更远的车站，他必须先骑马奔向离他较近的车站，那就是说他要先朝相反的方向走，从那里搭乘火车，然后再向目的地进发。如果他骑马直接向目的地进发，路程肯定会近些。不过他宁肯骑马先去车站，然后再坐火车到达目的地，因为采取这样的方式能够更快地到达目的地。

我们可以再举一个例子。沙地和草地之间的界线为直线 EF，如果一名骑兵需要传递情报，他就必须从点 A 来到首长的帐篷点 C（如图110），就必须经过沙地和草地。现在已知马在沙地上奔跑的速度要比在草地上慢一半。那么，如果骑兵想用最快的速度抵达帐篷，他应该采取哪种路线呢？

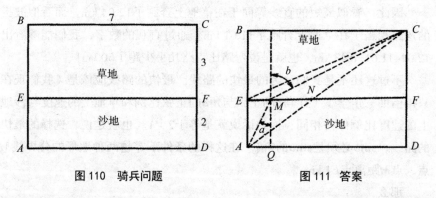

图 110 骑兵问题 　　　　　图 111 答案

通过两点之间线段最短原理，可知从A到C的直线是最短的路程。不过真正操作起来却个错误的想法，骑兵也不会选择这样的路线。由于马在沙地上速度并不快，所以他应该尽量避开难走的路，穿过沙地的路程越短越好。这样做虽然会加长穿越草地的路程，但是马在草地上的奔跑速度很快，即便增加了路程，但最终还是节约了时间。总之，这样的一条路线用时较短。换句话说，当骑兵的路线在两种地形的界线上出现偏折时，要让草地上的路线同界线的垂线夹角，比沙地上的路线同界线的垂线夹角大才行。

对几何学比较熟悉的人，或者说对勾股定理比较熟悉的人可以得出结论：直线AC确实不是时间最短的路线。如果我们将地面的宽度和距离等条件考虑进去，那么我们选择折线AEC行进（如图110）能够以更快的速度抵达目的地。

如图110所示，沙地的宽度为2 km，草地的宽度为3 km，BC距离为7 km。依照勾股定理，AC（如图110）的总长度应该是 $\sqrt{5^2+7^2}=\sqrt{74}=8.60\,\text{km}$。AN部分也就是沙地上的路程不难计算，它刚好是这一数字的 $\dfrac{2}{5}$，也就是3.44 km。因为马在沙地上的奔跑速度比在草地上慢一半，因此，在沙地上奔跑3.44 km相当于在草地上奔跑6.88 km。所以沿着直线AC需要奔跑8.60 km，等同于在草地上奔跑了12.04 km。

我们现在将折线AEC的路程也做一次计算。折线AE的长度为2 km，等于草地上的4 km。EC的长度为 $\sqrt{3^2+7^2}=\sqrt{58}=7.61\,\text{km}$。折线AEC的全长为4+7.61=11.61 km。

因此，看似最短的直线等同于在草地上奔跑了12.04 km，而看似波折的弯路相当于在草地上奔跑了11.61 km。通过直观的数字，我们能够看出12.04−11.61=0.43 km，也就是说弯路比直路几乎少跑了500 m！

不过这还不是我们认为的最快的路线。最快的路线应该是（我们现在只得借助三角学了）让角b的正弦与角a的正弦比例和草地上的速度与沙地上的速度比例保持相同，换句话说就是等于2：1。也就是说，选择的最快的路线，$\sin b$必须是$\sin a$的2倍。在这样的条件下穿越两种地形的分界线M点，点M距离点E1 km。

那么，

$$\sin b = \frac{6}{\sqrt{3^2+6^2}}, \quad \sin a = \frac{1}{\sqrt{1^2+2^2}}$$

$\sin b$与$\sin a$的比例就是

$$\frac{\sin b}{\sin a} = \frac{6}{\sqrt{45}} : \frac{1}{\sqrt{5}} = \frac{6}{3\sqrt{5}} : \frac{1}{\sqrt{5}} = 2$$

也就是说恰好等于两种速度的比例。

在这样的情况下，在草地上行走的路线到底有多长呢？我们来计算一下：$AM = \sqrt{2^2+1^2}$，等于在草地奔跑了4.47千米，$MC = \sqrt{45} = 6.71$ km。路线的总长度为4.47+6.71=11.18 km。换句话说，这条路线比直线路程短了860米，因为我们刚才已经计算出直线的路程等于12.04 km。

从上述的计算结果可以得知，走弯路比走直路更有优势。光线也正是选择了这样的快捷路线，因为光的折射定律能够解释这样的难题：折射角的正弦跟入射角的正弦的比（如图112）和光在新介质中的速度与光在原介质中的速度的比保持一致。此外，这一比值和光在这两种介质中的折射率相同。

我们将反射和折射的特点综合在一起，可以得出：在任何情况下，光线都按最快的路线传播。换句话说，和物理学家说的"最快到达的原理"相吻合（费马原理）。

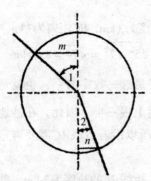

图112　线段m和半径之比即角1的正弦，线段n与半径之比即角2的正弦

假如介质是不均质的，但介质的折射能力是存在变化的，比如在大气层中。那么，最快到达原理依然行得通，所以，天体光线在大气层中略微发生折射，也就是天文学家所说的"大气折射"。大气层的底部渐渐变得稠密，发生弯曲的光线将自身的凹面朝向地球。这种情况下，光线在高处的空气中行走的时间较长，因为它在那里速度更快，而在"速度缓慢"的低层中所需的时间较短。最后的结论就是，它抵达目的地所需的时间比沿着直线抵达目的地所需的时间更短。

费马原理，即最快到达的原理不仅适用于光现象，对声音和一切波状运动都适用，任何性质的波及其传播都遵循这一原理。

读者们应该都想知道如何解释波状运动的这种独特属性，所以，我要援引当代著名的物理学家薛定谔对这一问题所做出的解释。他根据我们之前谈到过的行进中的士兵的例子，解释了光线在密度不断变化的介质中的传播情况。

"假如，"他写道，"为了保持队伍正面的队形不乱，必须让每一位士兵都紧握长杆，将他们连接起来。指挥员发出前进口令后，假如地形出现了略微的变化，那么刚一开始队伍的右翼移动速度会比较快，随后左翼也逐渐快了起来，因此，队伍的正面就很自然地转过去了。我们还发现，他们经过的路线不是一条直线，而是曲折的路线。毫无疑问，这条路线是花费时间最少的路线，因为每位士兵都在用最快的速度奔跑。"

13. 用冰取火

或许你知道儒勒·凡尔纳的小说《神秘岛》，里面的主人公们来到了一个非常荒凉的地方。那么，没有火柴和打火器，他们到底是怎么生火的呢？闪电恰巧点燃了树木，这帮了鲁滨孙大忙，然而儒勒·凡尔纳笔下的新型鲁滨孙取火借助的并不是闪电等偶然现象，而是依靠博学的物理学知识。你也许还记得，当天真的水手潘克洛夫打猎归来时，他看到工程师和记者围坐在火堆旁，他吓坏了。

"是谁生的火？"水手问。"太阳。"史佩莱回答道。

记者没开玩笑，他说的是真的，给水手送来火的确实是太阳。他简直无法相信自己的双眼，他惊讶得哑口无言，都忘了问工程师到底是怎么回事。

"你是不是带着放大镜呢？"赫伯特问工程师。

"没有，但是我亲手做了一个。"

工程师拿给他看。所谓的放大镜就是两块玻璃，这是工程师从自己的表和史佩莱的表上拆下来的，他将两块玻璃的边缘用泥巴粘在一起，并且提前在缝隙里灌满了水，这就是放大镜的全部制作流程。工程师利用它将阳光聚焦在干燥的苔藓上，火就这样生起来了。

读者们肯定特别想知道，在两块表的玻璃之间灌水究竟是为了什么？难不成中间有空气的双凸透镜就不具备聚光的作用吗？

一点也没错，凸透镜确实不能聚光。表玻璃的内外两个平面都是平行的。通过物理学可以得知，如果光线只通过这种平面的介质，方向几乎是不会被改变的。接下来，又通过第二片同样的玻璃，方向依旧不会发生偏斜，所以不会产生聚焦。如果想把光线聚在一起，必须在两片玻璃中间放上一种偏折光线能力比空气还强的透明物质。儒勒·凡尔纳小说中的工程师就是按照这个方式做的。

倘若一个灌满水的普通玻璃瓶是球形的，那么它也可以用来取火。古人已经懂得这个道理，而且他们还发现在取火的时候，水依旧是凉的。曾经发生过这样一件事：窗户大开的窗台上，装满水的玻璃瓶竟然将窗帘、桌布烧着了，还把桌子烧焦了。依照古人的习俗，那些盛着色彩斑斓的水的大型球状玻璃瓶，是用来装饰药店橱窗的，可是有时它们却是招致灾祸的罪魁祸首，它们能够让周围的易燃品燃烧起来。

灌满水的圆形小烧瓶，虽然尺寸很小，却能够将表玻璃中的水烧沸。

我们只需一只直径约12 cm的烧瓶就能实现。倘若烧瓶的直径是15 cm，那么焦点处就可以达到120℃。用盛水的烧瓶点燃香烟就如同用玻璃透镜那样简单。罗蒙诺索夫早在他的诗歌《话说玻璃的用处》中，就对用玻璃透镜点燃香烟做过这样的描写：

我们在这里用玻璃借助阳光生火，

快乐地模仿着普罗米修斯。

咒骂无耻谎言和卑劣行径，

借天火吸烟，绝无罪孽可言。

　　不过必须指出，用水制作的透镜取火能力要比玻璃透镜差得多。第一，光在水里的折射作用比在玻璃中弱得多；第二，水会将光线中的大部分红外线吸收掉，而红外线在加热物体的方面起着决定性的作用。

　　有意思的是，古希腊人早就知道玻璃透镜的引燃效应，这比发明眼镜和望远镜早了一千多年。希腊喜剧家亚里斯托芬（公元前440年—公元前380年）在著名的喜剧《云》中就曾提过玻璃透镜，在此剧中，索克拉特给斯特列普季阿特出了个棘手的问题：如果有人写了一张债券，说你欠了他五个塔兰特（古希腊最大的重量单位和货币单位。——译者注），那么你应该通过什么方法才能毁掉他的债券呢？

　　斯：我有办法销毁它了，而且你听后也会觉得这个办法妙极了！你肯定在药铺里见过一种用来点火的，看上去精致且透明的石头吧？

　　索：就是那个用来取火的"玻璃"？

　　斯：正是。

　　苏：那么接下来应该怎么做？

　　索：等公证人书写的时候，我将债券放在他的身后，然后让阳光聚焦在债券上，这样的话，那上面的所有字就都会被烧化了……

　　我需要再次说明一下，在阿里斯托芬时代，希腊人是在涂蜡的木板上进行书写的，蜡受热后就会熔化。

14. 怎样用冰取火

　　冰块可以用来制作透镜，所以它可以用来取火，不过它必须足够透明。冰在折射光线时，本身的温度并不会升高或是降低，它的折射率比水还要略低一些。我们知道，装满水的球状瓶子可以用来取火，因此，用冰制成的透镜同样可以用来取火。

在儒勒·凡尔纳的《哈特拉斯船长历险记》里，冰制的透镜起了决定性的作用。

旅行者们把打火器丢了，这意味着在零下48℃的严寒中，他们没法生火取暖，而克劳伯尼医生正是利用冰制的透镜将篝火生了起来。（如图113）

图113　医生把阳光聚在火绒上

"这可真是够倒霉的。"哈特拉斯对医生说道。

"一点都没错。"后者答道。

"我们没有望远镜，不然把透镜拆下来还可以取火。"

"我知道，"医生又答道，"真是不幸啊，太阳光这么强，我们却没有望远镜，它的镜片能够点着火绒。"

"那我们该怎么做？总不能吃生熊肉吧。"哈特拉斯说。

"也只好这样了，"医生思索着答道，"在这样的条件下也只能这样了。但是我们为什么不能……"

"你是不是想起什么了？"哈特拉斯好奇地问道。

"我突然想到一个主意。"

"主意？"水手长大叫道，"你要是有主意的话，那我们就能获救了！"

"不过，我不能保证这个主意行得通。"医生犹豫地答道。

"你的主意到底是什么？"哈特拉斯问。

"虽然我们没有透镜，不过，我们可以亲手制作一个。"

"怎么制作？"水手长问道。

"用冰块来制作。"

"你是不是打算……"

"怎么不行呢？你看，我们只要把阳光聚焦在上面就行，冰在这方面甚至可以替代水晶。我唯一需要的就是一小块儿冰块，但是必须取自淡水，因为这种水比较坚固，而且非常透明。"

"假如我没看错的话，这块冰就可以用。"水手长指向离旅行者们大约一百步以外的一大块冰说道，"从它的颜色来看，它应该是你想找的冰。"

"你说得对。现在把你的斧子带上，咱们出发，我的朋友们。"

就这样，三个人一起朝那一大块冰的方向走去。的确，那块冰是淡水凝结形成的。

医生要求他们砍下一块直径约一英尺（一英尺约为 0.305 米）的冰。他开始用斧子将它磨平，接着用刀子对这块冰进行加工，最后用手把它慢慢地磨光。这样一来，一个透明的透镜就做出来了，它看起来很像质地优良的水晶。此时的阳光非常充足，医生将这块透镜对着太阳，将光线聚焦在火绒上，火绒很快就烧起来了。

儒勒·凡尔纳的故事并非完全虚构。1763年，有人在英国首次成功地完成了用冰制成的透镜来点燃木头的实验，实验用的是一个很大的透镜。从那时起，不断有人成功地完成这个实验。没错，用斧子、刀子这种锋利的工具（还要在-48℃的严寒之中）是很难做出这种透明的冰制透镜的。想要获得冰制透镜，我们还有更好的办法：将一个小碗灌满水，让水结冰，接着将碗加热，这样一来，我们就做好了一个透镜。

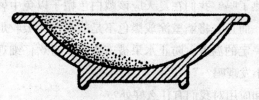

图 114　做冰制透镜用的碗

有一点要记住，要想实验成功，必须在户外进行，而且天气要晴朗且寒冷。不能在房间里隔着窗户做这个实验，因为玻璃会把阳光中的大部分能量吸收，剩余的能量并不足以引起燃烧。

15. 阳光的帮助

我们不妨再做一个实验，这个实验在冬天不难完成。遍地积雪的地上洒满阳光，我们将两块大小相同的布铺在地上，其中一块是白布，另一块是黑布。一两个小时以后你会发现，黑布已经陷进雪里去了，可是白布仍旧保持在原来的位置。想要弄明白产生这种区别的原因很容易：深色织物会把照在它上面的大部分阳光都吸收掉，而浅色织物正好跟它相反，它会把照在它上面的大部分阳光散射掉，因此，白布的受热要比黑布少，黑布下面的雪融化得快。

著名的美国独立战士本杰明·富兰克林是第一个做这个有趣实验的人。同时，他也是避雷针的发明者以及家喻户晓的物理学家。"我从裁缝那里拿了几小块颜色各异的方形呢子，"他写道，"有黑色、深蓝色、浅蓝色、绿色、紫色、红色以及白色等色调。我在一个阳光充足的早上将这些呢子全部铺在雪地上。几个小时过后，由于那块黑色的呢子比别的呢子受热更多，所以它深深地陷入了雪里，充足的阳光已经照不到它了。和黑色呢子陷得差不多深的是深蓝色的呢子，浅蓝色的呢子则浅得多。其他呢子里，颜色越浅的下陷的深度就越浅，并且白色的呢子仍旧保持原位不动，一点都没有下陷的痕迹。"

"假如我们不能沾理论的光，那么我们要理论还有什么用？"他做完上面的实验很是感慨，接着写道："难道我们不能从这个实验中得出这样的结论吗？天气炎热、阳光充足时我们应该穿浅色衣服，因为黑色衣服在阳光下会让我们的身体吸收大量的热量，之后我们再做一些比较剧烈的运动，岂不是更热了吗？我们在夏天应该戴白色帽子以免中暑，否则有的人会被阳光晒晕。而且，将墙壁涂成黑色不是能在白天吸收足够的热量，保证在夜间维持一定的温度，防止水果被冻烂吗？喜欢仔细观察的人难道没有什么其他的小发现吗？"

这些结论和应用对我们有什么好处？

1903年，赴南极考察的德国科考队乘坐"高斯"号轮船为我们提供了例证。当时这艘轮船在冰里被冻住了，所有能想到的解救方法都不能奏效。利用炸药或是锯子只能打开几百立方米的冰，这样的程度不足以让轮

船脱险，所以大家开始求助阳光。他们在冰上用灰烬和煤铺了一条长度为
2 km、宽度为10 m的黑色地带，从轮船旁边一直铺到离船最近的一条较宽
冰缝上。当时的南极正处于阳光明媚的漫长夏季，所以阳光可以做到连炸
药和锯子都无法做到的事情。被灰烬和煤覆盖的冰渐渐地融化了，在冰面
上出现了一道较宽的裂缝，轮船最终从冰中脱险。

16. 海市蜃楼

我们都知道海市蜃楼形成的原因。沙漠在被炎热的暑气烤热以后，
就具有了镜面的特性，因为沙漠里的沙子受热以后，靠近表面的热空气层
比位于其上的空气密度小，因此从远方的物体传过来的光线会在此发生折
射，然后离开地面，进入观察者的眼中，就仿佛以很大的入射角从镜面反
射出来的景象一样，因此，观察者认为呈现在他眼前的是一片水面，水面
上有岸边景物的倒影（如图115）。

图 115　海市蜃楼示意图

不过更准确的说法是，靠近炽热沙面的热空气层发射光线的情况跟镜
面不一样。这看上去更像是从水下看水面。在这里发生的不是一般的光线
反射，而是物理学中所谓的"内反射"。想要实现这一景象，光线必须以
极大的倾斜度进入空气层，它的倾斜度要大于示意图115所示的倾斜度，
否则，入射角不超过"极限角"就不会出现内反射的现象。

顺带一提，这一理论或许会给我们带来一些误解。我们在之前解释
过，如果按照这个理论，较为稠密的空气应该在较为稀薄的空气之上。可
是我们都知道，密度大的空气会因为太重而下沉，因此，位于底部的密度

较轻的空气就会被挤上来。那么，密度较大的空气层是如何维持在上面，并且导致了海市蜃楼的奇景呢？

答案非常简单，尽管密度较大的空气层在稳定的空气中不会出现上面的情况，但是在流动的空气中，情况会发生改变。被地面烤热的空气层不会一直停留在底部，它会不停地被冷空气挤压上升，然后下沉的冷空气空气又会被烤热，导致空气不停地交换，炽热的沙子总是被一层稀薄的空气紧贴着。虽然不属于同一层，但是这对光线的行进来说并无大碍。

事实上，古人们早就知道我们所谈的这种海市蜃楼的奇观。在现代气象学中，它被称作"下现蜃景"（用来区别于大气层上部稀薄的空气层反射光线而产生的"上现蜃景"）。大部分人以为只有在南方沙漠滚烫的空气里才能发现这种典型的海市蜃楼的景象，而不会在北方出现。可是这种下现蜃景在北方是存在的，特别是在夏季的柏油路上，经常出现类似的现象。颜色较深的路面经过太阳的暴晒，温度会出现明显升高，本来粗糙的路面从远处看仿佛被水清洗过一样，可以映射出远方的物体。这样的海市蜃楼光线行进轨迹如图116所示。倘若你认真观察，可以经常看到这种现象，它并没有我们预想的那么难发现。

图 116　柏油路上的海市蜃楼

此外，还有一种海市蜃楼名叫"侧现蜃景"，通常情况下，人们根本想不到还有这样的蜃景，这是被炙热的竖直墙壁反射产生的一种现象。有一位法国作者曾经这样描述过这种现象：当他来到一座要塞的炮台附近时，他发现炮台的墙面非常亮，犹如镜子一般，将它周围的景物、地面以及天空全都映射了进来。他又向前走了几步，发现炮台的另一面墙壁上也出现了相同的情况，就好像不是很平整的灰色墙面在一瞬间被打磨了，变得无比光滑。当时是阳光火辣的夏季，墙面受热，正因为此，墙面才具备了反射光线的能力。图117为我们展示了炮台的两面墙壁的位置（F和F'）以及观察者的位置（A和A'）。当墙壁被阳光晒到一定的程度时，我们就能看到海市蜃楼的景象。

有人甚至曾拍下过这样的奇景。

图118拍摄的就是炮台的墙壁F，它的表面非常粗糙（左图），可是后来它却变得跟镜子一样（右图，摄自点A）。左侧的照片是一面极为普通的灰色水泥墙，很明显，它无法映出两位站在墙边的士兵的身影。反观右侧的照片，尽管是同一面墙壁，但是大部分的墙面具备了镜子的特性，站在墙壁附近的那位士兵的身影被映在了墙壁上。当然，反射光线的并不是墙壁本身，而是依附在墙壁表面的一层被烤热的空气。

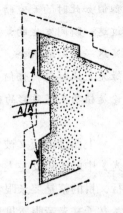

图117　从点A看，墙壁F似乎是镜面；从点A'看，墙壁F'似乎是镜面

在炽热的夏季，我们可以仔细观察一下摩天大楼表面炽热的墙壁，看看是否能发现海市蜃楼的现象。这一点其实毋庸置疑，倘若我们留心观察的话，一定会发现的。

图118　左图中粗糙的灰色墙壁突然变为右图中的"镜面"

17. "绿光"

你肯定看过海上的日出吧？没错，多数人都看过日出，可是你有没有注意过太阳在地平线上若隐若现，然后彻底消失时的情景？也许你注意过，但假如此时的天空晴朗，万里无云，太阳射出最后一道光线，你是否注意过这一瞬间发生的景象？这你可能就没观察过了。不过，你不应该错过观察这一时刻的机会，因为这时出现在你眼前的不是红光，而是绿光。这种绿光无比鲜艳，任何一位画家都无法在他的调色板上调出这样的色彩，无论是植物丰富多彩的色调，还是大海晶莹剔透的色彩都无法复制它。

　　上面这篇短文被刊载在一份英国的报纸上。儒勒·凡尔纳的小说《绿光》中的年轻女主人公在看到这篇短文后非常激动，她想进行一系列的旅行，目的就是要亲眼看到绿光。从小说家的叙述中可以看出，年轻的苏格兰女子并未亲眼看见这一壮观的自然现象。可是这种现象是真实存在的，尽管有很多关于绿光的传说，但是绿光这种现象本身并不能算是传奇，亲眼看见绿光需要十足的耐心，每一位大自然的爱好者都视它为最令人神往的景象。

　　那么绿光是怎么出现的呢？

　　如果你回想一下我们之前讲过的用玻璃三棱镜观察物体的实验，你就会知道形成这一现象的原因了。你不妨做一个实验：将三棱镜水平地摆放在我们面前，让它的宽面朝下，通过它仔细看一下钉在墙上的一张白纸。首先，你能看到这张纸比它的实际高度要高；其次，你会发现纸的上边会由蓝色渐变成紫色，而下边则由黄色渐变成红色。造成纸位置升高的原因是光线的折射作用，而造成不同色彩的边缘部分是因为玻璃具有色散的作用，因为玻璃对不同颜色的光线有不同的折射率。紫色和蓝色光线的折射率要比其他的光线大，所以纸的上边由蓝色渐变成紫色；黄色和红色光线的折射程度最差，因此，我们发现纸的下边由黄色渐变成红色。

　　为了让读者们更清楚地理解绿光这种现象，我们必须彻底分析一下不同的色彩边缘是怎么形成的。纸上的白光被三棱镜分解为光谱上的种种颜色，致使这张纸上出现了很多种颜色的图像，这些颜色的边缘部分依照折射率大小进行排序，依次重叠。当这些相互叠加的颜色图像在一起发生作用时，呈现在我们眼前的就是一片白色（光谱颜色的合成），不过纸的上缘和下缘明显出现了未曾混合过的色彩。著名诗人歌德也曾做过这样的实验，但是他并未理解实验的真正意义，以为自己通过这样的方式揭穿了牛顿关于色彩的错误理论，后来还亲手写了《颜色学》，这本著作几乎将所有的理论都建立在了错误的概念上。我希望我的读者们不要重蹈过去伟人们的覆辙，不要认为三棱镜能够改变任何物体的色彩。

地球的大气层在我们的眼睛看来就像是一个巨大的、宽面朝下的气体三棱镜。我们是透过一种气体的三棱镜来观察地平线上的太阳的。太阳上缘的颜色是蓝色和绿色，下缘的颜色是黄红色。当太阳高于地平线时，剧烈的光线压迫了边缘处折射较弱的颜色，使我们根本看不到它们。不过太阳在日出和日落时，整个球体都隐藏在地平线的下面，我们只能看到它的上缘颜色，也就是蓝色和绿色。它的边缘呈现出两种颜色，上面是蓝色，下面是蓝色和绿色混在一起的蔚蓝色。当靠近地平线的空气变得无比洁净、无比透明时，我们就能看到蓝色的边缘，也就是所谓的"蓝光"。但是在通常情况下，蓝色的光线会被大气散射掉，唯独剩下绿色的边缘，这就是所谓的"绿光"现象。但是，蓝色和绿色的光线在大多数情况下都被混浊的大气散射了，所以，我们无法看到其他颜色的边缘，太阳就会像一个暗红色的球那样降落到了地平线以下。

苏联科学院总天文台的天文学家加·阿·季霍夫著有关于"绿光"的作品。他向我们揭示了这一现象的某些预兆。"假如日落的太阳是红色的，那么我们即便用眼睛直视也不觉得刺眼。我们可以肯定地说，在这样的情况下，我们无法看到绿光。"原因非常简单：如果太阳是红色的，那就说明在大气的作用下，蓝色和绿色的光线也就是太阳上缘的所有光线出现了剧烈的散射。"如果情况刚好相反，"天文学家接着说，"日落的太阳黄白色并未出现明显变化，散发的阳光非常耀眼，那出现绿光的概率就会大大增加。不过有一点非常重要，地平线一定要有清晰的轮廓，不能有起伏，周围不能有森林或是建筑物等。最容易满足这些条件的地方是海上，这也是为什么海员对绿光非常熟悉的缘故。"

如此一来，我们必须在天空万里无云的情况下观察日出或是日落，因为这样才有可能看到绿光。在南方国家，地平线上的天空比我国（指俄国）清澈一些，所以，在那里更容易看到"绿光"现象。不过在我们这里，绿光现象并不像人们想象的那样难觅踪迹，也许他们是受了儒勒·凡尔纳小说的影响。只要持之以恒，就肯定会找到"绿光"。有人甚至用望远镜发现了这一美景。曾经有两位来自阿尔萨斯的天文学家这样描述他们的观察过程：

……在日落前的最后一刻，太阳很大一部分仍是可见的，此时太阳的边缘仿佛起伏不断，可是轮廓还是很清晰的，周围是一道很窄的绿边。在太阳彻底落下前，我们无法用肉眼看到这条窄边，只有当太阳完全消失在地平线以下的那一瞬间才能看到。如果我们用高倍数（大约100倍）的望远镜来观看，就能够清楚地看到这一现象的全过程：日落前的最后10分钟里，绿色的边缘会越发明显，它围绕着太阳的上缘；而在下缘，我们能看到一道红色的镶边，最初，绿色的镶边非常窄（视角总共只有几秒），它的宽度随着太阳的下落而略微增加，有时视角能增加到半分之多，能够在绿色的镶边上方发现相同的绿色突起。随着太阳逐渐下沉，突起好像沿着太阳的边缘滑到了制高点，它们有时甚至脱离了边缘，继续闪耀数秒钟才会彻底消失（如图119）。

通常情况下，这种现象只能维持一两秒钟，但在特殊的情况下，它的持续时间会明显延长。根据记载，有一次"绿光"竟然持续了5 min以上。太阳从远方的山后缓慢下落，因此，一位观察者加快脚步，发现太阳上的绿色边饰仿佛沿着山坡滑落（如图119）。

图119　绿光出现

日出的时候，天体的上缘逐渐从地平线升起，此时观察"绿光"最有说服力，能够消除人们的误解。有人说"绿光"只是眼睛受到日落阳光的刺激而导致的一种光线错觉，但是太阳并不是唯一能发出"绿光"的天体，人们发现金星在落下时也会出现"绿光"现象。

第九章

一只眼睛和两只眼睛的视觉

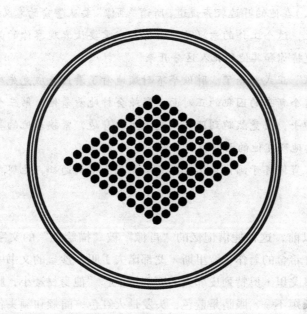

1. 还没有照相术的时代

在我们的日常生活中，照相已经成为一件非常平常的事情，因此我们很难想象，我们的祖先是如何在没有照相技术的条件下生活的。在《匹克威克外传》一书中，狄更斯曾经幽默地描写了大约一百年前英国国家机关记录人们外貌特征的全过程。这个故事发生在关押匹克威克的那座债务监狱里。

有人通知匹克威克先生，让他一直坐到这里，直到给他画画像的工作完成为止。

"坐着让人给我画画像！"匹克威克先生大声说道。

"先生，画你的外貌啊，"胖狱卒回答说，"我们全是画画像的行家，这你应该看得出来，你的画像很快就会画好。请坐吧，先生，不要见外。"

匹克威克先生同意了胖狱卒的邀请，他坐了下来。此时，山姆（匹克威克的仆人）在他的耳边轻声说道，所谓"画像"要从譬喻的意义上去理解：

"先生，这个工作的意思是，所有看守需要认真观察你的面貌，这样做的目的是将你和其他的犯人区分开来。"

"画像"正式开始了。胖狱卒不耐烦地看了看匹克威克先生。另一个狱卒跑到这个新来的囚犯的正对面，聚精会神地看着他。第三个狱卒看上去像是个绅士，他竟然跑到匹克威克先生的身边，紧挨着他的鼻尖儿，开始专心致志地研究他的面部特征。

最后，肖像终于画出来了，匹克威克先生得到通知，他现在可以进监狱了。

更早以前，这种凭借记忆的"肖像"被"描绘性"的文字所代替。你还记得普希金的著作《波里斯·戈都诺夫》吗？沙皇的文书中曾经描述过有关葛里戈里·奥特列皮耶夫的面部特征："他身材矮小，胸脯宽阔，两只胳膊长短不一，眼睛是蓝色，头发是火红色，面颊和额头各有一个瘤子。"如果我们现在碰到这种情况，只要附上一张小照片就可以了。

2. 许多人不会看照片

19世纪40年代，照相术已经走进了我们的日常生活，不过人们一开始采取的是"银版照相法"，就是通过金属板拍摄，从而获得照片的方法。这种拍照方式的其中一点不太人性化，那就是必须长时间在照相机前保持一定的姿势长达数十分钟。

"我的爷爷，"列宁格勒物理学家鲍·彼·魏恩别尔格教授说，"在照相机前整整坐了40分钟，仅仅为了拍一张无法复制的银版照片！"

不过这种方法总比让画家画肖像好得多，毕竟这是件非常新奇的事情，甚至堪称奇迹，即使大众在短期不能很快适应。一本年代久远的俄国杂志（1845年）上讲述了一则有关拍照的趣闻：

很多人直到现在都不相信，银版竟然具备自动成像的特性。一位仪态端庄的人前来照相，店主人（也就是摄影师）让他坐下，调好镜头，将一块银版装在上面，看完时间后就走开了。店主人没出屋子的时候，仪态端庄的人还一动不动地坐在那里，但是店主人刚一出门，这位先生就站了起来，闻了闻鼻烟，然后开始从各个方向观察照相机，并且将眼睛凑到玻璃上，他摇晃着脑袋说道："这玩意儿的构造可不简单啊。"随后，他开始在屋里来回溜达。店主人回来后，目瞪口呆地站在门口，大声叫道："你干什么呢？我不是跟你说过要一动不动地坐在椅子上面吗！"那位仪态端庄的人说道："没错啊，我之前坐着呢，你出屋以后我才站起来活动的。"店主人回答道："无论我是否出去，你也应该坐着呀。"那位仪态端庄的人问道："为什么我要一动不动地坐那么久啊？"

亲爱的读者，你肯定认为我们现在不会再对照片抱有如此幼稚的看法了。不过即便是现代，很多人也对照相不是很了解，而且很少有人知道如何将照片照好。你肯定会想，不就是拿起照片看看吗？可是照相没有你想象得这么简单，虽然我们经常接触照片，但是我们不懂得如何正确对待它。

照相技术已经诞生一个世纪了，但是我们暂且不说那些不玩摄影的人，就说大部分摄影师、摄影爱好者以及职业摄影家都不知道应该如何正确地看照片。

3. 看照片的艺术

从构造上来说，照相机仿佛一只大眼睛，映射在毛玻璃上的图像的大小由镜头与被拍摄者之间的距离所决定。照相机拍出的底板上的景象跟我们的眼睛在镜头位置看到的景象是一样的（必须是一只眼睛！）。如此一来，如果我们希望照片上的图像和实物拥有相同的视觉效果，我们就必须做到以下两点：

①只用一只眼睛观察照片。
②把照片摆放在眼前适当的距离上。

这很容易理解，假如我们用双眼看照片，那么展现在眼前的一定是一张平面的影像，而不是给人以立体感的图像，这是我们的视觉特性产生的结果。当我们看有立体感的东西时，出现在我们两只眼睛视网膜上的映像是不同的，右眼看到的图像跟呈现在左眼前的图像并非完全一样（如图120）。事实上，它们的不同之处正是我们将物体看成立体的原因：两种不同的映象在我们的意识中形成了一个凹凸不平的形象（我们都知道，立体镜的构造原理正是如此）。倘若出现在我们面前的是平面物体比如墙面，那就是另一种情况了，此时的双眼能够获得完全相同的形象，如此一来，在我们的意识里，这个物体就是平面的。

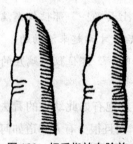

图 120　把手指放在脸前不远，左眼和右眼会对同一手指有不同的感觉

现在你应该明白为什么我们用双眼看照片会出现误差了吧？我们这样做，就如同给自己强加了一种潜意识：展现在我们眼前的是一幅平面的图像！如果我们将需要用一只眼睛看的照片用双眼看的话，那么我们本应看到的东西就会被阻隔掉。这样一来，照相机创造出的完美透视效果就会被这种行为破坏掉。

4. 看照片的最佳距离是多少

我们在上面提到了第二条规则，即将照片放在眼前适当的距离上。这条规则同样重要，否则同样会破坏正常的透视效果。那么，这个距离到底多远才合适呢？

为了得到完美的图像，看照片的视角应当同照相机镜头"观察到"的暗箱毛玻璃上映像的夹角相同，换句话说，同照相机"观察到"被拍摄事物的视角保持一致（如图121）。我们可以由此得出结论：实物大小是图像的几倍，实物与镜头距离也应是照片与眼睛距离的几倍，也就是说，照片与眼睛之间的距离大约等于镜头焦距的长度。

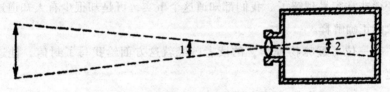

图 121　照相机里角 1 等于角 2

假如我们多注意一下，大部分摄影爱好者照相机的焦距为 12～15 cm，那么我们不难得知，我们将照片放在眼前的距离并不准确：对于一般的观察者来说，最佳的视觉距离，也就是明视距离（25 cm）大约是上述距离的两倍。人们认为在墙上挂着的照片也是平面的，因为人们是从更远的距离观察的。只有明视距离比较短的近视人群（以及只有在近距离才能看清事物的孩子们），才能体会到欣赏照片效果的乐趣，通过正确的方法（用一只眼睛）看普通照片，才会产生这样的效果。他们将照片放在距离眼睛12～15 cm的地方，呈现在他们眼前的将不再是平面的图像，而是充满立体感的形象；照片中的前景从后景中被剥离了出来，仿佛同用立体镜看到的景象一模一样。

现在，我希望读者们能够认可，在大多数的情况下，我们只是因为自身知识的匮乏，无法充分体会照片给我们带来的乐趣，却时常毫无理由地抱怨照片没有活力。造成这种问题的原因是，我们并没有将眼睛放在照片前面的最佳距离上，并且用双眼去看本该用一只眼睛去观察的照片。

5. 具有奇特作用的放大镜

之前我们解释过，近视的人很容易将平面的照片看成具有立体感的照片。但是，对于拥有正常视力的人来说应该怎么办呢？他们不能把照片放到离眼睛太近的位置，不过，放大镜可以帮助他们解决这个难题。人们用放大一倍的放大镜看照片也很容易获得和近视人群相同的视觉感受，也就是说不近视的人也能轻松地看到具有立体感和深度感的照片。此时，我们得到的印象，同我们用双眼从远处看到的效果有很大区别。这种方法几乎可以替代立体镜。

那么现在，用一只眼睛通过放大镜看照片时有立体的感觉，这一现象就变得非常容易理解了。我们都知道这个事实，可是却很少有人知道这一现象的正确解释。

有一位《趣味物理学》的读者曾经就这方面给我写了封信，他这么写道：

我希望，该书在下次再版时添加一下这个问题：使用普通放大镜看照片为什么会有立体感？我的观点是，任何对立体镜的复杂解释都经不住人们的长期论证。我们不妨尝试一下用一只眼睛看立体镜，无论理论是如何解释的，我们看到的景象仍旧是具有立体感的。

现在各位读者应该明白了，这一事实并不会动摇立体镜的理论。

在玩具店出售的所谓的"全景画"就运用了这一原理，用一只眼睛通过放大镜观察一张普通的风景照片或合影像，就可以得到立体景象了。除此之外还有一种增强立体感的办法，就是单独剪下前景的某些东西放在照片的前面。我们的眼睛对于近距离的物体起伏非常敏感，而对远距离的物体起伏的感觉就比较迟钝了。

6. 照片的放大

你也许会问，能不能让眼睛在不通过放大镜的情况下也能看到立体的图像呢？答案是可以的。我们仅需使用带长焦镜头的照相机就可以了。根据之前所说的，用焦距为25～30 cm的镜头拍摄的照片，在普通的明视距离内观看（用一只眼睛），带来的立体感就非常明显。而且我们还能拍出即便在距离较远的位置用两只眼睛看，也能带来立体感的照片。我们曾经说过，当双眼从某一物体获得两个完全相同的图像时，那么我们的意识就会让我们认为这是个平面的图像。不过这种倾向随着距离的增加会变得越来越弱。通过实践我们可以证明，用焦距为70 cm的镜头拍摄的照片，可以直接用双眼观看，而且依旧具有立体的效果。

但是使用长焦镜头会带来诸多不便，所以我们想到了另一种方法，就是放大用普通照相机拍摄的照片。因此，我们应该拉长看照片的正确距离。假如我们把用焦距为15 cm的照相机拍摄的照片放大4～5倍，那么我们得到的结果就会非常理想：经过放大处理的照片可以用双眼从60～75 cm处观看。照片的某些地方虽然不清晰，但是这无伤大雅，因为从较远的地方来看，这些地方很不起眼，而从照片的立体感和透视效果方面来讲，这样的做法毫无疑问是成功的。

7. 电影院里最好的座位

经常看电影的人也许会发现，有时候有些电影画面具有非常逼真的立体感：人物好像脱离了背景，突出的太过夸张，致使观众忘记了银幕的存在，就好像置身于真实的景物和舞台演出之中。

很多人认为这种图像的立体效果是由胶片本身的特性决定的，其实这并不正确，它主要取决于观看电影的人所坐的位置。尽管影片是用焦距极短的摄影机拍摄而成的，不过影片在银幕上放映时会被放大约一百倍，因此我们能用双眼在很远的距离上观看（10 cm × 100=10 m）。假如我们看电影的视角与摄影机拍摄影片时"看"向演员的视角保持一致，那么我们得到的效果就是最佳的。此时呈现在我们面前的画面就会有很强烈的立体感。

那么我们如何才能找到最佳的观看距离呢？在选择座位时，首先，必须要正对着画面的中央；其次，座位和银幕之间的距离要与电影画面的宽度比例和镜头焦距与胶片的宽度比例保持一致。

从拍摄的性质来看，拍摄电影一般采用焦距分别为35 mm、50 mm、

75 mm、100 mm的摄影机，胶片的标准宽度是24 mm。现在我们以75 mm的焦距作为范例，可以得出如下的结论：

$$\frac{\text{与银幕的距离}}{\text{画面的宽度}} = \frac{\text{焦距}}{\text{胶片宽度}} = \frac{75}{24} \approx 3$$

如此一来，如果我们想在这种情况下算出最佳距离，只要将画面宽度乘以3就可以得出最佳结果了。假如电影画面的宽度是6步，那么，观看这种画面的最佳位置应该是在距离银幕18步的位置。

在对如何让影片具有立体感的诸多方案进行尝试时，我们不能忽略上述因素。某些实验不成功的原因就是把最佳位置产生的效果同正在试验的发明产生的效果混淆在一起了。

8. 给看画报的人的一个忠告

复制在书刊杂志上的照片同原版照片有着相同的特性：假如我们用一只眼睛在适当的距离上观看，这两种照片都拥有立体感。因为这两种图片是用不同焦距的照相机拍摄而成的，那么，我们必须找出观察照片的最佳距离。将一只眼睛闭上，伸直拿着插图的手臂，让它的平面垂直于你的视线，让没有闭上的那只眼睛正对着照片的中心。之后慢慢地拉近照片，目不转睛地注视着它，就可以轻松捕捉到照片最具立体效果的时刻。

许多平面的照片看上去也许不够清晰，不过如果用我们上述的方法去观察，它们会变得立体，并且更加清晰。通过这种方法看照片，水面会变得波光粼粼，其他真假难辨的立体效果也会显现出来。

令人感到惊讶的是，竟然很少有人知道这么简单的道理，尽管我们在这里讲的理论早在半个多世纪前的科普读物里就已经阐述过。在卡彭特的《智慧的生理原理》一书（1877年已经出版的俄译本中），我们能够读到下述与看照片密切相关的内容：

值得一提的是，通过这种方法看照片（用一只眼睛）产生的效果不仅可以突出物体的实体感，还能无比鲜明且真实地呈现出其他的特点，让人产生无限联想。它主要用于拍摄静水的影像上，更准确地说，倘若用双眼看这种静水的照片，水面好像被涂了一层蜡一样，无比混浊；可是如果我们用一只眼睛看，水面不仅非常透明，而且特别有深度。有些东西，比如青铜、象牙的反光表面拥有不同的属性，也是因为这个原理。如果用一只眼睛而不是双眼去看，就很容易看出照片上拍摄的物体是由什么材质制成的。

我们还要留意一种情况。假如我们把照片放大，照片的真实感就会很明显，如果把它缩小，真实感就会很模糊。没错，被缩小的照片线条和轮廓都非常分明，可那毕竟是平面的，无法给人一种深度和立体的感受。解释了这么多，我们应该已经知道原因了：随着照片的不断缩小，相应的"透视距离"也会随之缩小。

9. 论如何观赏绘画

从某种程度上讲，我们谈到照片时说过的内容，同样适用于观赏画家的画作：在欣赏绘画时也要保持合适的距离。因为你只有在合适的距离内才能获得透视效果的体验，你会认为它不是平面的，而是拥有深度和立体感的。用一只眼睛而不是两只眼睛来欣赏绘画，能够带来相同的好处，特别是在观察尺寸较小的画作时效果尤为明显。

"众所周知，"英国心理学家卡彭特在前述著作中提及这方面时是这么写的，"如果我们用一只眼睛，而不是双眼仔细观察一幅透视条件、光、阴影以及各种细节都非常逼真的绘画时，呈现在眼前的景象就会鲜明很多。如果你拿一只管子观察的话，去掉画作周围不相干的事物后，真实感会有所增强，之前的人们错误地解释了这一事实。""倘若我们用一只眼睛看，看到的效果肯定比两只眼睛看到的好，"贝根这样说道，"因为我们将全部的注意力都集中到一点上，所以此时我们拥有最强的欣赏能力。"

事实上，当我们在一般距离上用双眼观察绘画时会自然而然地把它看作一个平面，只有当我们用一只眼睛观察时，我们的大脑才更易接受透视、光以及影子等印象。所以，当我们专心观察时，绘画立刻变得具有立体感，甚至能和真实物体带来的实体感相媲美。让人充满遐想取决于将物体的实际投影在画中的平面上得到真实地再现……在这样的情形下，我们用一只眼睛看效果更好，因为大脑能够任凭自己的意愿对这幅作品做出解释，此时任何事物都无法迫使它把绘画看成平面的图像。

将大尺寸的绘画拍成小尺寸的照片，通常比原作更容易让人产生浮想联翩的立体感。倘若你还记得在一般情况下缩小画面时看画要相应缩短两者间的距离，就会明白其中的道理。所以，即便在近距离观察这种照片，它同样具有立体感。

10. 立体镜是什么

我们现在将话题从图画转到实体上来，先问自己一个问题：在我们看来，什么样的物体是立体的而不是平面的？众所周知，我们的视网膜得到的图像是平面的，那么到底是什么原因让物体不是以平面，而是以一种三维立体的图像呈现在我们的眼前呢？

主要有以下几个原因。第一，物体表面的明暗度不一样，这种现象能够让我们判断它们的形状。第二，当我们清楚地感知物体远近不同的各部分时，我们的眼睛感受到的张力是不同的：平面图画的各个部分同我们的眼睛保持相同的距离，但是空间中物体的各部分却和眼睛不在同一距离上。我们想要看到它们，必须让眼睛做不同程度的"调谐"。不过最主要的原因是，两只眼睛接收到的同一物体的图像是不同的。倘若你先后闭上左眼或右眼来观察近距离的同一个东西时，就会相信这种现象是真实存在的。左眼和右眼看到的东西并不完全一样：两只眼睛里呈现出了不同的图像，这样的差异让我们产生了立体的感觉（如图120和图122）。

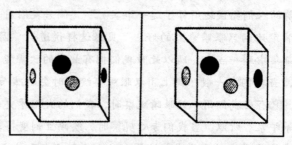

图 122　左眼和右眼分别看到的有圆点的玻璃体

现在请你设想一下，在你面前有两幅图画，这两幅图画描绘的是同一个物体，用左眼看到的是第一幅画，用右眼看到的是第二幅画。倘若我们让每只眼睛都只看"自己的"图画，那么我们看到的画面绝不是两个平面，而是一个凹凸有致的立体图像，甚至比用一只眼睛看到的立体形象更加逼真。如果我们想看这种成对的图画，需要用到一种专门的仪器——立体镜。以前的立体镜主要利用反光镜将两个图像合在一起，而新式立体镜则由玻璃凸面棱镜制成。这些棱镜能够让光线出现"偏折"现象，使光线在人的意识里得到延长（在棱镜凸面作用下被略微放大）后彼此重叠。我们发现，立体镜的原理其实很简单，但是如此简单的方法却能起到不同寻常的作用。

毫无疑问，很多读者都看过各种景观的立体照片，也许还有人用立体镜看过地理学中用到的立体图形。我们不再一一介绍立体镜的一般用途，毕竟这些大家或多或少都知道一些。接下来，我想谈一些让很多读者觉得陌生的东西。

11. 天然立体镜

在观察立体图像时，我们可以不借助任何仪器，只要让自己学会合理地使用眼睛就可以了，看到的效果也和使用立体镜看到的没有什么差异，唯一不同的地方就是此时的图像并没有被放大。立体镜的发明者惠斯登最初采用的就是这样的方法。

我在这里提出一套比较复杂的立体图，建议读者尝试不用立体镜而是用我们的肉眼去观看。当然，想要成功需要进行一系列的训练。

我们首先观察图123上的一对黑点，将这对黑点摆在眼前，目不转睛地盯着黑点之间的空白处，持续几秒钟，我们这样做是为了看清图片后面更远一些的东西。你很快就会发现，黑点从2个变成4个了，它们已经一分

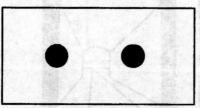

图123 几秒钟内眼睛不要从黑点间的空白移开，两个黑点会融为一体

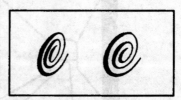

图124 用同样的方法看这一张图

为二了。可是随后两侧的黑点向远处飘去，而中间的两个黑点则彼此接近并融合在了一起。倘若你用相同的方法观察图124和图125，那么，在练习后者时，当两图彼此融合后，呈现在你眼前的是犹如一根通向远方的长管的内部景象。学会这种方法后，你可以用图126进行练习。在这里，你可以看到几个在空中悬浮的几何体。图127向你展示的是用石头修建的长廊或者隧道，而在图128上你可能会对鱼缸的透明玻璃产生的幻觉拍手称赞。最后在图129上，呈现在我们面前的是一幅完整的海洋的画面。

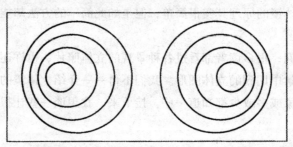

图 125　这两个图融合后，你会看到眼前仿佛是一个通向远方的长管内壁

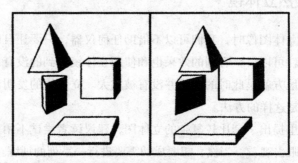

图 126　两张图融合后四个几何体仿佛是悬空的

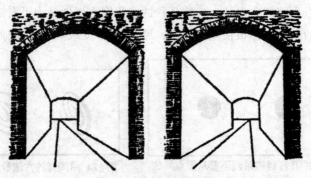

图 127　通向远方的长廊

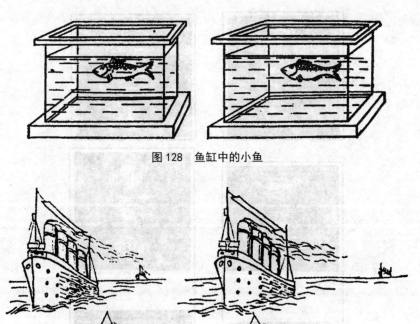

图 128　鱼缸中的小鱼

图 129　立体的海上风光

　　用肉眼直接看成对的图像非常容易。我的很多朋友做过几次尝试，他们在很短的时间内就掌握了这一技能。戴眼镜的近视或远视者不用摘掉眼镜，按照往常看图画的方式去看就行了。尝试把图挪到离眼睛更近的地方或更远的地方，直到找出最合适的距离。无论如何，实验都必须在光线充足的条件下进行，这样能够大大增加实验成功的概率。

　　假如你学会不用立体镜就能看到这几张图后，你就可以利用已经学会的技巧随心所欲地看立体图片了，再也不需要专门的仪器了。后面印的立体照片（如图130、图133）也可以用肉眼观察。但是不要频繁进行这方面的练习，以免眼睛出现过度疲劳。

　　假如你无法掌握这样的技巧，又没有立体镜，则可以使用老花镜的镜片。首先在硬纸板上剪出两个孔，将两片镜片粘在那两个圆孔上，这样一来我们就能用两片镜片进行观察了。然后将一块隔板放在成对图像的两个图形之间。我们完全可以利用这种简易的立体镜达到目的。

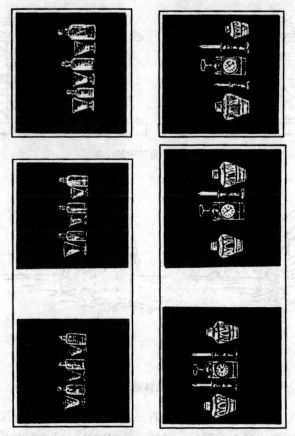

图130　左：肉眼看到的　右：立体镜看到的

12. 一只眼睛和两只眼睛

图130展示了几张照片。第一排左边和中间的图上分别有三个尺寸看上去差不多的药瓶。无论你再怎么细致入微地观察，也无法找出三个药瓶的大小有什么差别。但是它们之间还是有差别的，而且差别还真不小。我们之所以认为药瓶相同，是因为它们距离眼睛或者距离照相机的位置并不相等：事实上，大瓶放的位置比小瓶放得远。不过这三个药瓶到底哪个距离更近，哪个距离更远呢？我们不能凭借一般的看图方法来判定。

不过，如果我们采用立体镜或者使用我们之前说过的用肉眼看立体图的方法，就不难解决这个问题了。那时你能够清晰地看到，三个药瓶中最右边的瓶子的位置明显比中间的位置远，而中间的位置又明显比左边的远，所以这三个药瓶的真实大小就如右图所示的那样。

图130下面一排照片中表现出的情形更加令人感到惊讶。照片上有花瓶、蜡烛以及座钟，其中两个花瓶和两支蜡烛看上去拥有完全相同的尺寸。事实上，它们的尺寸差异却很大：左边的花瓶高度差不多是右边花瓶高度的两倍，而左边蜡烛的高度却比右边的蜡烛矮。倘若我们用看立体图的方法观察左侧这一对照片，我们很快就可以发现导致这种幻觉的原因：这些东西并未摆在同一个横列上，它们彼此的距离各不相同，高大的距离远，矮小的距离近。

用双眼看物体的立体视觉与一只眼睛看物体的立体视觉做比较，用双眼看物体的优势是显而易见的。

13. 辨别真伪票据的简单方法

假如我们现在有两张完全相同的图，每张图上都有两个相同的黑色方块。倘若我们用立体镜观察这一对图，只能看到一个黑色方块，但是它与那两个方块中的任何一个都没有区别。如果每个方块的中心都有一个白点，那么在立体镜下观察的方块里肯定也有白点。但是，我们仅需将其中一个方块里的白点从中央位置向旁边略微挪一点儿，就能产生难以想象的效果：我们仍然能在立体镜里看到一个白点，可是，这个白点同方块不在同一个平面上，它的位置跑到了方块的前面或后面。假如两张图有一些很微小的差别，那么当我们用立体镜观察时就会产生立体的感觉。

我们可以凭借这个例子得出一个识别伪劣存款单和银行凭据的简单方法：我们只要把可疑的假票与真的票据并列排放在一起，就能通过立体镜发现仿制品，就算它伪造得再高明，哪怕只有一个字母，或是一条细线上的极其微小的差异，都会很快变得显而易见，原因在于这个字母或这条细线会单独出现在其余部分的前面或后面。

14. 巨人的视力

如果物体离我们的距离超过450 m时，我们的两眼之间的距离就不足以引起视觉的印象差别了，所以，距离我们比较远的建筑物，远方的山峦和各种美景，对于我们来说只是个平面而已。由于同样的原因，尽管月球距离我们比其他行星距离我们近得多，而各个行星又比那些不动的恒星更加接近我们，但所有的天体仿佛都与我们有着相同的距离。

通常来说，我们对任何距离在450 m以外的物体都会在视觉上彻底丧失产生立体感的能力。左眼和右眼看到的景象完全一样，因为将两个瞳孔之间的6 cm与450 m进行比较的话，6 cm的确是个极其微小的距离，所以，在这种情形下拍出的照片，一定是一模一样的两张立体照片，即便用立体镜观察也无法产生任何立体感，这一点不难理解。

不过这种难题也很容易解决：只要在拍照的时候选择一个比两眼距离大的两个地点进行拍摄就没问题了。倘若我们用立体镜看这种照片里面的远景时，我们看到的景象跟两眼间的距离增加许多倍时看到的景象并无差别。这就是拍摄立体风景照片的秘密所在。通常情况下，我们看这种照片需要侧面凸起的放大棱镜，因此，我们觉得这种实体照片跟实物拥有相同的大小，而且收效惊人。

也许读者们已经想到了，我们可以造出一个由两只望远镜组成的双筒望远镜，使用这样的望远镜可以看到原本具备立体感的真实景物，而不必再看一次照片。这种仪器——望远镜，很早就已经出现了：两只镜筒间的距离比两眼间的距离更大，而两个图像由反射棱镜投射到我们的眼睛里（如图131）。用这种仪器观察景色的感觉是难以用语言形容的，整个大自然仿佛变得更加美好：远山此起彼伏，树木、山崖、楼房以及海上的船只全都变得凹凸起来，仿佛浮雕一般，——展现在无穷的立体空间里，而不是贴在平面的镜子上。你会发现，用普通望远镜观察远方的船只仿佛是静止的，而现在它却在乘风破浪。类似这样的景色，只有童话中的巨人才能看见。

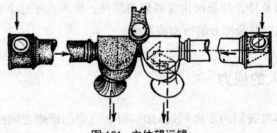

图131　立体望远镜

　　假如我们用10倍的望远镜，而两个镜头之间的距离是两个瞳孔之间距离的6倍（也就是6.5 cm×6=39 cm），那么，我们用它观察到的图像要比用肉眼看到的突出6×10=60倍。我们可以借助下列事实说明这一点：使用这样的望远镜，即便距离我们25 km以外的东西也能显现出凹凸的立体感。

　　这样的望远镜对于土地测量员、海员、炮兵以及旅行家来说简直是必备良品，如果上面装有刻度盘的话效果会更好。除此之外，它还可以用来测量距离（名叫"立体测距仪"）。

　　采用棱镜制成的双筒镜望远镜也有这样的效果，因为它的两个镜头的间距大于我们两个瞳孔的间距（如图132）。而观剧用的镜子则刚好相反，两个镜头的间距比较小，目的是减弱物体本身的凹凸感（以免让观众产生布景与演员之间出现分离的感觉）。

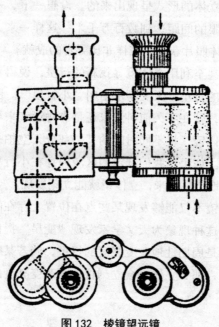

图 132　棱镜望远镜

15. 立体镜中的星空

　　假如我们将立体望远镜瞄向月球或另一个天体，那么我们将看不到任何立体景象。也许我们应该料到了这一点，毕竟天体距离我们太过遥远了，即便是立体望远镜也无法带来立体感。这种望远镜的镜头间距在30～50 cm之间，这样的间距与地球到各大行星的距离相比算是微乎其微了。即使我们在制作望远镜时将两个镜头的间距扩大数十甚至数百千米，再拿它来观察距离我们数千万千米以外的行星，仍旧派不上用场。

因此我们必须再次借助立体照片。如果我们昨天给某个行星拍了照片，那么我们今天再拍一次。这两张照片都是在地球上同一个地点拍摄的，可是在太阳系中，这两个地点却不尽相同，毕竟地球在一天一夜的时间里已经在轨道上移动了数百万千。所以，这两张照片肯定是不一样的，倘若用立体镜观察这两张照片，那么我们看到的就是立体图像，而不是平面的。

所以我们可以利用地球的公转在两个距离遥远的地点拍摄天体照片，这些照片肯定是以立体的形式呈现出来的。设想一下，一位巨人天生拥有巨大的头颅，他双眼的间距达到数百万千米，这样一来，你就能明白，天文学家借助天体立体照片获得了怎样非比寻常的成就。

当代天文学家甚至利用立体镜寻找新的行星，说得具体一点儿就是，发现那些体积较小的行星，天文学术语叫"小行星"。围绕火星和木星旋转的小行星非常多，就在不久前科学家还是靠碰运气来寻找它们，现在我们只需合理利用立体镜，将不同时间的某一部分天空拍摄两次，然后对比这两张照片就行了。如果在我们选定的区域内存在小行星，那么它就会从整个大背景中清晰地凸显出来，立体镜就能立刻发现。

我们使用立体镜不仅能够发现某些点在位置上存在的差异，还能够在亮度上发现不同。这种现象为天文学家发现"变星"提供了便利的方法。所谓的"变星"就是周期性地改变亮度的行星，倘若某颗行星在不同时间段拥有不同的亮度，那么立体镜会立刻将这颗改变亮度的行星呈现在天文学家的眼前。

16. 三只眼睛的视力

你不相信我们有三只眼睛吗？就像《上尉的女儿》里从伊万·伊格纳季耶维奇口中说出的第三只耳朵："他对着你的脸咒骂你，你就冲着他的耳朵咒骂他，然后再冲着第二只耳朵咒骂，然后再冲着第三只耳朵咒骂，咒骂完了，再跟他绝交。"不过我们要在这里说的是用三只眼睛看东西。

用三只眼睛看？难道第三只眼睛是我们自己长出来的？

我们接下来要讲的正是这样的视觉。科学不能让人生出第三只眼睛，但是它完全具备这样的能力，当人在看一件物体时，它能够让人感受到用三只眼才能看见的东西。

首先，我们从这里开始：一个一只眼看不见东西的人可以不受影响地看立体照片，并且从照片中获得他原本感受不到的立体感，因此，我们将为左眼和右眼准备的照片，迅速地在银幕上交替放映。一般人用双眼同时观察的东西，只有一只眼有视力的人只能挨个看，图片交替得很快，可是得到的结果是相同的，原因在于迅速交替的视觉印象同样可以融合成一个形象，与同时看到的形象别无二致。

既然如此，那么有两只眼睛的人可以同时观察下面的这些内容：用一只眼睛看两幅交替速度很快的照片，用另一只眼睛看从第三个地点拍摄的第三张照片。

换句话说就是，从三个不同的地点给一个物体拍三张照片，这就好比用三只眼睛观察同一个物体。然后在观察者的一只眼睛前面快速地交替其中的两张照片，在迅速交替照片的时候，将两张照片的映像融合为一个复合的立体景象，用另一只眼睛去看第三张照片，将得到的映像添加到这个立体景象之中。

在这样的情况下，虽然我们只用双眼观察，可是我们获得的映像只有用三只眼睛才能看得出来。此时的立体感会更上一层楼。

17. 什么是光泽

图133向我们展示了两个多面体的实体照片。其中一个是黑线白底，另一个则是白线黑底。倘若我们用立体镜来观察这两张图，会有什么发现呢？我们事先很难猜到。那么就让我们来听听赫尔姆霍茨是如何形容的：

"假如某个平面在一张立体图上用白色表示，在另一张图上用黑色表示，那么，将它们融合起来就会产生有光泽的感觉，虽然这两张图用的都是没有光泽的纸。利用这种方法制作晶体模型立体图能够给人带来一种"模型是由晶莹剔透的石墨制成"的印象。通过这种方法，在立体图的照片上观察水、叶子时，它们的光泽会更加明显。"

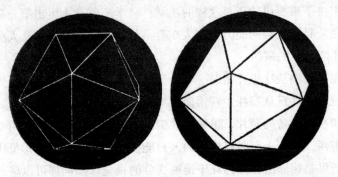

图133　用立体镜观察时，两图融合后在黑色背景上出现光泽晶体

伟大的生理学家谢切诺夫在《感觉器官生理学·视觉》（1867年）中，对这一现象做出了绝妙的解释：

将色彩深浅或明暗不同的表面，通过实体观察融合在一起的实验中，频繁出现有光泽的物体。没有光泽的表面与有光泽的（磨光的）表面到底有什么区别呢？前者的表面将光线散射到各个方向，所以，眼睛从任何方向看它，都会觉得明暗没有发生变化。而光滑的表面只能将光线反射到固定的方向，因此，我们甚至会看到这样的情况：当我们观察这种表面时，其中一只眼睛能够看到很多反射回来的光线，而另一只眼睛却什么光线都看不到（这样的情况跟黑白表面在立体图里融合的情形刚好一致），观察具有光泽的磨光面时，观察者的两眼看到的反射光线是不一样的（也就是一只眼睛得到的光线较另一只眼睛多的情况），很显然，这是不可避免的。

由此我们可以看出，立体图的光泽证明：在两个图像的立体融合上，经验起到了至关重要的作用。只有在经过训练的视觉器官的协助下，将现实中某种熟悉的情况和两眼视野的差别联系在一起，双眼视野的矛盾才能变成一个固有的立体概念。

总而言之，我们看到光泽的原因（至少是原因之一），就是左眼与右眼获得的图像拥有不同的亮度。如果没有立体镜，我们大概无法发现这一原因。

18. 快速移动时的视觉

我们在前面提到过，迅速交替同一物体的不同图像时，它会在我们的眼睛里产生逼真的立体感。

那么问题出现了：上面说的现象只能在目不转睛地观察迅速交替的图像时发生，如果我们让快速移动的眼睛观察静止的图像时，得到的效果是不是一样呢？

你也许猜到了，在这样的情况下，同样可以得到立体的效果。或许大部分读者已经注意到了，在疾驰的火车上拍摄的电影画面会给人带来无与伦比的立体感，这样的立体感甚至可以跟立体镜里看到的立体程度相媲美。假如我们细心观察一下乘坐火车或汽车快速行驶时感受的视觉效果，那么我们就能亲自证明这一点：在疾驰的火车或汽车里，看到的景物具有十足的立体感，后面的背景上能够清晰地突显出眼前的景物。当我们目不转睛地看事物时，450 m 是距离的极限，而当我们在移动的车上观察时，这个距离会显著增加，能够看到比 450 m 远得多的事物。

从疾驰的火车车窗里观赏车外的风景时，我们会觉得景色非常美丽，其中的原因就在于此。远方的景物仿佛朝后面倒退，我们可以从大自然广袤无垠的壮美中感受它的宏大。出于同样的原因，当我们乘坐汽车飞快地穿过树林时，每一棵树、每根树枝，甚至每片树叶在我们看来，都在空间中显得格外突出，彼此之间有着清晰的轮廓和界线，而静止不动的观察者观察同样的事物，只能看到一片混沌。

在山区道路上疾驰时，呈现在眼前的大地具有明显的起伏，山峰和峡谷也显得非常分明。

只用一只眼睛看东西也能感受到这样的美景，对于这样做的人来说，这里所描述的感受都是他们从未体验过的。我们在之前就说过，想看到立体的效果，没有必要用两只眼睛同时去看不同的图画，用一只眼睛看就可以得到立体的视觉，条件是用相当快的速度交替不同的画面，让它们融为一体。

证明这一点非常容易，我们只需在火车或汽车里多多留意一下外面的景色就可以了。此时，你可能还会发现另一个不可思议的奇观。早在一百年前多弗就曾写道（被彻底淡忘的事竟成了新鲜事），在车窗前快速闪过的物体仿佛缩小了一样。造成这种现象的原因与立体视觉几乎没什么关系。这是因为当我们看到物体的移动速度如此之快时，会错误地认为它们距离我们很近，如果一个物体距离我们很近的话，我们就会自然而然地产生这种想法，事实上，物体离我们越近，看起来越大，物体离我们越远，看起来越小。这就是亥姆霍兹对此做出的解释。

19. 隔着彩色玻璃看

假如你隔着红色的玻璃观察白纸上的红字，看到的只能是一片红色。你无法看到纸上的红色字迹，因为红色的字与红的底色融合在了一起。如果隔着同一块玻璃看白纸上的蓝字，那么，你可以清晰地看到红底上的黑字。这一点这不难理解：红玻璃无法透过蓝色的光线（玻璃之所以是红的，就是因为它只能透过红色的光线），所以，你在蓝字的位置看不到光线，所以看到的就是黑字。

立体彩照就是运用了彩色玻璃的这一特性应运而生的，它采用特殊方法洗印，产生同立体照片相同的视觉效果。在立体彩照上，分别将提供给左眼和右眼的两个图像部分重叠印在一起，它们拥有不同的图像颜色：一个是蓝色，另一个是红色。

如果我们想要从这两种颜色中看到一种黑色的立体图像，只需戴上彩色眼镜就没问题了。用右眼透过红色玻璃看只能看到蓝色的图像，也就是只有右眼才能看到的颜色（此时右眼看到的颜色不是彩色而是黑色）：用左眼透过蓝色玻璃看，也只能看到只有左眼才能看到的红色图像。每只眼睛都只能看到一个图像——它应该看到的图像。这样一来，它与立体镜的要求就相同了，因此，得到的结果也应该是一样的，我们能够得到立体的形象。

20. "立体影像"

电影院里偶尔会放映"立体影像"，那些影像的效果也可以用我们之前研究过的原理进行解释。

所谓"立体影像"，就是银幕上映出了来回走动着的人，给观众（戴着双色眼镜）带来立体的形象。这种视错觉是通过双色立体摄影产生的效果获得的。将需要投影的物体放在银幕和两个并列的光源之间，一个是红色光源，另一个是绿色光源。红色和绿色的影子在银幕上出现了部分重合，观众是通过红色和绿色的平面玻璃镜来看的，而不是直接用肉眼去看的。

在这样的情况下，银幕平面上的形象仿佛向前凸起一样。"立体幻影"产生的视错觉很有意思，有时就好像一件东西被扔了出来，直接砸向观众：体型庞大的蜘蛛朝着观众的方向爬过来，人们被吓得惊叫连连，纷纷做出躲避的动作。其实这个"机关"很简单，图134为我们揭开了这个秘密。图上左侧的"绿"和"红"分别表示绿灯和红灯，P和Q表示灯和银幕之间的物体。"p绿""q绿"和"p红""q红"分别表示物体投射在银幕上的彩色影像。P_1和Q_1表示观众隔着绿色和红色的镜片（右侧的"绿"和"红"）观察这两个物体的所在位置。当道具蜘蛛在银幕后面从Q爬向P的时候，就会让观众产生"蜘蛛"从Q_1爬到P_1的幻觉。

一般来说，银幕后面的物体向光源接近时，银幕上的影子就会变大，给观众带来物体离开银幕的视错觉。观众认为物体正从银幕向他们飞来，事实上，这些物体是向相反的方向，也就是从银幕向光源一侧移动的。

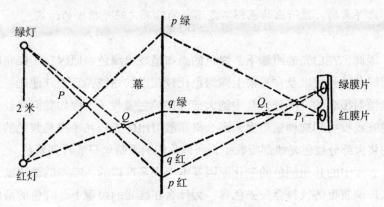

图 134   "银幕奇迹"的原理

21. 意外的色彩变化

我在这里介绍一下位于基洛夫群岛的列宁格勒中央文化休息公园，

这个公园里面有一座"趣味科学馆"，那里有很多实验深受参观者的喜爱。科学馆的一角装饰得犹如一间大客厅，你可以从里面看到被暗橙黄色套子罩上的家具，铺着绿色桌布的桌子，桌上放着盛有暗红色果汁的长颈玻璃瓶以及一束鲜花，书架上摆满了书，书脊上印有五颜六色的字迹。一开始，这一切都笼罩在普通的白色电灯下。接下来，我们拧一下开关，白色灯光随即变成了红色，很快客厅便出现了变化：家具的颜色变成了玫瑰色，绿色的桌布被深紫色取代了，果汁犹如水一样无色透明，鲜花像被人换掉了一样改变了色彩，很多书脊上的字也都不见了。

让我们再拧一下开关，这次客厅又被绿光笼罩了，面貌再次变得难以辨认。这几次华丽的客厅大变身，生动地解释了牛顿的物体色彩学说。这种学说的本质是，我们看到的物体表面的色彩并不总是它吸收的光线的色彩，而是它所散射的光线的色彩，散射到观察者眼睛里的色彩。牛顿的著名同胞英国物理学家廷德尔曾经这样阐述这一原理：

当我们将物体置于白色的光线下时，我们能看见红色是因为绿色光线被吸收而产生的，而绿色则是因为红色光线被吸收而产生的，而其他的颜色都可以在这两种情况下显现出来。换句话说，物体得到自己色彩的方法是非比寻常的：显示出的色彩不是添加的结果，而是排除的结果。

因此，在白光的照耀下，绿色的桌布呈现出绿色，原因在于桌布能够散射绿色的光线以及在光谱上同绿色比较相近的光线；至于其他光线，它只能散射很少的一部分，其中绝大部分都被它吸收了。假如我们将红色和紫色光线投射到这种桌布上，那么桌布散射出的光线几乎都是紫色的，因为它将大部分红色光线都吸收了，所以我们的眼睛里只能看到紫色。

客厅中的其他颜色的变化原因基本上也是这样的，唯一的谜团就是为什么玻璃瓶里的饮料会失去色彩？为什么在红光的照耀下，红色的液体变成了透明色呢？你还记得摆放盛饮料的玻璃瓶的地方吗？摆放玻璃杯的地方下面铺了一块白色的桌布，而白色的桌布下面又铺了一层绿色的桌布。假如我们把玻璃瓶从小桌布上拿掉，我们很快就会看到，在红色光线的照射下玻璃瓶里的液体从透明色变成了红色。和白色的小桌布放在一起时，它就变成了透明色，因为白色桌布在红光下变成了红色，但是出于习惯，我们再将它同深色的桌布进行比较，我们坚信它依旧是白色的。又因为玻璃瓶里液体的颜色和我们认为是白色的小桌布的颜色保持一致，所以我们自然而然地认为饮料也是白色的。在我们看来，它早已不是红色的水，而是透明的水了。

我们可以简化这个实验的步骤，让它变得更加容易操作。只要找一些颜色各异的玻璃，透过它们看周围的东西，也能得到类似的结果。

22. 书的高度

请你的朋友用手指在墙壁上画出他手里那本书竖直地靠在墙根上的具体高度。在他画出标记后，你再把书放在地板上比较一下。我们发现，书的高度竟然比画的标记矮了差不多一半！

倘若你的朋友并没有弯下腰做标记，而只是口头对你说了在墙上画出标记的位置，那么，实验的效果就会更加突出。当然，我们不仅可以用书，还能用灯、礼帽以及其他我们平时常见的东西来做这个实验。

之所以发生视错觉是因为，任何事物从纵向上看，它的长度都会比实际略短。

23. 塔楼上大钟的尺寸

在上一节里，你的朋友在估测书的高度时犯下的错误，在我们需要确定位于极高地方的物体大小时也时常发生。这其中最典型的例子就是，当我们确定一个塔楼上的大钟的尺寸时，肯定会犯的错误。我们都知道这种钟的体积庞大，可是我们对它尺寸的估测仍旧大大低于它的真实大小。图135描绘的是伦敦威斯敏斯特天主教修道院著名的大钟的表盘拆卸到马路上的情景。

图135 威斯敏斯特修道院上的大钟

人与大钟相比较，犹如一只小甲虫。如果你再看一下远方的钟楼，你肯定会被吓一跳，钟楼上的圆洞大小竟然和这个表盘相等。

24. 白与黑

现在，请你站在远处观察图136，然后告诉我，下面的黑点和上面任意一个黑点之间的白色空隙可以容纳几个黑点。到底是4个还是5个？或许你会回答放下4个不成问题，但是如果放上第5个，空间可能就不够用了。

假如我告诉你空白处最多能容纳3个黑点，你肯定不会相信。不过，拿一个纸条或圆规等进行比较后你就会发现你的结论是错误的。

由于视错觉的原因，如果有一黑一白两个等大的物体，我们的眼睛会觉得黑颜色的物体要比白颜色的物体体积小，这种让人感到困惑的视错觉学名叫作光渗。我们的眼睛好比一套光学仪器，它并不完全符合光学的苛刻要求。光渗现象和眼睛的缺陷有着密切的关系。光线通过眼睛里折射光线的介质在视网膜上产生映像，不过这种映像和精确调试过后照相机毛玻璃上产生的映像不太一样，它无法产生清晰的轮廓。在所谓"球面像差"的影响下，每一个浅色的轮廓周围都被一个浅色的边缘包围着，这个边缘会让轮廓在视网膜上变大，导致我们总会产生浅色物体比等大的深色物体大的错觉。伟大的诗人歌德被人们称为大自然的敏锐观察者（尽管他算不上是非常严谨的理论物理学家），在他的著作《颜色学》里曾经写过这样一段话：

> 深色物体看上去比大小相同的浅色物体小。假如我们比较一下黑地上的白色圆点和白地上直径相同的黑色圆点，我们就会认为后者比前者小了大约 $\frac{1}{5}$。倘若我们按照这一比例，再把黑色圆点调大一些，就会认为这两者的大小是相同的。有时候，新月的镰刀状部分圆的直径甚至比清晰的月亮的阴影（地球反照）圆的直径更大。穿着深色衣服的人比穿着浅色衣服的人更显瘦。在一块隔板的后面站稳，从板的边缘部分观察光源，会认为板的边缘有一个缺口。在直尺的后面观察蜡烛的火苗，会认为直尺短了一小截，日出和日落也仿佛让地平线上出现了一处凹陷。

这些都是诗人观察的结果，在这些观察结果中，除了白色圆点比大小相同的黑色圆点大 $\frac{1}{5}$ 的推测外，其他都是正确的。大小差异由我们观察这

些圆点的距离决定。通过下面的事例我们就能明
白产生这种现象的原因。

　　倘若我们让图136离眼睛再远一点，视错觉
还会再次增强。原因就在于，镶边的宽度始终是
保持不变的，所以，假如它在近距离只让浅色部
分增宽10%，那么在远距离的地方，当图像本身
变小的时候，增宽的部分就不再是10%，而有可
能是30%甚至是50%。通常情况下，我们眼睛的
上述特点也能拿来解释图137的奇特性质。如果

你近距离观察这张图，就会发现黑底上出现了很
多白色的圆点。如果我们稍微离远一点，比如从
2～3步外进行观察，如果你的视力足够好的话，
还可以挪动到6～8步外进行观察，此时图形的形
状会出现明显的改变。你在图上观察到的图像将
不再是圆点，而是犹如蜂房一般的白色六边形。

图136　下面的圆点与上
面的每个圆点之间的空白
处，看上去比上面两个圆
点外侧边缘之间的距离
大，但实际却是相等的

　　然而我发现，从远距离观察白地上的黑色圆点，这些圆点仿佛也变
成了六边形（如图138），此时的光渗现象并非将圆点变大，而是将其变
小。如果现在用光渗现象解释这种视错觉，我就不会完全认同了。通常来
说，现有的关于视错觉的解释并不是十分彻底，而大多数的视错觉现象甚
至到现在也找不出合理的解释。

图137　在一定距离上看这些
圆点好似六边形

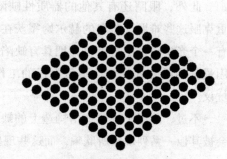

图138　从远处看这些黑点
好似六边形

25. 哪个字母更黑

图139让我们意识到眼睛的另一个不完美的地方——散光。假如你用一只眼睛观察它，或许会认为这四个字母的黑色各不相同。请你记下黑色最深的那个字母，然后你从侧面观察它时，就会发现一个令人出人意料的变化：黑色最深的字母变成了灰色，仿佛变成了另一个字母。

图139　请用一只眼睛去看这四个字母，我们会觉得其中一个字母比其他字母黑

事实上，四个字母是一样黑的，唯一不同的是字母中的细线方向。如果将眼睛比作最精良的玻璃透镜一样完美无瑕，那么字母的黑色程度就不会受到细线方向的影响。不过，我们的眼睛在各个方向上折射光线的程度并不完全一样，所以，我们不可能同时清晰地看到横线、竖线以及斜线。

完全避免这一缺陷的人是非常少见的，有的人的散光很严重，严重影响了视物的清晰度，导致视力下降。这样的人必须佩戴专用的眼镜才能清楚地看东西。

此外，眼睛还有其他的器质性缺陷，不过制作光学仪器的技师会着重克服这些难题。著名的赫尔姆霍茨在谈到这些缺陷时这样说道："如果有一个光学仪器制造者打算把具有缺陷的仪器卖给我，那么我觉得我有权用最强烈的方式抨击他不负责任的工作态度，将仪器退给他，并且提出抗议。"

不过，除了上述这些由构造上的缺陷导致的视错觉外，我们的眼睛还会被其他一系列现象所欺骗，而这些现象都各有各的原因。

26. "活"的画像

也许大家都见过这样的画像：画像上的人直勾勾地看着我们，双眼也仿佛跟着我们一起转动，我们走到哪儿，他的眼睛就转到哪儿。事实上，很早以前就有人注意到了这种画像的有趣特点，不过这对许多人来说这一直是个谜团，有些神经敏感的人甚至被吓得魂不守舍。果戈理在小说《肖像》里逼真地描写了这样的情形：

> 那双眼睛死死地盯着他，仿佛它除了他什么都不想看，肖像上的人视线不顾周围的一切，只是直勾勾地盯着他，仿佛用目光穿透了他的五脏六腑。

很多迷信的传说也提到过图像的这种神奇的特性，请回忆一下之前说过的小说《肖像》，事实上，这种神秘现象只不过是非常普通的视错觉。

图 140　神秘画像

造成这种现象的原因是这些画像上的瞳孔全都位于眼睛的中间位置，如果画像上的人注视着我们，那么他的双眼肯定是这个样子的，假如他朝侧面看，不看向我们，那么我们会发现他的瞳孔和虹膜并未处于眼睛的中间位置，而是略微偏向眼角。如果瞳孔处于中间位置的话，当我们向画像的一侧走去时，画像上的瞳孔肯定是不会发生变化的，会仍然停留在眼睛的中间位置。除此之外，在我们看来，画像中的整个面孔也一直保持原位不动，因此，我们会自然而然地认为画像中的那个人朝我们转了头，时刻盯着我们看。

我们可以利用同样的方法对某些图画的类似特征进行解释，举个例子：无论我们往哪里躲，画上的马都会朝着我们躲避的方向奔来，画中的人也会一直用手指着我们等。图140就向我们展示了这样的例子，这样的宣传画通常被用来做宣传。

假如我们仔细思考类似视错觉的原因，就不会认为这里面有什么值得让人觉得神奇的地方了，甚至恰好相反，如果图像不存在这样的特征，我们反倒觉得不可思议。

27. 有立体感的直线和其他视错觉

图141向我们展示了一组大头针，粗略一看并没什么特别之处。不过，如果我们将书放到与眼睛平行的高度，然后闭上一只眼睛，用另一只眼睛顺着针尖看过去（将眼睛放在这些直线的延长线相交的点上），此时，你就会认为这些大头针不是画在纸上，而是直插在纸上的。你将头稍稍向旁边移一些，就会发现，这些大头针仿佛也正朝着同样的方向倾斜一些。

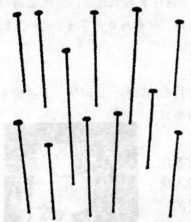

图 141 闭上一只眼睛，把另一只放在接近这些直线交点的地方，你会看到这些大头针好像插在了纸上，把图轻轻移向另一边，大头针似乎也跟着倾斜了

我们可以利用透视规律来解释这种视错觉。

画这些直线有个小窍门：当人们用上面的方法看图时，会认为这些直线犹如直插在纸上的大头针的投影。

视错觉确实会给我们带来不小的影响，不过，我们不能把这一特点完全看作视觉缺陷。这样的特点有它有利的一面，但是它却时常被人们所忽视。毕竟如果我们的眼睛不受任何视错觉的影响，那么绘画艺术就不复存在，我们也就不能欣赏造型艺术给我们带来的乐趣了。实际上，画家正是利用了人类的视觉缺陷进行艺术创作的。

"任何的绘画艺术都是建立在这种视觉欺骗的基础之上的，"18世纪的天才学者欧拉在他著名的《关于各种物理材料的通讯》中这样写道，"如果我们只是按照习惯根据事物的本质对其进行判断，那么这种艺术（即造型艺术）就会失去它应有的地位，这就相当于我们都是盲人，画家用自己的绘画天分混合各种颜色，到头来却是白费力气。我们只会这样评价他的画作：这块板上有块红斑，这儿是天蓝色，这儿是黑色，那里有一些黑线和白线。所有的事物都在一个平面上，彼此之间毫无距离上的差异，塑造的物体也失去了本来的形象，不管我们画什么，带给我们的感觉都像是在纸上写的信一样……在这样的情况之下，我们就会失去令人愉悦的造型艺术带给我们的快乐，难道我们不会为此感到可惜吗？"

　　光学上存在很多错觉现象，这种视错觉的例子多到可以写满一本书。其中的大多数都已被人所熟知，也有一些鲜为人知，下面我们来介绍几个比较有意思的例子。图142、图143向我们展示了一个网格背景，上面画了不同类型的线，给我们带来了非常明显的视错觉效果。这简直让人觉得不可思议，图142上的字母居然是竖直的，更令人感到难以置信的是，图143上的画竟然是螺旋形的。我们只要将铅笔尖放在你认为是螺旋形的线纹上沿弧线画一下就可以得出结果了。同样的，可以用两脚规来证明图144上的线段AC并不比线段AB短。关于图145、图146、图147、图148的详细情况，可以参照图片下方文字中的有关说明。图147产生的视错觉已经达到了让人无话可说的地步：这本书最初出版时，出现了一件趣事，一位出版商从锌版车间的工人手里拿到了这张图的小样，他觉得锌版并没有完全做好，决定返回车间让工人重新制作，他要求把白条交叉处的灰色斑点全都抹掉。此时我正好走进屋里，才避免了这场闹剧。

图142　字母笔画其实很直

图143　这个图上曲线看上去是螺旋状的，但其实是圆形

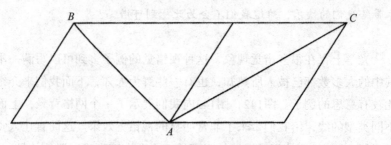

图 144　虽然看上去 *AB* 要大于 *AC*，但其实两者一样长

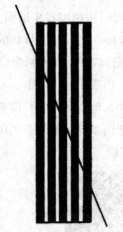

图 145　穿过黑白条纹
的直线看上去很曲折

图 146　白色正方形和黑色正方形，
白色圆形和黑色圆形大小相等

图 147　这张图上白线交叉的地方似乎
有灰色斑点，然而事实却并非如此

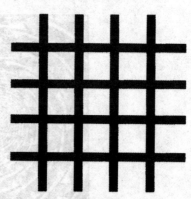

图 148　在黑线交叉处也出现了
灰色斑点

28. 近视的人是怎么看东西的

如果一个患有近视的人不戴眼镜，他就无法看清周围的事物，那么他看到的是什么呢？在他的眼里，物体都是什么样子的呢？视力正常的人或许无法想象这样的情形，现在患有近视的人非常多，所以我们还是很有必要了解一下他们眼里的世界。

首先，患有近视的人（当然是在不戴眼镜时）往往无法看清物体的轮廓，在他们眼里，任何物体的外表都是一片模糊。拥有正常视力的人观察树木时，可以在天空的背景下清晰地分辨出个别的树枝和树叶，而患有近视的人看到的却是朦胧且虚幻的绿色，无法注意到事物的细微差异。

在患有近视的人眼里，别人的面孔要比实际看上去更年轻，更漂亮。这是因为他们无法辨别出别人脸上的皱纹和瑕疵。粗糙的红色皮肤在他们眼里变成了柔和的苹果色。我们有时甚至觉得奇怪，当他们在猜测别人的年龄时，误差甚至达到了20岁；他们经常把脑袋凑过来，直视我们的面孔，好像我们彼此不认识一样……事实上，通常情况下上面这些情况多半是由近视造成的。

"在皇村中学，"普希金的诗人朋友杰利维格回忆道，"不允许我戴眼镜，但是在这样的情况下，女人们仿佛都变漂亮了，到我毕业后戴上眼镜，那种失望真是难以言表啊！"当患有近视的人（不戴眼镜）跟你交谈时，他是没法看清你的脸的，起码他眼里的你要比你眼里的他模糊得多，你在他眼前只是一个非常模糊的形象，所以，一个小时后，当他再次碰到你，他很有可能已经认不出你了。患有近视的人通常依靠聆听说话人的声音，而不是外貌来辨别一个人。视力上有缺陷的人往往通过高度敏锐的听力来补偿。

值得一提的是，在患有近视的人的眼中，夜晚到底是个什么样子的呢？结果也十分有意思。到了晚上，家家户户都亮起了灯，各种发光的东西，比如路灯、灯盏以及明亮的窗户等夹杂在一起，将夜景变成了一片朦胧的景象，除了不规则的光斑以外，全是非常模糊的黑影。患有近视的人会将排列在街道两侧的路灯看作是两三个很大的光点，这些光点会将其余的街道部分彻底掩盖起来。他们无法清晰地看到向自己驶来的汽车，看到的只有两个无比夺目的光晕（车灯），而后面则是一大片的漆黑。

对于患有近视的人来说，就连看到的夜空也和拥有正常视力的人看到的不同。他们只能看到前三、四等级亮度的星星，因此，他们能看到的只有数百颗星，而不是上千颗星。但是，在他们眼里，这为数不多的几百颗星也只是一些体型巨大的光球。在患有近视的人眼里，月球不仅巨大，而且离我们很近，在他们看来，月牙儿的形状既怪异，又复杂。

导致物体形状失真的最主要原因是近视者眼睛的构造有瑕疵。近视者的晶状体太深，以至于来自外界事物的光线经过折射后，会聚在视网膜稍微偏前的位置上，而不是正好集中在视网膜上，所以，当光线折射到眼球底部的视网膜时早已分散开来，因此，得到的图像只能是模糊一片。

第十章

声音和听觉

1. 如何寻找回声

谁都未曾见过它，

反倒都听见过它，

缺少形体，可它却活着，

缺少舌头，可它却喊着。

——涅克拉索夫

　　美国著名的幽默作家马克·吐温的短篇小说中有一则故事，讲述的是一位倒霉收藏家的可笑故事。他一心想要收集……你猜猜，他到底想要收集什么？答案是回声！这位奇怪的收藏家大费周折就为了把能够发出多次回声或发出具有奇特回声的土地全都买下来。

　　起初，他在佐治亚州买了四次回声，接着去马里兰州买了六次回声，随后又在缅因州买了十三次回声，后来在堪萨斯州买了九次回声，紧接着在田纳西州买了十二次回声，最后这次买的回声价格很廉价，之所以买得便宜是因为其中一部分岩壁崩塌了，必须要修理一下。他认为它是可以完全修理好的，可是，负责这项工程的建筑师没有调理回声的经验，因此，他非但没有修理好它，反而将这个地方变成了聋哑人的住所。

　　当然了，这只是个笑话而已，不过，在地球的各个角落确实存在很多有特色而且高频率的回声，它们主要集中在山区，其中有些地区甚至享誉全球。

　　下面，我们来列举一些有名的回声区。在英国的伍德斯托克城堡，回声可以重复17个音节，而且声音无比清晰。位于格柏士达附近的德伦堡的废墟，曾经发出过27个音节的回声，可是自从一堵墙壁遭到破坏以后，回声开始"沉寂"了下来。在捷克斯洛伐克的亚德尔士巴哈附近的环状山岩，有一个特定的地方能够重复3次发出7个音节的回声，然而，当我们在离这个地点稍远的地方聆听时，即便是射击也不会产生任何回声。曾经有人在米兰附近的某城堡（现在已经不复存在）的一个侧翼窗子处听到过能够发出40～50次回声的枪声，即便是大叫一声，发出的回声也多达30次。

　　可是，即便是发出一次清晰回声的地方也非常罕见。不过想要在我们国家找到这样的地方还是非常容易的。这里的大部分平原都被森林所环绕，我们只要站在这样的空地上大喊一声，清晰且嘹亮的回声就会从犹如墙壁一样的树林里传过来。

山区的回声同平原上的有所差异，山区的回声种类更加多样，但是和平原的回声相比，山区的回声更难听到。想要在山区听到回声甚至比在被茂盛森林包裹起来的平原上还难。

你很快就会明白这其中的原理。所谓的回声就是声波被某个障碍物反射回来的现象。它和光的反射是一样的，"声线"的入射角和反射角同样是保持一致的（"声线"指的是声波传播的方向）。

现在请你设想一下：你站在山脚下（如图149），能够反射声音的障碍物位于你的头顶，比如在AB处。我们可以看到，沿着Ca、Cb、Cc几条线向外传播的声波经过反射后不会传到你的耳朵里，而会沿着aa、bb、cc这几个方向朝空中散射。假如你和障碍物在同一高度上或者甚至略微高于它（如图150），那么，情况就会产生一些变化。沿Ca、Cb方向向下传播的声音，顺着CaaC或CbbbC的折线，从地面上反射一两次后，重新返回到你的耳朵里。两点之间的地面如果存在凹处，回声会变得更加清晰，能够起到凹面镜的作用。相反，假如C、B两点之间的地面存在凸起，那么回声会变得很微弱，甚至无法传到你的耳朵里，因为这样的地面能够起到凸面

图149 听不到回声的原因

镜的作用，将"声线"散射出去。

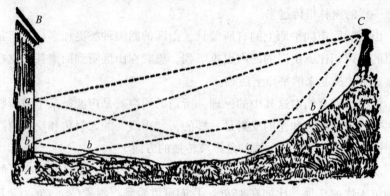

图 150　能听到清晰回声的原因

如果想在凹凸不平的地方寻找回声，我们需要掌握一些特殊的技巧。即便我们有幸找到了理想的地点后，还要懂得如何才能将它呼唤出来。首先，我们和障碍物之间的距离不能太近：必须让声音走过相当长的路程，要不然回声就会过早地折返回来，直接和你发出的声音混杂在一起。众所周知，声音的速度是340 m/s，所以不难理解，如果我们站在距离障碍物85 m的位置，需要经过0.5 s后，才能听到发出声音的回声。

尽管"地上发出的任何声音都会在空中产生自己的回音"，可是，并不是每一种声音的回声都能够保证同样清晰。"无论是森林里怒吼的野兽，还是嘹亮的号角，抑或是震耳欲聋的雷声，或者是在土丘后面放声高歌的小女孩"，产生的回声都不尽相同。产生的声音越是刺耳，就越是断断续续，得到的回声就越是清晰。产生最清晰的回声的最好办法就是拍手掌，依靠人的嗓音产生的回声比较嘈杂，特别是男人的嗓音。由于妇女和儿童的音调比较高，所以产生的回声也相对清晰。

2. 用声音代替卷尺

我们可以通过声音在空气中传播的速度测量出与无法接近的物体之间的距离。儒勒·凡尔纳在小说《地心游记》中就阐述过类似的情况。教授和他的侄子在地下旅行的时候不小心走散了，最终，当他们隔着很远的距离听到了彼此的声音后；展开了这样一段对话：

"叔叔!"我(讲故事的人是侄子)大喊道。

"出什么事了,孩子?"过了一会儿后,我听见他问道。

"我特别想知道,我们之间的距离究竟是多少?"

"这很简单。"

"你的测时计还能正常使用吗?"

"当然可以。"

"现在将它拿在手里,然后大喊一声我的名字,将你发出声音的准确时间记录下来,当声音传到我这里时,我马上大喊一声我的名字。等到我的声音传到你那边,你也把花费的时间准确记录下来。"

"没问题,那么,从我发出声音到你的声音传到我的耳朵里,所用时间的一半,就代表声音从我这里传到你那里需要花费的时间。你现在准备就绪了吗?"

"我准备好了。"

"那么,你要注意了,我要开始喊你的名字了。"

我将耳朵紧贴着岩壁,当"阿克塞尔"(讲故事的人的名字)的声音传到我的耳朵里,我就迅速重复这个声音,然后我开始静候。

"40 s,"叔叔说,"也就是说,你的声音传到我的耳朵里花费了20 s的时间,因为声音的速度是340 m/s,那么,20 s钟大约有7 km。"

倘若你能够理解这个小说节选中描述的内容,那么独立解答这样的问题就会变得很容易:当我们看到远方火车头的汽笛放出的白气后,需要等待1.5 s才能听到火车的汽笛声,那么,我们距离火车到底有多远呢?

3. 反射声音的"镜子"

犹如墙壁一般的树林,高耸的院墙,宏伟的建筑物和高山,任何能够反射回声的障碍物都能称得上是反射声音的"镜子"。它们反射声音,跟平面镜反射光线是一个道理。声音的镜子既有平面的,也有曲面的,凹面的声音镜子跟凹面镜具有相同的作用,可以将"声线"全都汇聚到它的焦点上。

我们只需要两个较深的盘子就可以做一个很有意思的实验。首先将一

图151 反射"声线"的"凹面镜"

个盘子放在桌上，一只手拿着表，将它放在距离盘底几厘米的地方，另一只手拿着另一个盘子，将它侧放在耳朵的一侧，如图151所示。假如我们能够准确找到表、耳朵以及两个盘子的位置（试几次就能成功），你就能听到表的嗒嗒声，仿佛是从耳朵边的盘子里发出来的。倘若我们闭上双眼，就会有种错觉被加强的感觉。此时，如果只靠耳朵来判断表到底在左手上还是在右手上，是非常困难的。

中世纪时期，建造城堡的设计者将半身像放在能够反射声音的凹面镜的焦点上，或者放在隐藏在墙壁中的传声管的一端，使建造出的声学建筑都拥有奇特的构造。图152是从16世纪的古书中复制下来的，我们可以从这上面发现这种拥有奇特构造的装置：拱形的屋顶从传声管将外面传来的声音传送到半身像的嘴唇边，从院子里传来的各种各样的声音通过砌在建筑物里的巨大的传声管传送到沿着大厅墙壁排列的石雕半身像那里等。来到这里参观的人会觉得大理石塑像仿佛在聊天、唱歌一样。

图152 古代城堡里的音响奇事，会说话的半身像

4. 剧院大厅里的声音

经常光顾各种剧场和音乐厅的人肯定会注意到，大厅的音响效果能够起到非常重要的作用。在有些大厅内，即便是在很远的座位上也能很清楚地听到演员的台词和音乐，而在另一些场所，就算坐在前排，听到的声音也会很模糊。美国的物理学家伍德在他的《声波及其应用》一书中对产生这种现象的原因做了合理的解释：

任何存在于建筑物里的声音，在声源发声结束后依然不会散去，经过多次反射以后，声音会在建筑物内随意传播，同时，后面的声响又接踵而至，于是，在通常情况下，听众无法正常地捕捉和辨别声音。举个例子，假如我们让一个声音持续3秒钟，而说话的人每秒发出3个音节，如此一来，在同一间房里就会出现9个音节的声波，我们能够得到的肯定是嘈杂的噪音，这会让听众难以听懂说话人讲话的内容。

"在这样的情形下，讲话人必须把每个字都讲清楚，而且音量不宜过高。但是，通常情况下反而适得其反，他们往往会提高嗓门，这样做的后果就是产生更大的噪声。"

不久前，想要修建一个符合声学要求的剧场还是非常困难的。而现在我们已经有办法来解决余音带来的影响（术语叫作"交混回响"）。本书不会对这方面进行过多的阐述，毕竟这些建筑细节只有建筑师才会感兴趣。我想要指出的是，解决交混回响主要依靠能够吸收多余声音的墙壁。吸收声音的最佳物体就是打开的窗户（正如吸收光线的最佳物体是孔洞一样），人们甚至把一平方米作为吸收声音的计量单位。对于剧场里的听众来说，他们也能吸收大量的声音，尽管他们吸收声音的能力只有敞开的窗户的一半。曾经有一位物理学家这么说过："听众的的确确是在吸收演说者讲话的声音。"倘若他的观点是正确的，那么从字面意思分析，偌大的大厅同样会让演说者感到不舒服。

如果对声音的吸收太过强烈，同样会导致声音的清晰度变差。首先，过度的吸收声音会使声音减弱，其次，交混回响的作用越微弱，声音的时断时续越严重，会给人一种枯燥乏味的感觉。所以，尽管我们尽量避免时间过长的交混回响，但是时间过短的交混回响同样不能让人满意。交混回响的合理运用会因各个大厅的情况不同而有所区别，要视每个大厅的具体条件来定。

此外，剧场里还有一种设施，从物理学的角度来看也是相当有趣的，那就是提词室。难道你没注意过所有剧场的提词室都拥有相同的形状吗？这是因为提词室等同于一种物理仪器。提词室的穹顶相当于一个声音的凹面镜，它起到的作用是双重的，不但可以阻止提词的人发出的声波传向观众，还可以将这些声波反射到舞台上。

5. 来自海底的回声

人类在很长的一段时间里，都未曾合理地利用过回声，直到后来，人们才想到一个利用回声的办法，那就是利用它测量海洋的深度。事实上，

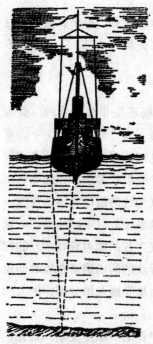

图 153　回声探测仪工作原理
示意图

这个办法也是偶然发现的。1912年，巨型邮轮"泰坦尼克"号沉没，船上的乘客多数都葬身海底。导致轮船沉没的原因是轮船意外地同冰山发生了碰撞，为了防止再次发生这样的人间惨剧，人们在雾天或夜间行驶时，开始利用回声来保障轮船和船上乘客的安全。虽然这个方法并未在实践中产生什么明显的效果，但是却给人们带来了启发，他们发现可以通过向海底发出声音的方式测量海洋的深度。经过验证，这一想法是可行的。

图153向我们展示了一种测深的装置。在船的一侧接近船底的舱里有一个药筒，烧着以后可以发出巨大的声响。声波在海水的作用下可以直达海底，经过反射形成回声，然后重返海面。它被一件安装在船底的极其灵敏的仪器接收，计时器能够精确地测量出声音从发出到回声到达之间的时间间隔。考虑到声音在水中

传播的速度是已知的，那么计算声音从海面到海底反射面的距离就变得非常容易，这段距离就是海洋的深度。

通过进行测量海洋深度的实践，回声探测仪（该装置的学名）发挥了巨大的作用。老式探测仪有很大的局限性，只能在一动不动的船只上使用，而且耗时较长。必须非常缓慢地将绕在轮盘上的测深索（150 m/min）放到海底，并且收回测深索的时候同样非常缓慢。如果用这样的仪器测量3 000 m深的海洋，共耗时45分钟，但如果我们用回声探测仪进行同一深度的测量，耗时仅仅需要数秒钟，而且测量可以在全速前进的轮船上进行，得到的数据依然非常可靠、精确。通常情况下，使用回声探测仪进行测量，误差小于四分之一米（想要取得这样的数据，时间间隔必须精确到三千分之一秒内）。如果说对深度较深的海洋进行精确的深度测量，对于海洋科学具有深远的影响，那么，迅速、可靠并且精确地测量浅海地区的深度，则会给航海业带来革命性的改变。装了回声探测仪的船只既可以保证安全，还可以快速地停靠在岸边。

在现代回声探测仪中，我们已经不再使用普通的声音，而是高强度的超声波，它每秒钟发出的振荡频率达数百万次，人耳是完全听不到的。这种声音是装在快速交变的电磁场中的石英片（压电石英）震荡发出的。

6. 昆虫的嗡嗡声

为什么飞行的昆虫总是发出嗡嗡的声响？在大多数情况下，它们连能够发声的特殊器官都没有，只有在它们飞行的时候，我们才能听到嗡嗡的声音。其中的原因很简单，昆虫在飞行时，它们的翅膀每秒钟能够振动数百次，振动的翅膀等同于振动的膜片。众所周知，如果膜片的振动频率达到足够快的速度（每秒钟16次以上）时，就会产生具有一定高度的音调。

你知道人们是如何计算某一种昆虫在飞行时翅膀每秒钟振动的次数的吗？这其实非常简单，我们需要做的就是通过听觉判断昆虫所发出的音调的高低，因为任何一种音调都有各自的振动频率。通过"时间放大镜"（见第一章）我们可以判断出，任何一种昆虫的翅膀振动频率基本上是保持不变的，假如昆虫想要调整飞行路线，只需改变振动的幅度（即振幅）和翅膀的倾斜度就可以了。昆虫只有在寒冷的天气下，翅膀每秒钟的振动频率才会增加，这就是为什么昆虫在飞行时不会改变发出的音调的原因。

举个例子，人类发现家蝇（飞行时发出F调）在飞行时，每秒钟振动翅膀352次；丸花蜂每秒钟振动翅膀220次；不带蜜的蜜蜂飞行时，每秒钟振动翅膀440次（A调），而如果蜜蜂带着蜂蜜飞行的话，翅膀每秒钟只能振动330次（B调）。金龟子在飞行时，翅膀的振动幅度比较慢，发出的音调比较低，而蚊子与它刚好相反，蚊子在飞行时每秒钟振动翅膀500～600次。为了让你对这些数据有一个更直观的了解，我再告诉你一个数据：飞机的螺旋桨每秒钟大概只能转动25下。

7. 听觉幻象

假如因为某些原因，原本就在我们附近的一个轻微声音，却被我们错误地认为是从很远的地方发出的，那么我们就会觉得这个声音听起来要比实际的响亮得多。在日常生活中，我们经常产生类似的错觉，只是我们对这种现象并不是很在意而已。

美国学者威廉·詹姆斯在他的《心理学》一书中有这样一段颇为有趣的描述：

有一天晚上，我正安静地坐着看书，忽然之间，楼上的某层传来了一阵令人惊骇的声音，声音停止了，没过多久又响了起来。我来到客厅，想要仔细听一下这个声音，可是，那阵声音又消失了。于是我回到自己的房间接着看书，还没等我坐稳，那阵令人胆寒的巨大声响又响了起来，犹如暴风雨马上就要来临一般。声音从各个方向朝我传来，我被吓得颤抖不已，接着我再一次来到客厅，那阵声音又消失了。

于是，我重新返回自己的房间，突然之间我发现，原来这阵声响是睡在地板上的小狗打鼾发出的！

更有趣的是，由于我已经发现了真正的声源，无论怎么努力，之前听到的幻觉也无法恢复了。

读者朋友们或许也能在自己的日常生活中回忆起类似的例子。类似这样的事，我就碰到不止一次。

8. 蟋蟀在哪里叫

我们经常错误地判断发声体的方向。虽然我们的耳朵能够精确地辨别枪声是从我们的左面还是右面发出的（如图154），不过倘若枪声是从我们的正前方或者正后方发出来的，那么依靠我们的耳朵去判断声源的位置就会变得非常困难（如图155）：枪声明明是从正前方发出的，我们却认为枪声是从正后方传来的。

图154 从左还是从右发出的枪声？

在这种情形下，我们唯一能做的就是通过声音的大小来辨别枪声的距离是远还是近。下面的这个实验可以让我们受益良多。首先，将一个人的眼睛蒙上，让他静静地坐在房间的中央，不要让他来回晃动脑袋。随后，你在他的正前方或是正后方互相敲击两枚硬币，让他猜一下你敲击硬币的位置在哪里。我们得到的结果简直让人不敢相信：声音原本是从这个屋角发出的，可是他却偏偏指向了方向刚好相反的另一个屋角。

假如你选择不站在他的正前方或是正后方，那么，蒙上眼的人就不会出现这样的判断错误。这不难理解，距离声音最近的那只耳朵最早听到那个声音，而且听见的声音也比较响，所以他就能辨别发出声音的方向了。

图 155　从前还是从后发出的枪声？

与此同时，这个实验还向我们说明，我们很难在草丛中发现唧唧叫的蟋蟀。举个例子，如果蟋蟀尖细的叫声是从距离你两步远的小路的右侧发出的，于是你看向那里，但是你什么也看不到。突然，声音又从小路的左侧响了起来，于是你转过头向左侧看去，可是声音又从第三个地方发了出来。随着发出唧唧叫的声音的方向变化越来越快，你也加快了转头的速度，看起来那位不可见的音乐家在草丛里敏捷地蹦蹦跳跳，事实上，那个小蟋蟀并未离开原地，它那令人惊叹的跳跃全都是你幻想出来的，你只是被自己的听觉骗了而已。你的错误在于，当你扭动头部的时候，蟋蟀正好处于你的正前方或是正后方。众所周知，在这样的情形下，我们很容易错误地判断发出声音的方向。实际上，蟋蟀的位置就在你的正前方，你却错误地认为它在相反的方向上。

我们可以由此得出一个实际的结论：倘若你打算判断蟋蟀的叫声、青蛙的叫声以及诸如此类从远方传来的声音是从哪里发出的，那么就不要正对或是背对着声音，而是应该侧对着声音。如此一来，其中的一个耳朵就能正对着声音了，这就是我们常说的"侧耳倾听"。

9. 听觉趣事

当我们吃烤干的面包片时，会有一股很响的噪声传到我们的耳朵里。不过，我们周围的朋友跟我们一样，也在吃面包干，他们就没有发出什么明显的声响。这到底是为什么呢？

原来这种噪音，只有我们自己的耳朵才能听见，我们周围的朋友是完全听不到的。人体的颅骨犹如坚硬且有弹性的物体，非常适合传导声音，而当声音在实体介质中传播时，有时会被加强到令人瞠目结舌的程度。咀嚼面包干的嘎嘣声以空气为媒介传播到别人的耳朵里，听到的只是极其轻微的声音，可是，当这种声音经过无比坚硬的颅骨传到自己的听觉神经时，声音就会变得震耳欲聋。这里有一个实验具有相同的性质，用牙咬住怀表上的圆环，接着用手指将两只耳朵紧紧地捂住。此时，你会听到一阵沉重的撞击声：表针的嘀嗒声被放大了数倍！

据说当贝多芬的耳朵听不见声音后，就开始借助他的手杖进行钢琴演奏。他将手杖的一端抵住钢琴，然后用牙咬住另一端。很多内耳构造保持完好的失聪者可以在音乐的伴奏下翩翩起舞，正是因为音乐通过地板和他的骨骼传到了他的听神经的缘故。

10. "腹语的奇迹"

腹语术创造出的"奇迹"让我们瞠目结舌，产生这种现象的原理依旧是我们在前面三节里阐述过的听觉特性。

"假如有人在屋脊上行走，"哈姆森教授写道，"那么，对于屋里的人来说，他说话的声音特别像低沉的耳语。随着他向建筑物的远端走去，这种低沉的耳语声会变得越来越微弱，倘若我们置身于这所房子其中的一个房间里，那么，我们的耳朵丝毫判断不出这种耳语是从哪个方向发出的，也无法判断说话的人与我们之间的距离是多少。不过根据声音的变化，我们在理智的引导下会得出结论：说话的人离我们越来越远。如果我们凭借说话者的声音本身给我们带来的提示比如说话人正在屋顶上行走，那么我们很快就会相信。而且，如果有其他人跟这个看似是在外面的人进行交谈，并且得到的答案非常合理，那么产生的错觉就会特别真实。"

"事实上，这就是腹语的奥秘。当屋顶上的人开始说话时，腹语者就把声音降低；当轮到他说话时，他就抬高音量，而且声音非常清晰，以便同另一个声音之间形成鲜明的对比，错觉也在他以及他虚拟出来的人的对话内容作用下得到了增强。这个骗术可能有一个地方容易被人看破，那就是模拟出的室外的说话声音其实是在舞台上的人发出来的，声音的方向并不十分合理。

"此外，应该指出的是，腹语者这个名称有点儿不太贴切。腹语者必须向听众隐瞒一个真相：当腹语者虚构出来的人开始说话时，其实是他自己在冒名顶替。他必须通过各种巧妙的手法才能做到这一点。他尽可能地通过借助各种动作将听众对他的注意力转移到别处。比如，当他向一侧歪头的时候，会刻意将一只手放在耳旁，装出一副认真倾听的模样，而且他会设法将自己的嘴唇遮盖起来。如果他不能把自己的脸挡住，就会想办法只让嘴唇做一些不得不做的动作。其实这样的动作已经足够了，这种情况下他只需发出模糊且细微的耳语就行了。而且他十分巧妙地将嘴唇的动作隐蔽了起来，让观众们认为这种声音是从演员身体内部的某种地方发出来的。也正因为这样的原因，腹语者这个称号才应运而生。"

　　总而言之，虚构出来的腹语奇迹并不能完全由我们对声音的方向以及与说话者之间的距离来决定，因为我们无法用上述两点做出精确的判断。在普通的环境下，我们做出的判断大多都是模棱两可的，不过，如果把我们放到一个和平常感知声音相同的条件下，我们还是会在声源的判断上犯错。当然，就算是我本人在观看腹语者的表演时也无法避免产生这种幻觉，虽然我心里很清楚产生这种幻觉的原理。

趣味物理实验

第一章

有趣的游戏

1. 剪刀和纸的故事

将纸一次性剪成三块——立放纸条——魔力环——剪出的效果出乎意料——纸环——让自己穿过一小块纸

我曾经认为世界上有很多没有用的东西，感觉很多东西都是垃圾。或许，大家都有过这种想法。但是，我们都错了，因为在这个世界上没有毫无用处的垃圾。虽然你在这里用不着这些东西，但是说不定在另外一个地方能够用得上。也许，这个东西不能创造出不可替代的价值，但说不定它可以用来供人们休闲娱乐。

我曾经见到一个正在装修的屋子的一个小角落里放着几张用过的明信片和一些没有用的细纸条。大多数人会认为这些都是垃圾，只能用来生火。我也像大多数人一样，认为这些东西只能用来生火。可是谁能想到，就是这样几张没有用的明信片和纸条，却能做一个有趣的游戏。我的哥哥就用这些废弃的东西给我展示了很多有趣又有意思的游戏。

一开始，哥哥给了我一张非常长的纸条，这个纸条足有我的三个手掌长。哥哥说："你拿一把剪刀把这张纸条剪成三块试一试。"我正准备用剪刀去剪，可是哥哥让我先别剪，听他把话说完再动手。"你接着听，把这张纸剪成三块的规则是一剪刀把这张纸条剪成三块。"

听到这里，我觉得这太难了。我剪来剪去，感觉所有方法都被我用完了。我觉得就是哥哥故意给我出难题。最后我认为，一剪刀把一张纸条剪成三块是不可能的。我很严肃地对哥哥说："哥哥，不可能有方法把纸剪成三块的。"

"你再认真想想，或许，你可以想到一个很好的办法。"

"哥哥，还是你想吧，我真的不行！"

哥哥把纸条和剪刀拿过来，然后把纸条对折，从对折的纸条中间剪开。一个完整的纸条被剪成了三块（图1）。

图1

"你看到我是怎么剪纸条的吗？"

"看到了，可是你把一个纸条对折了啊（图2）"！

"那你怎么没想到把纸条对折呢？"

"我还以为纸条是不能折的呢。"

"纸条折过后还是一张纸条。你还是承认你没有想到怎么剪吧。"

"哥哥你再给我出一个。这回保证不会让你难倒了。"

图2

"这回我还是给你一张纸条。你需要做的就是把纸条立在桌子上。"

"是立在桌子上，不能让它倒吗？"我好奇地问道，我感觉到哥哥说得很模糊。

"当然是让纸条立着不能倒了。如果倒了，那还是立着吗？那是平放。"

"是啊。"

"再来一个！"

"没问题。你瞧，我用胶水把每张纸的首尾粘在一起，粘完后，这些纸就形成一个个的纸环。你分别用一支蓝色的笔沿着这个纸环的外面画一条蓝线，然后用一支红色的笔在里面画一条红线。"

"都画完了该怎么做？"

"画完了就没事了。"

这在我看来没有什么大不了的，我压根就没看在眼里！可是当我真正自己动手实践的时候才发现我在这个过程中遇到了很多障碍，整个过程一点也不顺利。环外面的蓝线已经画好了，当我正兴奋地准备去画里面的红线时，我才意识到，纸环的两面都被我画成了蓝色，这让我感到很生气。

"哥哥，你再给我一个两面都没画的纸环吧！我刚才太大意不小心画错了。"我很不好意思地对哥哥说。但是我用第二个纸环又画一遍的时候，我又画错了。我感觉我都没有画另一面，但是纸环的两边又被我画完了。

我百思不得其解，怎么可能这样呢？我不相信我画不好。"哥哥你再给一个吧！"

"随便拿，想拿多少就拿多少。"

这次我拿到的纸环的两面很快又都是蓝色的了。要是你，你会怎么做呢？根本就没有空面来画红色了，两面都被蓝色包围了。我感到很难过，心情瞬间跌落谷底。（图3）

"像这种简单的事情我一下就能完成，你信吗？"哥哥得意地说道。

他拿起纸环，飞速地在整个外面画上蓝线，又在纸环里面画上红线。

看到哥哥如此快速地完成，我也不肯认输。我又拿了一个新的纸环，我非常小心仔细地沿着纸环的一面画着线条，特别小心地不让线条越过另外一面，然后我又

图3

把线条合上了。可是即便我谨慎地画着，结果仍然不成功，纸环的两边又被我画上了。我特别生气，差点因为这个哭了起来，但是哥哥却在一边偷偷笑，我就知道哥哥肯定又在纸条上做了什么。

"哥哥，你在纸环上又做了什么？你是在变魔术吗？"我很生气地问哥哥。

"这些纸环已经被施了魔法。"哥哥说。

"这纸环难道还变特殊了吗，我怎么看不出来？这不就是简单的纸环吗？一定是你在搞怪，还说什么施了魔法，我不信。"

哥哥又用这些纸环做些别的东西。例如，他让我把一个纸环剪成两个细的纸环。

"不就是一变二吗？这有什么难度啊！"

我试着将纸环剪完，把剪好的纸环拿给哥哥看了一下。此时，我才看到，我手里原本的两个细环成了一个长的纸环。

"哈哈，你不是剪了两个纸环吗？在哪儿呢？我怎么看不到啊？"哥哥用疑问的口气问我。

我不服输，非要再试一次。

"你就用你刚剪出的那个环再试一回吧。"

我将纸环剪开。事实上，我真的剪出了两个纸环。我非常想分开这两个纸环，但是却怎么也分不开它们，分不开两个纸环的原因就是这两个纸环是连在一起的。我感到非常不可思议，也许，哥哥是对的，这个纸环就是被施了魔法！

"我可以为你解释这其中的关键所在。"哥哥很认真地说。

"任何人都可以做出这样一个充满魔力的纸环。这其中有一点很关键，那就是把纸条两端粘在一起前要把两端中的一端翻过来。所有的你感觉被施了魔法的原因就在于此。"

"你仔细思考一下！我也是一个普通人，并没有什么魔法，所以也一样是在这个纸环上画线。如果你想玩更有意思的游戏，你可以把纸条两端粘连起来，如果将一端的纸条翻转两次，会更加有意思的。"

哥哥根据他刚才说的方法做了个纸环给我。"这次你沿着纸环剪剪看。你会得到什么效果呢？"他说。

我刚刚剪完，就发现纸环成了两个环，两个纸环相互套着。太好玩了！这两个纸环根本就分不开（图4）。

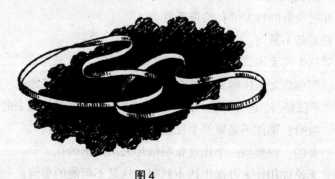

图4

我用同样的方法，也剪了三对同样无法解开的环。"你怎样把剪好的四对环连成一个两端不相连的链呢？"哥哥问我。

"哦，这很容易啊！在每对里剪出一个环来，穿过去，接着再把它黏起来不就行了？"

"那你的意思是说，你用剪刀把三个环剪开吗？"哥哥对我想出的办法并不满意。

"三个，你确定用三个吗？"

"我很确定啊。"我答道。

"比三个少就不行吗？"哥哥问道。

"我们有四对环。你怎么把这四对环连起来，要求是只拆开两个？这怎么可能呢，一定不能实现的啊！"我非常肯定地给了哥哥一个答复。

哥哥没说话，只见他用剪刀剪开一对里的两个环，然后用它们把剩下的三对环连起来，这样就形成了八个环串起来的纸环链。这么简单！"我这次可没有用花招。"这让我感到不可思议，我怎么就没有想到呢？这个方法真的好简单啊。

"我们别玩纸条了，都要玩腻了，现在来玩点别的东西吧！"

"把那些旧的明信片拿来。"

"我们用这些没用的明信片来干些什么呢？"

"你可以这样做，例如，你在明信片上面剪一个你认为最大的孔。"

我用剪刀在废弃的明信片上剪出了个四边形的孔，孔的周围只有窄窄的边。

"这已经是最大的孔了，不会再有比这个还大的了。"我感到很骄傲，并把我剪的特大的孔给哥哥看。

哥哥却不赞同。

"这个孔太小，只能把手伸过去。"

"那你想怎么样啊，要把头伸进去吗？"我很生气地说。

"不仅是头，还有身子。我可以剪一个整个人都能穿过去的孔出来。"

"哈哈！那你不是要剪个比这张明信片还大的孔？"

"是的，我要剪一个比这张明信片大出几倍的孔。"

"无论你用什么办法也达不到啊。这是不可能的事情。"

"我说可能就可能。"哥哥说完就开始动手了。

　　我虽然不相信哥哥可以剪得出来，但我还是想知道他要怎么剪。他把卡片对折了，然后用铅笔在对折卡片长的一边的边沿处画了一条线，在另外的两边边沿处各剪了一个小口。

　　接着他从A点到B点剪出一个均匀的边，然后一个接一个地剪出小口，如图5。

图 5

　　"我剪好了。"哥哥很骄傲地说。

　　"什么啊，根本就没有什么孔。"

　　"好，那你仔细看着啊！"

　　哥哥很仔细地把小纸块拉开。你能想象吗？一块块的纸块被拉成长长的链条，哥哥完全可以很轻松地把头穿过去。长链从空中落到地下，刚好落到我的脚下，我整个人都被这个长链套在里面了。

　　"你可以从这个孔穿过去吧，"哥哥很自豪地说，"你还有什么要质疑的？"

　　"我们两个人一块都可以进得去啊！"我感叹道。

　　当我们玩完这两个游戏，哥哥教我玩的游戏就此结束了，虽然我恋恋不舍，但是这次不得不放过哥哥。哥哥也答应了我，下次教我玩新的游戏，和硬币有关。

2. 有趣的硬币游戏

可见和不可见的硬币——没有底的杯子——硬币都去哪里了？——任

务：放硬币——硬币在谁的手里？——小游戏：摆硬币——一个关于古印度的传说——求解难题。

"哥哥，你昨天答应为我表演硬币魔术的。"早晨我吃早饭的时候，提醒哥哥道。

"早晨表演什么硬币魔术？既然答应了你，那好吧，就给你表演一个。你去厨房拿一个空碗过来。"

哥哥把一枚硬币放在了空碗的底部，放完硬币对我说："你仔细看着碗的底部，眼睛不要看别的地方。你能看见硬币在哪儿吗？"

"当然看得见。"我很不屑地说道。

这时，他把碗从我的眼前挪远了一些，问我："在这个位置你还能看见它吗？"

"我能看见硬币的边缘。其余的部分都被挡住了，我看不到。"

紧接着，他把碗又挪远了一些，这次的距离很远，硬币被完全遮挡了起来。

"你待在那里别动。我在碗里倒点水。现在你可以看到硬币吗？"

"我现在可以看见整枚硬币了，为什么我看到硬币和碗底似乎都浮了起来？"

这时，哥哥用铅笔在纸上画了一个碗，这是一个内装硬币的碗。当哥哥画完后我恍然大悟。把一枚硬币放到空碗的底部，硬币处的光线并不会传到眼睛里，因为光是沿着直线传播的，不透明的碗壁的位置刚好位于眼睛和硬币之间。当哥哥将水倒入碗里后，硬币处的环境就出现了变化：光线从水到空气的过程中发生了偏折现象（物理学家称这种现象为"折射"），硬币的图像会越过碗沿，来到眼睛里。我们看到的东西都是眼前的东西，所以我们会理所应当地认为硬币换了位置，它应该在略高一点的折射光线的延伸点，所以我们会感到碗底和硬币好像浮起来了（图6）。

"我希望你可以理解并且记住这个实验。"哥哥认真地说道。

"当你游泳的时候，你会用到这个原理的。"哥哥接着说，"当你在能看得见底的水里游泳时，你要记得今天的实验。事实上，你看到的水底的深度要比真正水底的底部高一些，它的高也是非常规律的：高出整体深度的 $\frac{1}{4}$。让我向你展示一些数字吧，如果水的真实深度是1米，而你看到

的水的深度则只有75厘米。也正是因为这
个原因，许多游泳的小朋友在游泳的时候
频发意外。因为他们从看到的假象对水的
深度做出了错误判断，从而导致了悲剧的
发生。"

在生活中我们可以发现，当一艘小船
在能看见底的水面上划动的时候，总觉得
船底才是水的最深处，而船周边的水都很
浅。当船移动到另一个位置时，感觉船周
边的水更浅了，而位于船所在位置的水又
更深了。你认为深水位仿佛随着船一起移
动。这又是什么原因导致的呢？

当你看到这种现象的时候，你应该不
会感到很犯难了。这其中的原因就是，从
船下水里折射出来的光线几乎是垂直的，
它不大可能改变自己原来的方向，所以我

图6

们会觉得那里的水底斜射的光线会比从别处进入我们眼睛的光线高一些，
这就会让人觉得水好像变深了。按照我们所看到的，我们会认为最深的地
方就在船底，事实上，水的深度是一样的。

"接下来我们来做一个不同的实验。"

哥哥在一个玻璃杯里灌满了水，他说：

"我现在往杯子里投入1枚两戈比硬币，你猜猜会发生什么？"

"毫无疑问，水一定会溢出来啊。"

"那我们就来好好看看吧。"

哥哥非常仔细地，尽量不引起抖动，将一枚硬币放入装满水的杯子
里。水一点儿都没有溢出来，这让我感到很奇怪。

"放完一个后，我们试着再放入另外1枚硬币。"哥哥说道。

"这样的话，水肯定会溢出来的！"我向哥哥警告道。

我的预言又错了，第二枚硬币被放到杯子里了。随后哥哥将第三枚、
第四枚硬币也放入了杯子里。

"这个杯子就像是个无底洞！"我感叹道。

　　哥哥没有回应，他还在一枚接一枚地放着硬币。第五枚硬币、第六枚硬币、第七枚两戈比硬币被放到了杯子里，它们落到了杯底，杯中的水仍然没有丝毫的反应。我被眼前的一切惊呆了，急切地问哥哥这是怎么做到的。

　　哥哥并不打算马上跟我解释原因，仍然认真地往杯子里放硬币，直到放完第十五枚时，他才停下来。"就放这些吧。"哥哥说道。

　　"你看啊，杯沿的水都鼓胀起来了。"

　　是的，水的高度确实比杯子的高度还高，在杯沿处产生了一圈水，仿佛装在了一个透明的袋子里。

　　"整个秘密都藏在了这些膨胀的水里。"哥哥说，"这些水就是被硬币挤出来的。"

　　"15枚硬币才挤了这么点儿水出来？"我感到很不可思议，"15枚硬币放在一起是很多的，而水就那么薄薄一层，它最多也就比1枚两戈比硬币厚一点。"

　　"你不要光想着计算高度，计算面积也很重要啊。哪怕水层的高度比1枚两戈比硬币还要薄，但是它宽了多少倍呢？"

　　我恍然大悟。杯口比两戈比硬币宽了差不多4倍啊。

　　"在厚度一样的情况下，杯口比两戈比硬币宽4倍，那么，水层只比戈分硬币大4倍。按照我的推论，杯子里可以放4枚硬币，可你放了足足15枚，而且我感觉继续放也是没有问题的。这些奇怪地方都是哪儿来的？"

　　"你的计算方法是错误的。如果一个圆的圆周比另外一个圆的圆周长4倍，那么它的面积就是16倍，而不是4倍了。"

　　"这是怎么回事？"

　　"这是基础运算。我问你，1平方米等于多少平方厘米？别跟我说是100。"

　　"当然不是，是100×100=10 000。"

　　"这就对了。这个规则同样适用于周长的计算：两倍长就是面积的4倍，3倍长就是面积的9倍，4倍长就是面积的16倍，依此类推。换句话说就是，杯子里面多出来的水的容积是两戈比硬币体积的16倍。你现在知道是怎么回事了吧，为什么放了这么多硬币，杯子里面还有放硬币的地方？因为超出杯沿的水的厚度可以赶上大约两个硬币的厚度。"

"难道说这个杯子里还可以放20枚硬币？"

"如果放硬币的时候足够小心，甚至还可以放得更多一些。"

"要不是亲眼所见，我真的不会相信一个已经装满水的杯子还可以放这么多硬币！"

不过，当你看见杯子里硬币堆得像小山一样，你不信也得信了。

"你可不可以把11枚硬币放进10个小茶碟里，但是，每个茶碟里只允许放1枚硬币？"哥哥问我。

"是装满水的茶碟吗？"

"没有水的茶碟也可以啊。"哥哥边微笑着说边把10个碟子摆成了一排。

"这也是物理实验吗？"

"这算是心理实验。你开始做吧！"

"我不可能把11枚硬币放进10个茶碟里的。我做不到的。"

"你尽管做吧，我可以帮你一起完成。我们拿过第一个碟子，在里面放入第一枚硬币，然后暂时把第十一枚硬币也放进来。"

也就是说，我在第一个小茶碟里放入了两枚硬币，但是我不知道该怎么继续下去了。

"你把那两枚硬币放好了吗？接下来你把第三枚硬币放入第二个茶碟里。第四枚硬币放进第三个茶碟里，就这样以此类推，直到放完所有的硬币。"

我按照哥哥的方法做着，当我把最后一枚硬币放到第9个小茶碟里的时候，突然发现，第10个碟子里一个硬币也没有！

"现在你把第一个小茶碟里的第11枚硬币放到第10个小茶碟里面。"哥哥说完，就直接把第11枚硬币拿出来放到了第10个小茶碟里了。

现在10个茶碟里静静地躺着11枚硬币，而且每个茶碟里都只有1枚硬币。我感到很惊讶！

哥哥很快就收完了所有的硬币，我想追问其中的原因。但是哥哥并不打算解释给我听。

"你应该自己悟出其中的道理。这样比你直接知道现成的答案更有意义，也更有乐趣。"

紧接着，哥哥又给我安排了新的任务。

"这里有6枚硬币，要求是将它们摆成三排，每一排需要3枚硬币。"

"按照你的要求摆，我需要9枚硬币。"

"用9枚还有什么意思呢？你只能用6枚。"

"难道这又是什么不可能完成的任务吗？"

"你不能每次都不思考就放弃吧！来，让你看看这到底有多简单。"

接着他把硬币摆成了如图7的样子：

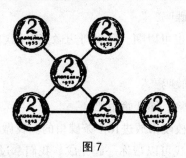

图7

"你看，这不就是答案吗？"他很骄傲地说道。

"但是这是交叉排列啊。"

"要求没有不允许交叉排列啊？"

"要是我一开始就知道可以这样做，我也可以想办法完成啊。"

"完成这个任务的方法有很多，你可以尝试用别的方法啊。有时间你可以尝试一下，还有三个任务要给你做。

"任务一：你需要把9枚硬币摆成8排，每排3枚。

"任务二：你需要把10枚硬币摆成5排，每排4枚。

"任务三：我画好了一幅6×6方格图（图8）。你要把18枚硬币放到图

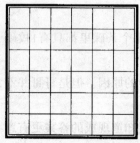

图8

上的方格里，保证每个纵向和横向的方格里都有3枚硬币。我还联想起另外一个硬币魔术。你左手拿着1枚15戈比的硬币，右手拿着1枚10戈比的硬币，不能让我看见，也不要让我知道你的左右手各拿了多少面值的硬币。这个由我来猜。你在心里做如下的运算就好：把你右手里的硬币数目加一倍，左手里的硬币数目加三倍，然后将所得的结果相加。听好了吗？"

"我知道了。"

"你所得的是奇数还是偶数呢？"

"奇数。"

"你的右手里有10戈比硬币，左手里有15戈比硬币。"哥哥很快就回答出来了。

我们又玩了一回。这回得数是偶数，哥哥又再次准确地猜了出来，我左手里面有10戈比硬币。

"当你有空的时候可以仔细思考一下这个游戏。"哥哥说。

"我最后给你展示一个更有趣的硬币游戏。"

哥哥把三个茶碟摆成了一排，他将一摞硬币放在了第一个茶碟里：最底下的硬币是1卢布，1卢布的上面是50戈比，然后是20戈比、15戈比和10戈比（图9）。"现在要把这一摞硬币全都移到第三个碟子里，而且还必须遵守下面的规则：第一，一次只能移动1枚硬币；第二，将面值大的硬币放在面值小的硬币上是不允许的；第三，可以在中间的茶碟里放硬币，不过只能是暂时的，请记住，玩完游戏的时候，所有的硬币必须按照在第一个碟子里时的摆放方式出现在第三个碟子里面。我把规则讲清楚了，你开始动手吧。"

图9

哥哥话音刚落，我就开始一个个移动硬币了。我在第三个茶碟里放了一个10戈比的硬币，然后在中间茶碟里放了一个15戈比的硬币，放完后我就不知道该怎么做了。20戈比的硬币应该放到哪里呢？它的面值可比前两枚硬币的面值都要大啊。

"你又遇到什么麻烦了？"哥哥很关心地问道。

"你在中间茶碟里放一个10戈比，把它放在15戈比的上边，如此一来，第三个碟子里面就可以放个20戈比的。"

这个难题解决了，又来了个新的难题。50戈比的硬币应该放在哪里呢？我很快想出对策，在第一个碟里放10戈比硬币，15戈比的硬币放进第三个碟，随后把10戈比的硬币也移到第三个碟子里面。这样一来，50戈比的硬币就可以放到空出来的碟子里了。然后我又尝试了很多的移动办法，终于把1卢布的硬币从第一个茶碟里移出来了，把一摞硬币按照一开始的摆放方式移动到了第三个碟子里面。

"你总共移动了多少次？"哥哥称赞了我的表现后问道。

"我不记得了。"

"那好吧，现在我们来计算一下。用最少的步骤来达到目的是很有趣的。如果只给你一枚15戈比的硬币，一枚10戈比的硬币，而不是原来的硬币数目，你需要移动多少步呢？"

"3步就可以了：在中间碟里放一个10戈比的，第三个碟里放一个15戈比的，最后10戈比的移到第三个碟里。"

"完全正确。再加一个20戈比的会怎样呢，我们来计算一下吧，看这回我们需要移动多少步。我们这样做：把2枚小面值的硬币按顺序移到中间的碟里，我们刚才做过，这需要3步。在第三个碟里放一个20戈比的硬币，这是1步。把这2枚硬币从中间碟子里面移到第三个碟里，这需要三步。所以想要达到这个效果至少需要7步。"

"我用自己的办法计算一下4枚硬币到底需要多少步。移动3枚小硬币到中间的碟，这需要7步，随后把50戈比的硬币放到第三个碟里，这又要需要一步；最后再把3枚小硬币移到第三个碟，还需要7步。因此总共需要15步。"

"你的进步很大啊，那你再想想5枚硬币需要多少步呢？"

"计算方法应该是：15+1+15=31。所以至少需要31步。"

"你现在已经掌握计算方法了。但我可以告诉你一个更加简单的方法。事实上，我们已经做了很多次实验了，所以你有没有发现这样一个固定的计算规律呢？我们每次计算出的得数大多都类似于3、7、15、31，这样的一些数目，如果你足够细心，你就会发现这些数大多都是2的倍数减1。"

$3 = 2 \times 2 - 1$

$7 = 2 \times 2 \times 2 - 1$

$15 = 2 \times 2 \times 2 \times 2 - 1$

$31 = 2 \times 2 \times 2 \times 2 \times 2 - 1$

"通过这个规律你大概明白一些了吧。你需要移动多少枚硬币，移动的步数就是几枚硬币数目的2相乘再减去1。例如，移动7枚硬币需要：$2 \times 2 \times 2 \times 2 \times 2 \times 2 \times 2 - 1 = 128 - 1 = 127$步。"

"不错，你已经可以熟练玩这个游戏了。但是你必须知道一个游戏规则：如果硬币的数目是奇数，你就要将第一枚硬币先放到第三个碟里，如果第一枚硬币是偶数，就将它放到中间的碟里。"

"这个游戏是你想出来的吗？"

"不是，我只是把游戏的规则用到玩硬币上了而已。这个游戏起源于印度。关于它，还有一个非常有意思的传说。在贝纳列斯城好像有座寺庙，印度神伯拉玛就在这个神庙里，传说他在创造世界时设置了三根金刚棒，一根金刚棒上套了64个金环，最大的金环放在了金刚棒的最下面，最大的金环上边的金环一个比一个小。庙里的祭司们不断地把这些金环从一个金刚棒套进另一个金刚棒里，第三根金刚棒充当辅助棒的作用。我们还要遵守玩游戏的规则：一次只能套一个一环，并且必须是大环在小环的下面。神话故事里是这么说的，如果把这64个环全都移动完的话，世界末日就会来临，地球就会毁灭。"

"如果这个童话故事是真的，这个世界早就该毁灭了！"

"你觉得移动64个环花费的时间很少是吗？"

"一秒钟可以移动一步，那么一个小时可以移动3 600次。"

"然后会怎么样？"

"不间断地移动，一天一夜将近10万次，10天就是100万次。100万次，别说移动64个环，就算是1 000个环都没问题了。"

"事实上，要想移动完这64个环，需要整整5 000亿年的时间！"

"怎么会这样？移动的次数不就是64个2的乘积再减1吗？"

"是18亿亿次多，换个表达方式就是百万的百万的百万。"

"等一下，我仔细计算一下。"

为了便于计算，我先计算出16个2的乘积，然后把乘积65 536再乘以这个得数，最后将所得的数两两相乘。整个过程的计算枯燥乏味，不过我仍然耐着性子计算，直到把它算完为止。最后我得到了这样一个数字：18 446 744 073 709 551 616。

我承认，哥哥是对的。

　　我现在鼓足勇气，准备做哥哥留给我的需要独立完成的题目。与上一个题目相比，这些题目好像没有那么复杂，有些甚至非常简单。11枚硬币放10个茶碟里的游戏，我可以轻松地完成：我们将第一枚和第十一枚硬币放到第一个茶碟里的时候，又在第二个茶碟里放入第三枚硬币，第三个茶碗放第四枚，第五枚，依次放下去。可是第二枚硬币在哪里呢？第二枚硬币一直都没有被用过！这就是整个游戏的关键所在！猜手里的硬币是哪一枚的答案也没想象中那么难：15戈比的两倍是偶数，三倍就是奇数。但是像10戈比的这样的数目无论几倍都是偶数。依据以上总结的规律可以发现如果得数是偶数，那么15戈比就是被乘了两倍，它就在右手里；如果得到的结果是奇数，那我们就很容易想到，数目就是15戈比的3倍，它就在左手里。根据图10所示，摆硬币的答案也就非常明确了，左图为任务一的答案，右图为任务二的答案。

　　图11是方格图里摆硬币的答案：在有36个方格的图里放置18枚硬币，每一排和每一列里的硬币枚数都是3枚。

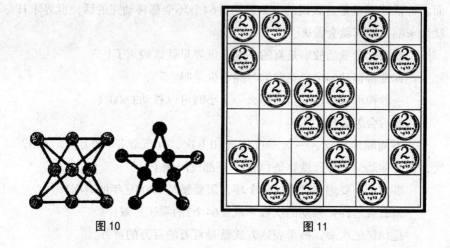

图10　　　　　　　　　　　　　　　　　　图11

3. 破解迷宫

　　在迷宫里迷路——人和老鼠——左手或右手规则——古代迷宫——岩洞里的图尔聂佛尔——迷宫答案。

　　"你在看什么书呢？有什么特别好的故事吗？"哥哥问我。

"我感觉这个故事很好。杰罗姆的《三人一条船》。"

"这个故事我记得，写得非常有趣！你读了多少？"

"现在正读到一群人在一个花园迷宫里面迷路了走不出来，不知道怎么办呢。"

"听你的介绍，感觉故事很有趣！你也读给我听听吧。"

我把一群人在花园迷宫迷路的故事从头到尾读了一遍。

卡利斯问我有没有去过哥普顿－戈尔特迷宫。他曾经去过那里一次。卡利斯在图上研究过这个迷宫，他感觉迷宫的设置其实非常简单，他认为这样一个地方不值得花钱买票来看。卡利斯曾带自己的一个亲戚去过那里。

"你想去吗？如果你想去我们也可以去。"卡利斯说，"只是那并不是很好玩，如果说那是迷宫，有点儿夸张了。假如你想出来的话，你只需要一路右转，就可以了。我们大约10分钟就可以走出来。"

那一次在迷宫里，卡利斯遇见了几个走了快一个小时的人，那些人看见他很高兴，感到终于有人可以带他们出去了。卡利斯也同意他们跟着自己一起走，将他们带出去。只是他才进来，还没有走多久。一群人听他这么一说，感到非常高兴，就跟着他走了。

迷宫里有很多人，最后待在迷宫里的所有观众都聚集在一起。他们感到走出迷宫的希望渺茫，似乎他们已经失去了走出去和家人朋友在一起的期盼，人们都把出去的希望寄托在卡利斯身上，加入了卡利斯的队伍。据卡利斯说，这里面一共有20多个人，有一个带着孩子的妇女在迷宫里走了整整一上午，看到卡利斯便拽住他的手不肯放，生怕和他走散。卡利斯一直往右转，似乎路很长，连他的亲戚都感到迷宫显得非常大。

"这真是欧洲最大的迷宫之一啊！"卡利斯感叹道。

"似乎是这样的。"亲戚很无力地回答。"我们已经走了两英里（1英里≈1.609千米）了，感到很累啊。"

卡利斯开始感到有点无地自容，可是他还是对自己很有自信的。突然，他们看到前面有被踩在地上的蜂蜜饼干。亲戚很有信心地说，这块饼干他7分钟前见过。此时，卡利斯有些失去信心了。

"怎么会发生这种事，怎么可能呢？"卡利斯非常惊讶地说。带孩子的妇女却很淡定，不感到一点儿惊讶，因为这块饼干就是她掉在地上的，在见卡利斯之前她就已经来过这里了。她说她再也不想碰见卡利斯了。她认为卡利斯就是个骗子。这让很是劳累的卡利斯很愤怒。

卡利斯拿出了地图，讲述了自己的观点。

"地图确实很有用。"一个同行者指出，"但是有用的前提是我们能够知道自己在哪儿。"

卡利斯并不知道他们所处的位置，但是卡利斯说出了自己的观点，那就是他们可以回到起点，从头开始。虽然并不是所有人都赞同从头开始，因为大家已经很疲倦了。但他提出的返回出发点，还是得到了大家的一致赞同。无论多么累，大家还是选择相信卡利斯，跟着他回到了原点。过一段时间后大家来到了迷宫中心。

卡利斯原本想说，他也是凭着感觉走的，但是一想到这会让大家感到愤怒，对他失去信心，他就做出好像碰巧来到这里的样子一样。

不管有没有准确的方向，他们都必须走一个方向。与上次不同的是，这次他们知道自己所在的位置，于是他们再次研究地图。他们认为必须走出去，于是他们第三次上了路。

但是几分钟后他们又莫名其妙地回到了迷宫的中心。

这次，他们感到很疲倦，怎么也不肯继续了。因为无论他们怎么走，最终都会回到迷宫中心。这样已经反复多次了，所以大家总是知道结果是怎样的。有些感到筋疲力尽的人干脆留在原地等其他人走一圈又回到这里。卡利斯有时候会在途中拿出地图，但是人们一看到他拿出地图就恼怒不已。

最后，他们感觉肯定走不出去了，于是很多人便开始喊守门人。守门人爬上高高的梯子，告诉他们该往哪个方向走。

大家已经累坏了，没有任何精力了，在迷宫里的人似乎连守门人的话都听不明白了。守门人见到这种情况，就用力大喊，要他们站在原地等他，不要走开。所有的人开始挤在一起等待守门人的到来，守门人从梯子上下来，朝他们的位置走去。

让人感到失望的是守门人是新来的，当他在迷宫里走的时候他自己也迷路了。有时候，观众会看到他一会儿在这里出现，一会儿又在那里出现。守门人刚一看到那些人就费力地朝他们奔去，转眼一分钟的时间他又回到了原地，"为什么我总是找不到他们？"

最后，还是一个年长的守门人把他们带出去了。

"他们确实不怎么聪明。"当我读完故事后，哥哥说道。

我说道："手里拿着地图不一定就可以找到路啊！"

"你以为，每个人都有很强的能力，能够一下子就找到路吗？"

"当然啊，要不然还要地图干吗呢！"

"我的手里面刚好有一张迷宫的图纸，你可以看看（图12）。"我说完，哥哥就跑进了阁楼里。

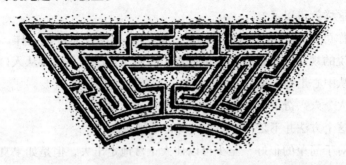

图12

"原来，这些迷宫真的存在啊！"

"哥普顿-戈尔特迷宫当然存在，这个迷宫就在伦敦边上。它已经有200年的历史了。这就是《哥普顿-戈尔特迷宫方案》。事实上，这个迷宫不是很大，整个迷宫总共才1 000平方米。"

哥哥翻开了书，找到了里面的一幅平面图。

"如果你在迷宫的中心场地里，你会如何选择？你可以用火柴棍标识出你要走的路径。"

从迷宫中心开始走，每走一步用火柴棍进行标识。一开始，我以为会很简单，但是当我走了一圈以后，我发现我又回到了中心处，和故事的主人公面对一样的情景！

"这就说明有了地图也不一定能够走得出去。有一种动物，它不需要地图也可以完成任务，那就是老鼠。"

"你说的是老鼠？"

"书中曾提到这种老鼠。你难道以为我这里的文章都是些关于园林建筑方面的？不是这样的，这本书主要讲述了动物的智商。科学家为了得出老鼠的理解力，用石膏做了个小迷宫，将要测试的小老鼠放到小迷宫里去。书中曾提到，老鼠在这个迷宫里走出来只用了半个小时的时间，换句话说就是，它的速度要大于故事中的人的速度。"

"一幅并不复杂的图，却隐藏着很多的玄机。这里有一个很容易理解的规则，掌握了这个规则就可以顺利走出迷宫了。"

"这个规则是什么啊？"

"顺着右手边的迷宫墙壁走，或者左手边的也可以，在你走出来之前，你必须要做到这一点。"

"这样就可以了？"

"你可以运用这个规则亲自走一遍，就像你在迷宫里一样。"按照上面所说的规则，我让我的火柴棍走了一遍，这次我很快就从入口走到中心，又从中心走到了出口。

"太令人兴奋了！"

"这个方法并不是很好啊。"哥哥不屑地说。

"对于简单的很好，至少可以让人正常地走出去，但是如果真的要走完全程就不是很好了。"

"我把迷宫里所有的路都走完了啊。"

"有一条路你是没走过的，如果你已经把你走过的路都画线标出的话。"

"哪一条路没有走呢？"

"你看，我已经用星号在图上给你标出来了（图13）。就是我画的这个你没有走过。这个规则在别的迷宫里可以带你走过很长一段路，在这里，光靠这一点还不足以让你顺利地走出整个迷宫。"

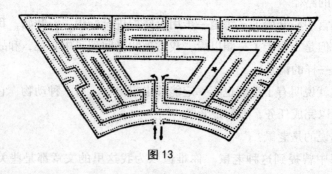

图 13

"除了这个迷宫还有别的吗？这么说这样的迷宫有很多了？"

"是的。"

人们都想在普通的花园和公园里建迷宫，你还可以在露天的植物篱笆墙间到处躲藏，特别好玩。古代的迷宫就与现代的不同了，他们把迷宫建在宽阔的建筑物里或者地下。当然他们的出发点也是不同的，古代的迷宫主要是把人关起来放到这里，让他们在由回廊、过道、厅堂巧妙构建的网络里毫无希望地一直走下去，直至最后饿死在里面。这样的迷宫在世界上有很多，克里特岛上的神奇迷宫就是一个，传说这个迷宫是古代的米诺斯王下令建的。这个迷宫的通道非常乱，建造迷宫的代德罗斯好像也无法找到它的出口。为此，罗马的诗人奥维基曾这样描写这个迷宫：

建筑天才代德罗斯，

建了一座伟大的建筑，

建筑物的屋顶和隔墙很密实，

除了弯弯曲曲的走廊，什么也没有，

但是就是这样一条条通向四面八方的走廊，却迷惑着很多渴求的目光。

写完上一段诗以后，他还补充道：

代德罗斯所建的每一条路，

就连他自己也找不到出去的路。

"古代还有一些别的迷宫，这些迷宫有着很特别的意义，那就是用来保护王陵，防止盗墓者的偷盗行为。大多数情况下，陵墓会放置在迷宫的中心位置，简单地说就是迷宫的中心，这样即使有盗墓者，他们进得来也很少有走出去的。"

"盗墓的人为什么不按照你讲的走迷宫的规则走呢？"

"原因一，古代的人很少有人知道这个规则；原因二，即使有了这条规则，也不适用于所有的迷宫。如此设置迷宫，可以将珍贵的财宝放在采用这个规则走刚好无法发现的位置。"

"那么能建一个完全走不出去的迷宫吗？当然，现在的迷宫建筑，谁用了你的规则都可以走出去的。如果一个人进去无论怎样都出不来呢？"

"在古代人的眼中，只要迷宫的路有迷惑性，那么盗墓者就是不可能走出迷宫的，但是事实上并不是这样的。我们可以用数学概率来说明，因为建一个没出口的迷宫是不可能完成的任务。所有的迷宫不但都能找到出口，而且绝对可以一条路不错过，将所有的僻路小巷走完，然后成功走出迷宫。但是当你准备走迷宫的时候你需要遵守严格的规则，应该有足够的预防措施。大约200年前，在法国有一个植物学家名叫图尔聂佛尔，他去过克里特岛上的一个岩洞。这个岩洞有一个传说，由于它拥有无数的通道，因此它成了一个没有出口的迷宫。这个岛上有好几个这样的岩洞，也许，这些岩洞是在米诺斯王迷宫传说的那个时期建造的。那么法国植物学家是怎样做到不迷路的呢？他的同行者数学家柳卡是这样解释的。"

哥哥又从书架上拿出一本《数学娱乐》的书，让我阅读。文章内容如下：

"我与同行者沿着地下长廊网艰难地走了很长一段时间后，我们又来到了一个很长很宽的回廊，这条回廊通向迷宫深处的一个宽阔的大厅。"图尔聂佛尔说，"我们两个人沿着这个长廊走了1 460步，我们就一直向前走着。然而从这个长廊的两边又冒出了很多其他的走廊，此时，如果我们不采取相关的预防措施，肯定会迷路的。因为我们必须走出去，所以我们小心记录了回来的路。

"在我们进去前，我们在洞口安排了一个人，并且告诉这个人，如果我们在天黑前没有出来，他就去找附近的人来解救我们。不但如此，我们每个人都拿了一个火把。除了前面两项，我们在所有我们认为难找的拐弯处，都在靠右的墙壁上贴上了标号的纸条。最后一步，其中一个向导靠右边放一束黑刺李，另一个向导袋子里面装了很多碎草，于是他走到哪儿就一路撒到哪儿。"

"这些措施都非常琐碎，"哥哥读完这个部分的时候对我说，"也许在你的眼里这不算什么。但是在图尔聂佛尔的时代，这些措施是必须采取的，因为那时候没人知道有关迷宫的真实情况，也没有人研究过要怎么走。关于一些走出来的规则是现代人研究出来的，相比之下，我们能够更顺利地走出来，但他们的做法与法国植物学家的预防措施相比，也还算可靠的。"

"对于这些规则你知道多少？"

"事实上，这些规则并不复杂。第一条规则就是：进入迷宫后你可以沿着任何一条路走，只要你没有走到死胡同或者走到十字路口。如果你走到了死胡同，立刻返回，在死胡同出口旁边放两颗石头说明你需要走两次走廊。如果走到了十字路口，你就可以大胆地沿着任何一条路走下去，但是每次走的时候你要用石头标出你来过的路线和继续往下走的路线。当你做到这些的时候，你就做到了第一条规则。第二条规则：如果你沿着新走廊走到一个你以前来过的十字路口，那么在走廊尽头放置两颗石头，你需要马上调头。第三条规则：沿着走廊走的时候，包括走过一次的走廊，来到已经来过的十字路口，就必须用第二颗石头标注，然后选择一条你之前没有走过的走廊。如果是没有这样的走廊，就选择走过一次的走廊，路口只有一颗石头的走廊可以证明只走过一次。只要你按照这三条规则走，你可以把迷宫里的走廊走两遍，不会漏掉任何一条僻路小巷，并且可以顺利地走出迷宫。我有几张迷宫的图（如图14、15、16），你可以尝试着走走。以后，你就不会被在迷宫里迷路的危险吓到。如果你感兴趣，你可以把类似的迷宫都走完，包括法国植物学家走的那个，你也可以尝试一下。"

图14

图15

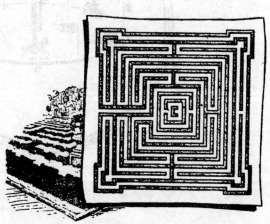

图16

第二章

聪明的物理学家

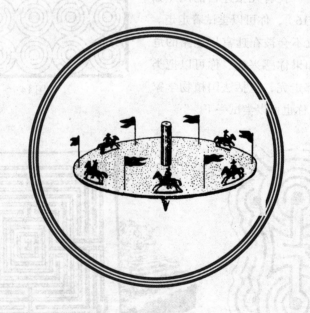

1. 比哥伦布更高明

"克里斯托弗·哥伦布是一个伟大的航海家。"一个学生在他的作文中是这样写的，"因为哥伦布发现了美洲大陆，并且把鸡蛋立了起来。"虽然两个功绩存在很大的差别，但是在小学生的眼里这并没有什么区别，都是很伟大的事情。与小孩子们的看法不同的是，美国的一位作家马克·吐温并不觉得哥伦布发现美洲有什么伟大之处，他说："如果他没有在那片大陆上而发现了那个大陆才让人感到惊奇。"

我认为，哥伦布的第二个功绩并没有多伟大。你知道鸡蛋是怎么被他立起来的吗？因为他把鸡蛋下端的蛋壳弄破了，所以鸡蛋很容易地竖在桌子上了。他立起了一个破的鸡蛋。想让鸡蛋的外形不破，然后把鸡蛋竖立起来是否存在可能呢？但是令人遗憾的是海员没有实现。

这完全要比发现美洲大陆容易多了。其实有三个方法可以实现这一点：第一个是针对煮熟的鸡蛋，第二个是针对生的鸡蛋，第三个是针对其他形式的鸡蛋。

让煮熟的鸡蛋立起来很简单，你把鸡蛋旋转起来。如果鸡蛋立着旋转起来，转动的时候就会一直保持立着的状态。用这种方法是很容易成功的。

用这种方法立起生鸡蛋或许不可行，我们都知道生鸡蛋有一个特点，不容易旋转。只要不打破蛋壳，你就能够发现竖起煮熟的鸡蛋和生鸡蛋的方法的不同之处。生鸡蛋里面的液态物质不利于快速旋转，并且对旋转有障碍。所以这个方法行不通，必须找别的方法才可以。这次的方法是把鸡蛋使劲地前后左右摇几次，蛋清和蛋黄就会融为一体。这次你可以把鸡蛋大头的一面朝下立起来，扶一会儿，比蛋清重的蛋黄就会流向鸡蛋底部。这样鸡蛋的重心就会下移，此时的鸡蛋的稳定性就会更强。

最后还有一种立起鸡蛋的方法。

你可以选择在塞紧的瓶塞上立起鸡蛋，不仅如此你还可以在鸡蛋上放置一个插着两把叉子的瓶塞（图17）。这种"系统"非常稳定，即使瓶子不正时它都能保持平衡。但瓶塞和鸡蛋都不掉下来的原因是什么呢？同理，插着削笔刀、笔尖立在手指上的铅笔不会掉下来的原因又是什么呢（图18）？科学家的解释是中心比支撑点低的原因。也就是整个"系统"重量的着力点比"系统"的支撑位要低一些。

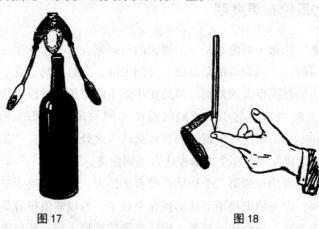

图17　　　　　　　　　　　图18

2. 惯性导致的离心力

打开一把伞，然后将伞尖朝下（图19），此时转动伞，转动的同时向伞里扔一些类似于纸团、手帕等比较轻且不容易毁坏的物品。这时你会看到一些你平时看不到的事情。这些扔在伞里的东西并不能在伞里面老实待着，你扔进伞里面的东西会沿着某一直线滚上伞边，并沿着这条直线飞出去。

从理论上说，将扔进伞里的东西抛出去的

图19

　　力量应称为"离心力"，物理学上称之为"惯性"。只要物体沿着圆周运动，我们就会发现惯性的存在。这就是日常的一个惯性现象——运动物体保持自己原有的运动方向和速度的趋势。

　　生活中，我们看到的离心力会比自己感受到的离心力更多一些。你把一个小球拴在一个绳子上，然后用手转动。此时因为有惯性的存在，绳子被拉得很紧。很久以前，人们用的抛石武器就是利用了离心力的工作原理。如果你的手很巧，这个力能帮你完成一个玻璃杯的魔术，杯子的底朝上，但是水却不会洒出来。如果你想要达到这个效果，你就需要把杯子举得很高，然后快速转圈。运用这个原理，可以在自行车上转盘子，将放在离心机中的牛奶里面的奶油分离出来，同样也可以把蜂房里的蜂蜜吸出来，洗衣机的甩干功能也是根据这个原理来工作的。

　　当你乘的车碰巧开始转弯的时候，你就会发现自己被一股力压向靠外面的车厢壁。如果车速很快，并且外边的轨道比里面的低一些的时候，整个车厢就会倾覆，所以，车厢在弯道处稍微向内倾。这时你会发现，车反而更稳了。

　　实验是很奇妙的东西，当你研究完一件事后，你会发现其余那些你不懂的谜题也解开了。你拿一个硬纸板，然后将它弯成一个喇叭的样子，当然如果你有一个锥形盆就不需要这个了。这有点儿类似于台灯上的灯罩，如果是玻璃或白铁皮的，就符合我们的要求了。不管你用什么材料，现在都要准备一个，然后沿着边上放入一枚硬币。此时它的运动轨迹是沿着器皿底部画圈，并且还会向内倾斜。如果硬币所转的速度逐渐降下来，它所画的圈也会越来越少，逐步靠近器皿的中心。但只要器皿稍微转动，硬币就会偏离中心，画的圈也越来越大。如果转动的力量足够大，那么它很有可能彻底滚出该器皿。

　　我们在专业的自行车赛场上设置一些特别的环道（图20）。如果仔细看你可以发现，车手急速转弯的这些特殊的环道，

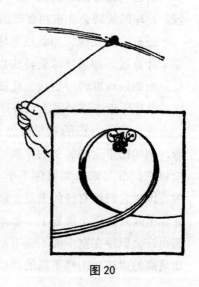

图20

有明显向中心倾斜的趋势。自行车在这样的车道上的倾斜是非常大的，就像你的锥形盆里的硬币一样，它会特别稳。我们总是感觉骑车杂技的表演很迷幻，他们可以在一个陡峭的斜面上画着圈。通过这个实验我们发现，这也不过如此。如果你让车手在平坦的公路上表演转圈骑行，这倒是一门令人叹为观止的艺术。同理，骑马的人在转急弯时也会向内倾斜。

那么，我们接着往宏观的方面联想一下。地球也是一个旋转的物体，那么地球上也应该有离心力。它是怎么表现出来的呢？表现在，因为旋转的原因，地球表面的所有物体都在逐渐变轻。距离赤道越近，在一天之内，地球上所有物体转的圈就会越大，换句话说就是，它们转得越快，失重就会越明显。如果你用弹簧秤称量，你会发现从极地搬到赤道的1千克砝码轻了5克。虽然差别不大，但还是有差异的。如果将机车头从阿尔汉格尔斯克运到敖德萨，那么它的重量会减轻60千克。所以我们可以发现一个规律，那就是东西越重，差距就会越大。一艘从白海航行到黑海的2万吨的海轮，在此会失重80吨。这可不是一个人的重量那么简单，这个重量已经等于一个机车的重量了！

那么为什么会发生这种现象呢？就是因为地球在旋转，它在努力甩掉表面的所有物体，就像旋转的伞把抛进来的纸团甩出去一样。事实上，伞确实会把纸团甩出去，然而地球受到万有引力的作用，它会把所有的东西吸向自己。地球的旋转虽然不可能把东西甩出去，但它可以让它们失重变轻。地球的旋转会让东西变轻的原因就在于此。

还有一个规律，那就是地球转得越快，减轻的重量就会越多。有些科学家计算过，如果地球旋转快17倍，那么赤道上的东西就会失去所有的重量。而如果地球转得更快，比如一个小时转一整圈的话，不单单是赤道地区，就连靠近赤道的国家和海洋里的物体都要彻底失去自身的重量。

完全失去自己的重量要怎么理解呢？也就是平时你看起来很重的东西，例如携带全副装备的军舰、火车头、大石头等，你依靠手的力量就可以将它们拿起来，如果你不小心手滑把它们弄掉了，也不会有什么危险的。因为它们没有任何重量，砸谁也是软绵绵的！有时候它们甚至还飘浮在你手放开的那个位置上。如果你坐在热气球的吊篮里把东西抛出去，它们也许会飘浮在空中而不会下落。这个世界将会多么有趣啊！你可以跳出比最高的建筑和山峰更高的高度，唯一不好的是你跳得上去，但是降不下来，因为你没有重量。

你可以自己想象一下，还有什么是不便的？那就是所有的东西如果不固定就会被风吹跑。人、汽车、动物、马车、轮船都会杂乱无章地在空中飘荡，如果地球自转速度够快的话，那么这一切都有可能发生。

3. 奇妙的陀螺

图片里有一些形状不同的陀螺，它们是用不同的材料做成的。这些陀螺会给你展示一些有趣的实验。这些陀螺的制作要求不是特别高，你不需要花钱，也不需要别人的帮助，自己就可以做出来。

接下来，我们看看这些陀螺的制作步骤。

（1）用五孔纽扣制作陀螺。在你的周围找一个五孔纽扣，如图21所示，你就可以轻松制作陀螺了。你用一个尖的木条穿过纽扣中间的那个孔，然后塞紧它，这样一个陀螺就制成了。通过这种方式制作的陀螺的两头都可以转。你只要用手转动木条，然后把陀螺抛出去，陀螺就可以转了。

（2）如果你没有带孔的纽扣也是可以制作陀螺的，你可以找橡皮做的软瓶塞。用一个一头尖的木条穿过去，这样一个陀螺就做好了（图22）。

（3）通过观察图23，你可以看见一个不同寻常的核桃陀螺，它可以靠自己的尖突部分旋转。将一个核桃变成一个陀螺，你只需要将一根小木棍插在它的上面就可以了。

（4）除此以外，你还可以找一个既平整又宽的软木塞。用一截铁丝穿过软木塞，以它为中心轴。这样的陀螺旋转起来非常稳。

图 21

（5）图24中的陀螺很有特色：它是用削尖的火柴棍穿过装药丸的小圆盒制作而成的。为了使陀螺更牢固，我们必须往钻孔里淋点火漆。

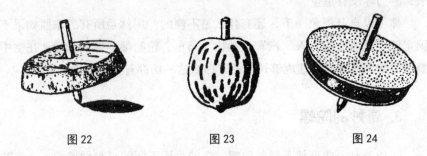

图 22　　　　　　　　　　图 23　　　　　　　　　　图 24

（6）图25向我们展示的是一个非常不可思议的陀螺。陀螺的转盘边上用线系着几粒圆纽扣。陀螺旋转的时候，纽扣顺着转盘的半径被抛了出

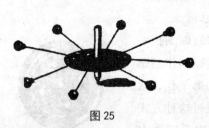

图 25

去。同时，由于圆纽扣受到离心力的作用，线被拉直了。

（7）下面的这个陀螺和上面的有点儿相似，但风格和上一个陀螺不同。如图26所示，在一个软木塞形状的陀螺转盘上插入几根大头针，大头针的一头穿着各种颜色的珠子。陀螺旋转的时候，珠子由于受到了离心力的作用会滑到大头针的针帽位置。如果此时正好有灯照到陀螺，大头针的针棒会像镶嵌着珠子的银条一样五彩斑斓。如果你想要陀螺运动的时间够长，你可以把陀螺放到光滑的碟子里。

（8）如果你想做一个彩色的陀螺（图27），那就需要花费很长的时间，但与上边不同的是，你可以看到在普通陀螺里看不到的神奇景象。这回我们准备好圆药盒的底，把不用的钢笔笔杆穿过盒底，用两块软木塞垫圈将盒底孔上下夹紧，如此一来就可以将陀螺固定，然后你仿佛分蛋糕一样，用直线从中心到边缘将转盘平均分为几块，相间着涂上蓝色和黄色的颜料。你可以想象一下，陀螺转起来会出现什么情况，转盘的颜色不是我们涂上的蓝色和黄色，而是绿色的。黄色和蓝色在我们的眼睛里进行混合，产生了新的颜色——绿色。

你可以接着做混色实验。将浅蓝色和橘黄色依次涂在转盘扇形区，准确地说，当陀螺旋转时，你看到的不是黄色，而是白色，更准确地说是浅灰色，用料越纯，得到的颜色越浅。混合这两种颜色得出白色的在物理学上统称为“补充色”。通过这个实验，我们得出浅蓝色和橘黄色就是补

充色。

　　假如你准备的颜料非常齐全，那么你完全有理由做两百年前伟大的英国科学家牛顿曾经做过的实验。那就是将赤、橙、黄、绿、青、蓝、紫，这七种颜色依次涂在转盘扇形区上。这七种颜色在旋转的时候会混合成灰白色。通过这个实验你能够得出这样的结论：每一束白色的太阳光都是由不同颜色的光线混合得到的。

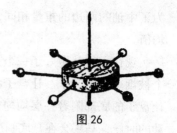

图 26

　　进行彩色陀螺的变色实验的步骤如下：将一个纸环套在已经转动起来的陀螺上（图28），转盘马上就会变色。

图 27

　　（9）做会写字的陀螺（图29）。就像上面所描写的步骤，不同的是转轴不是钢笔杆，而是已经削好的铅笔。在略微倾斜的纸片上将这个陀螺转动起来。旋转的陀螺的运动轨迹是这样的，它沿着稍微倾斜的纸片朝下旋转，笔尖会把运动轨迹留在纸片上。计算转数非常简单，陀螺转一圈，笔就会画出一圈。我们一边拿着表一边观察陀螺的旋转，当然，不用表也是可以数的，不过我们需要提前练习读一个数"1、2、3、4、5"

图 28

图 29

所需的时间不多不少正好是一秒钟。如果你觉得这是很难的事情那你就错了。花十几分钟练习一下就能学会读数。打算只用眼睛读数是不可能做到的。

　　还有另外一种写字陀螺。为了做这样一个陀螺，需要找到一小块铅饼。因为铅饼是软的，所以你可以在小铅饼的中心钻一个小孔，你可以把这个孔当成中心，然后在孔的外面再钻两个小孔。

　　用一个一端是尖的小木棍，穿过中心的孔，做完这一步后，再用马鬃毛穿过边上的小孔，略微朝下超出陀螺中轴，用火柴棍的碎屑将鬃毛固定起来。还剩下一个小孔，这时候，你可以先不管它。这个孔的作用就是为了中轴的两边的重量相同，避免陀螺负重不均匀，旋转起来也无法达到均衡。

现在，你就做好了一个写字陀螺。为了完成整个实验，我们还需要一个被烟熏过的盘子。让盘子的底部在酒精灯的火焰上熏，这样做的目的是让盘子的底部附着一层均匀密实的烟黑，然后让陀螺在盘底旋转。陀螺转动的时候，马鬃会在盘底画出白色的曲线，非常奇妙（图30）。

（10）最后一种陀螺是你努力的终极方向：旋转木马陀螺。你第一眼看到它可能会感到制作它很困难，但是事实并非如此。转盘与中轴的做法和彩色陀螺的做法是一样的。在转盘的周边均匀地插上带小旗的大头针，把有骑士的小纸马粘到转盘上，这样就做好了能够让你弟弟或妹妹高兴的精致的旋转木马陀螺了（图31）。

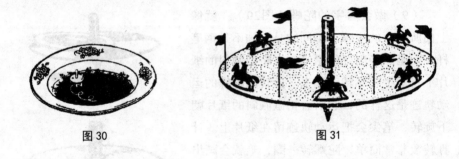

图30　　　　　　　　　　　　　　　　图31

4. 碰撞现象

两辆车、两艘小船或是两个推球游戏的木球相撞是不幸的事件，或是比赛中的一个硬性规定，物理学里描述这个事件用了碰撞这个物理名词。一瞬间的碰撞会根据碰撞的物体的弹力区分出不同的情况。如果碰撞的物体有弹性，会出现很多不同的情况。弹性碰撞的过程被物理学分成了三个阶段。在第一个阶段，两个物体会在相互接触的位置挤压彼此。当两个物体挤压到最大的程度时，我们就可以看到第二个阶段发生的情况了。两个物体由于一开始受到了彼此的压力影响，为了保持平衡，它开始向外弹。在第三个阶段我们就可以看到物体恢复了一开始的形状，并且向相反的方向弹出去。知道这三个阶段，我们就可以了解到如果用一个木球撞击另一个静止的等体积的木球，撞过来的球会停在原地，不动的球会弹出去。

那么当一个木球撞向一排横着排列的木球会怎样呢？产生的结果很有意思。最末端的一个球急速飞向一边，其余所有的球都静止在原地，因为没有球可以将撞击传递出去并获得反撞击。

这个实验不仅可以用木球做，用别的物体也没有问题。比如，你把硬币一个紧挨着一个摆成一直排。你用手指按住最边上的一个硬币，用尺子敲它的侧边。你会看到中间所有的硬币保持原位不动，而另外一端的一个硬币飞了出去（图32）。

图 32

5. 奇妙的抽纸游戏

当我们看杂技的时候常会感到惊讶不已，因为他们总能做出一些似乎不可能完成的动作，比如把桌布快速抽下来，然而桌上所有的餐具包括碟子、杯子、水瓶仍然停留在原先的位置上，纹丝不动。这并不是什么不可思议的事情，也不是骗人的把戏，经过大量的练习，谁都可以做到。

也许现在你的手的灵敏度还无法做这种高难度的表演，但是一个小的实验还是可以做到的。找一个玻璃杯，放入半杯水，准备一张明信片，找个尺寸较大的戒指（男性用的），一个完全煮熟的鸡蛋。先把明信片盖在盛了水的玻璃杯上，再把戒指放到明信片上，最后将鸡蛋以直立的状态放到戒指上（图33）。

你能把明信片抽出来并且保证鸡蛋不会掉到水杯外面吗？

其实很简单，因为你只需要弹一下明信片，就可以轻松完成了。明信片被弹了出去，而鸡蛋和戒指则落进装水的玻璃杯中。水的作用就是减轻碰撞，保护蛋壳不被撞破！

图 33

如果你足够灵巧，可以尝试做一个生鸡蛋的实验。实验可以成功的原因就是，撞击发生的时间很短，鸡蛋来不及从被撞出去的明信片上获得显而易见的速度，而此时卡片已经落下去了。没有东西接着鸡蛋，所以就会垂直落入杯子里。

你可以提前做一些更简单的练习，来驾驭这个高难度的实验。在手掌里平着放一张（半张最好）硬纸，在它上面放一枚重量较重的硬币，然后用手指弹硬纸，你会发现硬纸上的东西还在手心里。

6. 令你吃惊的断口实验

街头艺人经常表演一些令人瞠目结舌的实验，因为平常人们不会刻意练习，所以有时候会感觉很奇妙，但是事实上，这其中的奥妙解释起来非常简单。

用两个纸环将一根长度较长的棍子吊起来，在两个纸环上悬挂棍子的两端，纸环本身也处于被悬挂起来的状态，一个纸环挂在刮胡刀的刀刃上，另一个挂在脆弱的烟斗上（图34）。表演者拿起另一根棍子迅速打击第一根棍子。你猜一猜结果是什么。被纸环吊起来的棍子断了，但是，纸环和烟斗竟然一点破损的痕迹都没有！

这个实验的原理和前面的解释并没有什么区别。碰撞的发生非常快，作用时间也是极为短暂的，这直接导致无论是纸环还是被击打的棍子的两端都没有充分的时间发生移位现象，所以棍子被折断了，其他的却完好无损。实验的成功当然是因为撞击的时间很短。如果动作很慢，那就不会出现这样的结果了。

图 34

　　有些技艺精湛的魔术师甚至可以利用技巧击断架在两个薄玻璃杯边沿上的棍子，而不让玻璃杯受到一丁点儿的损坏。

　　其实说了这么多，目的就是让你可以利用这种原理做一些其他的实验。你需要做些简单的改变，在长凳的边上放两支铅笔，把铅笔圆头伸出来，将一根细长的小木棍放在两支铅笔伸出桌沿的部位上（图35）。用直尺的侧边快速有力地敲击细木棍的中部，你会发现支撑它的铅笔仍会停在原地，木棍会折成两段。

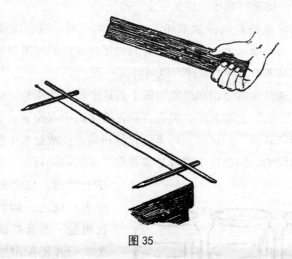

图 35

　　你用很大力气压核桃，并不能将核桃压破，但是如果你用拳头捶一下它却很容易将它捶破，讲完这两个实验，或许你就知道原因了。用拳头砸核桃的时候，碰撞来不及沿着拳头的肌肉部分分散开来，肌肉就把力给了核桃壳，此时核桃受到来自拳头的力是很大的。

　　通过枪射击的子弹穿过玻璃窗时只会留下一个小圆孔，而用手扔出的物体会将玻璃窗打碎。轻轻用手一推就可以推倒玻璃窗，这是由物体的运动速度过慢导致的，快速运动的子弹和用手投掷出的石头都无法做到这一点。

　　还有一个生活中的例子，那就是细柳条打折麦秸秆。如果速度很慢，你是无法弄折麦秸秆的，但如果你用细柳条猛力抽打，便可打折它。但是这里有一个前提，麦秸秆不能太粗。在柳树的枝条快速运动的影响下，碰撞根本来不及被传递到整个麦秸秆上，它只是集中在直接触及的一小块区域上，就这一小段区域承担所有的力带来的所有后果，自然就折断了。

7. 潜艇的科学依据

如果你把一个新鲜的鸡蛋放在水里它会向下沉，我们可以用这个方法确认鸡蛋是否新鲜。如果水里的鸡蛋上浮了，那你就要注意了，这个鸡蛋不能吃了。物理学家通过研究发现，新鲜的鸡蛋比同样体积的纯净水更重一些。这里的水必须是纯净水才可以，因为如果水不纯净，比如同样体积盐水的重量会比新鲜鸡蛋的重量更重一些。

你可以将准备好的浓盐水加进来，如此一来，混合液体的密度要比鸡蛋排挤出的纯净水大。此时，新鲜的鸡蛋在这样的水里会出现上浮的现象，古代阿基米德的浮力定律可以解释这一点。

你可以通过你的知识和理解来做下面这个好玩的实验，这个实验可以让鸡蛋既不下沉，也不上浮，鸡蛋会悬在液体的中间位置。物理学家把这一现象称为"悬浮"。这时，鸡蛋的重量和鸡蛋在浓盐水中所排出的液体的重量是相同的。但是这个溶液是需要你多次实验配置出来的，如果鸡蛋是上浮的，你需要再加一点纯净水；反之，如果鸡蛋下沉，就再加一些盐溶液。你需要多次实验才能配出这样的液体，鸡蛋会在溶液里面既不下沉也不上浮，而是停留在中间的位置上（图36）。

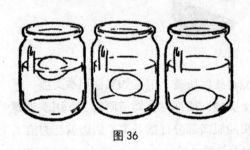

图 36

潜水艇就是处于类似这样的状态。它会在水面下边停留，但是不接触水的底部。这只局限于排开的水刚好和本身重量相当的时候。为了这个目的，水兵们会从外面把水放入潜艇内部的一个特别的容器里，当它需要上浮的时候，再把水压出去。这就是潜水艇的原理。

飞艇在空中飘浮也是运用这个原理的，犹如放在盐水里的鸡蛋一样，飞艇排开的空气刚好和它本身的重量相同。

8. 浮在水面上的针

钢针也可以像稻草一样在水面上漂浮吗？没有人会相信。一个小铁块即便再小，也一定会快速沉入水底。

大部分人都是这样认为的，钢针不可能像稻草一样。如果你也是这么认为的，那么你可以通过做下面的实验改变自己的看法。

现在我们就找来一根很普通的、不需要太过精细的缝衣针，在缝衣针上涂些油。以上步骤都做好了以后，你就可以将涂过油的缝衣针仔细地放到玻璃杯里的水面上。这个时候你就会发现缝衣针不会沉入水底，而会漂浮在水面上。你一定会感到很惊讶吧！

所有人都知道钢针总是比水重得多，那么在玻璃杯中的钢针为什么不下沉呢？毋庸置疑，同体积的钢针的重量比水的重量重七八倍，这就更让人感到奇怪了，在这样的情况下，落入水里的钢针是永远也不会像火柴棍那样浮上来的。这样的结果是符合科学依据的，但是这个实验让我们迷惑的是这根针不会沉到水面以下，反而会像稻草一样漂浮在水面上。为了弄清这个实验的结果，我们就应该仔细看看这根漂浮的针附近的水面情况，看看会不会在水面的周围发现什么，那么实验中的水面与普通的水面有什么区分呢？如果你观察得够仔细，你就能发现这其中的原因了，实验中的钢针周边的水形成了一个凹陷处，这个凹陷处的水面比平时的水面要低一些，而钢针就在这个位置。

裹了薄薄一层油脂的针并没有被水浸润，这也就是针周边的水面处有凹陷的原因所在。在生活中，你也会经常碰到这样的情况，当你的手上有油的时候，即使你将水淋到手上，此时的手也是干的，水是不能浸润沾有油的手的。生活中，我们会看到一些会游泳的禽类，这些禽类之所以会游泳，并且游泳的时候它们的羽毛不会湿是因为它们的羽毛总是覆盖着由特别的腺体分泌的油脂，这就是它们身上沾不了水的原因。这也是制作不出溶解脂肪层、从皮肤表层去除脂肪的肥皂，即便热水都洗不干净油手的原因所在。被抹了油的针压在水的表面处，在水的表面处形成了凹陷。而水面也不甘示弱，努力将自己抚平，托着针。就是因为水努力抚平被针压弯的水面将针托起，钢针才不会下沉。

　　因为我们人类的手上总是有少许的油脂，所以在我们手里的针会在不经意间裹上一层油脂，而钢针正是利用这些油脂才可以在水面上漂浮。这种方法的便利之处就是，你不用特意涂油脂，但你必须做到非常小心地把它往水面上放。只有特别小心才有可能成功。除了上面的方法以外，你也可以这样做，你将针平放在烟卷纸的碎片上，放完后，你就仔细地用另外一根针把纸片往下压，直至把整张纸片都压到水面之下。这时你就会发现，纸片跑到了水的底部，而针留在了水面。

　　如果你对这种现象非常感兴趣，你也可以去观察昆虫水龟，它在水中和在陆地上迈的步子是一样的，

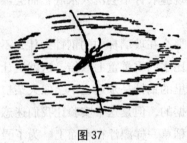

图 37

当你看到这种现象的时候，你就不会再为这种现象感到困惑不解了。你可以看到，昆虫的爪子在水里并不会被水浸湿，因为它的爪子上覆盖着油脂。讲到这里，你会发现和上面实验的情况是一样的，油脂的存在会让水凹陷，而水面本身想要将凹陷抚平时，昆虫就会受到从下往上的力，而不会往下沉。（图37）。

9. 神奇的潜水钟

　　我们要做一个实验，这个实验需要准备一个普通的盆子，如果你没有盆子，也可以准备一个罐子，实验对这个罐子也是有要求的，那就是罐子要有一定的宽度和深度，这样做起实验来会更顺利些。除了上面要准备的东西以外，我们还需要准备一个大高脚杯或者高玻璃杯。这就是我们所说的潜水钟，将装水的盆子看作一个小型的海或者湖。

　　这个实验很简单，也许是所有实验中最简单的了。你把杯子插入盆底，这里你要遵守一个原则，那就是将杯子底朝上拿着，如图38，时刻都要用手压着（以便水流不进去）。这时候可以很容易地发现，水几乎完全没有流进杯子里，原因就是

图 38

空气让水失去了流进杯里的可能。如果你把一块糖放进潜水钟下（因为糖是很容易溶解的物品），此时你再看杯子的底部，你会看到更加直观的现象。这回你在水里放一个软木塞，对这个软木塞的要求就是在软木塞上面放上方糖，并在软木塞上面用玻璃杯把它罩住。现在你再次把杯子放入水中。此时方糖的位置虽然位于水平面之下，但是方糖仍然是干的，即使它在水面下，它也是干的，因为杯子下没有水渗进去。

　　这个实验同样也可以用玻璃漏斗来做，如果你用手指严实地堵住细孔，并且将它的宽口朝下，然后按照上面的操作，把漏斗放入水里，你会发现水进不了漏斗，原因就在于你把那个小孔的部分用手挡住了。但如果你一移开手指，让空气进入漏斗里面，此时水就会立刻进入漏斗里，直到和漏斗外面的水位持平。

　　通常我们认为我们周围的空气好像并不存在，因为它并不像我们看得见的物体那样，占据着一定的空间。通过这个实验我们就可以知道，我们周围看不见的空气是真实存在于我们周围的，并且它占据着很大的空间。如果它无处可走的话，它也不会把这个位置让出来的。

　　这个实验的成功很直观地向我们解释了为什么人们可以在里面有大管道的沉箱或者水下的潜水钟里休息和工作。这个原理和我们在之前做的实验里水不会进入玻璃杯的原理是一样的。

10. 奇怪的对比实验

　　我们下面要说到的实验是非常容易完成的实验。这个实验是我在年少时期做的第一个物理实验。下面我们拿一个玻璃杯，将玻璃杯装满水，然后将装满水的玻璃杯用明信片盖住杯口，并且用手指轻柔地压住，迅速将杯子倒转过来（图39），再将手拿开，此时你会发现明信片没有掉下来，水也没有流出来。这个实验对纸片有个要求，那就是纸片是完全平直的。

　　当你做好了以上的步骤之后，你甚至可

图39

以将杯子从一个地方拿到另一个地方，即便如此杯中的水仍然不会流出来。如果你亲自试验的话，你会让你的熟人瞠目结舌，如果他跟你要水喝，你就用这种方法做一杯，当他看见你送过来的水是用一个底朝天的杯子装的，会表达怎样的感叹呢？

　　发生这种现象，究竟是怎么回事呢？纸片是怎么克服它上面的水压而保持不掉下来的呢？原因是空气从外部施加给纸片的压力很大，比杯中的水施加的压力大很多。

　　我之所以知道，是因为那个第一次向我展示这个实验的人是这么解释的，想要这个实验成功的一个秘诀是，杯里的水应该灌满，必须灌到直到杯子的最边缘。如果玻璃杯里只有一半多的水的话，玻璃杯空余的部分就被空气占据了。如果这样做实验，实验就可能会以失败告终。杯中的空气也会给纸不小的压力，因为杯里空气的压力与杯外的压力一样大，如此一来，纸片肯定会掉下来。

　　究竟会不会发生这种现象呢？口说无凭，眼见为实。下面我们就来亲眼看看纸片是怎么掉下来的，我决定再做一次实验。这一次做实验的杯子是一个没装满水的杯子，我们来看看这两次实验的结果是怎样的。纸片根本没掉下来，怎么会这样，这次杯子里的水不是满的啊！我又反复做了几遍，经过我反复的实验，最终我确信，半杯水的实验中的纸片和满杯水的纸片一样都可以保证纸片不会掉下来。

　　这次的实验对我来说非常重要，它教会我如何更有效率地研究自然现象。科学知识里的最高的法官应该是实验。无论理论有多严谨，它终究是个理论，需要我们用实验来检验。17世纪第一批研究者佛罗伦萨院士们有一个实验的准则，那就是"检验再检验"。这不但是17世纪做实验的准则，它也是20世纪物理学的准则。如果检验理论的时候发现实验不能证实该理论，也就是通过实验不能得到正确的结果，我们就应该探究，探究理论到底错在哪里了。

　　当初看起来那么可信的结果，经过实验却发现它是错误的。其实不难找到判断出现失误的原因。未装满水的玻璃杯被纸片从下封住的那一刻，我们非常仔细地把纸片掀开一个角，此时如果仔细观察，我们就会发现气泡穿过水里了。这个现象说明了什么呢？这个现象很有力地表明杯里的空气和杯外的空气被隔开了，不然外边的空气不会如此迫不及待地进入杯中水上的空间。这就是整个现象的答案：杯里虽然有空气，但杯子里的空气密度比杯子外面的空气低得多，所以压力也要比外边的小很多。当我们把杯子颠倒过来的时候，水会向下流，同时也会挤出部分空气，剩下的那部分空气扩散到原来的空间里，通过这样一个过程，空气就变稀薄了，压力也因此减小了。

通过这次的实验，你可以了解到，即便是最简单的实验，只要你足够耐心，认真对待，也能做出缜密的思考。这就是那些看似微小却能教你伟大的事情。

11. 硬币在水里会变湿吗

通过之前我们所做过的一些实验，我们可以发现，我们四周的空气对所有与它有接触的东西都有较大的压力。下面我们通过描述一个实验来生动形象地向你证明物理学家所说的"大气压"的存在。

首先我们准备一个浅碟子，在这个浅碟子里放一枚硬币，然后加水，将这枚硬币没入水中。实验规则就是要求不弄湿手指，也不能把水倒出来，仅用手把硬币拿出来（图40）。

"这怎么可能做到呢？根本就是不可能的啊。"你或许会这样说。但是如果你是这样认为的，那么你就错了，下面我们就用实验来验证吧。

实验需要准备一个杯子、一张小纸片。实验规则就是在杯子中点燃这张小纸片，当小纸片快要烧尽的时候，你把

图40

这个杯子倒扣在碟子里，紧紧地挨着硬币，但是杯子不罩着它。过了一段时间，杯子中的小纸片快要燃烧熄灭了，而杯子中的空气也开始冷却了。这时候你会发现随着杯子里的空气逐渐冷却下来，水就像是被杯子吸住了一样，过不了多久所有的水都聚集在了杯子里，实验做到这里，你就会发现碟子底也露了出来。

你需要耐住性子等一会儿，等碟子中的湿硬币变干，你就可以用手把硬币拿起来了。

　　这个现象的原因非常简单。当杯中的空气烧热之后，它会像所有被加热的物体一样，迅速膨胀起来。由于空气的膨胀，一部分空气就会被排到外边去，当小纸片燃烧殆尽，杯子里的空气随着温度的降低，体积开始缩小，此时杯子中的空气就不足以维持它在冷却状态时与杯外边平衡的大气压力，因为杯子里的空气被排出一部分，所以杯子下的水面每一厘米受到的压力要比没有杯子罩住时小得多。也就是因为这样，外边的水才会被杯子内外的气压差压迫着涌入杯中。事实上，水并非是被杯子"吸"过去的，而是从外面挤压进去的。

　　当这个实验结束了，你或许就会明白发生这一系列现象的原因是什么了，你也会明白，在这个实验中，纸片和酒精棉并不是必需品，你也可以烧些别的东西，只要它是能够燃烧的就行。你也可以用开水涮杯子，实验同样可以圆满完成。你只需要加热杯子里的空气就行了，至于加热空气的方法，这里并没有限制。

　　下面我们来介绍一种简单的办法做这个实验，你在一个茶碟里倒一些茶，并将茶事先冷却好。当你喝完茶以后，趁着茶杯的热度还在的时候，快速将它倒扣在茶碟上。一分钟过后，你会惊奇地发现茶碟里的茶全都流进杯子里面了。

12. 降落伞漂浮原理

　　我们今天要做的实验非常有趣，用纸做一个横截面犹如几个手掌那么大的圆圈，在圆圈的中间区域剪出一个有几个手指那么宽的小圆。做完上边的步骤我们需要在大圆的外沿穿过小孔系上一根细线，并且确保每根线都是一样长的，然后我们就可以将所有的线头系在一起，拴上一个重量较轻的负荷（图41），这就是降落伞的所有装置了。虽然我们做的是个小型的降落伞，但我们要知道，对于那些碰到突发情况紧急跳伞的飞行员来说，这样的降落伞可是救命稻草。

　　想要检验我们做的微型降落伞是否安全可靠，可以把它从高层建筑物的窗户上面扔出去。

图41

拴在降落伞底部的负荷会拉紧线，此时你会看到圆纸撑开了，降落伞就这么轻飘飘地朝下降落，最后安全着陆。当然这是在没有刮风的条件下完成的。而如果有风，即便是很小的风，你所做的降落伞也会被往上吹，离楼房越来越远，最后你的降落伞会降落在非常遥远的地方。

其实，你的降落伞越大，你能挂的负荷就可以更重，带有负荷的降落伞较难被风吹走，如果在风和日丽的天气里，降落伞就会缓慢地落地。

降落伞为什么能在空中保持这么长时间呢？或许聪明的你可以猜出原因，是空气阻止了它降落。如果负荷没有系在圆纸上，那么根据科学依据它应该早就落地了。圆纸将降落物体的表面面积扩大了，但是重量却几乎没有变化。物体的表面面积越大，受到空气阻碍作用的效果就越明显。

朋友们，如果你清楚了这点，你或许就会理解生活中灰尘会飘浮在空气中的原因了。有些人认为：灰尘能在空中飘浮是因为灰尘比空气轻。然而这种想法是完全错误的。

灰尘到底是什么呢？我来告诉你们，其实灰尘就是石头、金属、树木、土壤、煤等物质的非常细微的一部分。而且你要知道，这些组成灰尘的物质比空气重几百几千倍。按照科学的计算：同体积的木头是空气重量的300倍，石头是空气重量的1 500倍，而铁则是空气重量的6 000倍，等等。像这样的例子数不胜数。按照上边所说的，灰尘的重量并不比空气轻，它们的重量比空气重很多倍，那为什么木屑既可以漂浮在水里又可以飘浮在空气中呢？

事实上，任何物体（无论是固体还是液体）的尘埃都应该马上掉进空气里或者水里，并且应该"沉没"在里面。事实上，它们是在下落的，只不过这些物质下落的方式犹如我们做的降落伞一样。主要的问题在于，微小的物质的表面并不像它自身的体重那样快速地减小。我们可以用简单一点的方式说明，最微小的物质拥有的表面面积相对于其自身的重量要大得多。如果我们拿出一粒散弹和一颗圆形的弹头来做比较的话，我们会发现，其实圆弹头比散弹重100倍，然而散弹的表面面积却比圆弹头的小10倍。这也就说明，散弹的表面面积相对于自身的重量，要比圆弹头的表面面积大10倍。如果你仔细想象一下，散弹持续地缩小，缩小到比子弹还要轻100万倍，那么它就会变成一粒铅灰尘。然而这颗灰尘的表面面积相对于自身的重量的话，要比子弹的表面面积大1 000倍。这也就说明了空气阻碍子弹的运动要比阻碍散弹的运动弱1 000倍。正因为如此，它才会飘浮在空气中，我们只能勉强看到它的降落，然而如果此时有风的话，哪怕只是一阵微风，它也会被带走。

13. 蛇可以转动不停吗

我们将结实的纸或是明信片剪成一个类似于杯口大小的小圆圈。然后我们用剪刀按照螺旋线形剪出一个蜷曲起来的蛇形。剪完后我们在一个插有软木塞的尖针上挂上蛇的尾端，轻轻按压一下蛇尾，这样就可以在纸上形成一个小凹坑了。此时我们会看到一条垂了下来的蜷曲起来的蛇，颇有一番螺旋形楼梯的感觉（图42）。

图 42

我们现在可以拿做好的蛇来做实验了。我们将做好的蛇放到打着的煤气炉的旁边，此时，我们会惊奇地发现，蛇开始转了起来，并且它是在有规律地转，炉子越热，它的旋转速度就越快。它并不仅仅局限在一个火炉的旁边。只要是在发热的物体旁边都会旋转，而且它会一直转，不知疲倦，但是这里有一个前提，那就是旁边的物体需要时刻保持发热状态。倘若我们用线和钩子将蛇的尾部挂在一个煤油灯上面，它旋转的速度会快得惊人。（图43）

我们只是用一张简单的纸做了一条蛇，为什么蛇的旋转会如此之快呢？你见过风车吧，风车仅靠自然风就可以转动。这条纸蛇之所以会转动就是因为这种气流的存在。

事实上，在每个加热的物体周围都存在上升的暖气流。那么为什么会出现这个气流呢？这是因为空气受热的时候会和所有物体一样，当然除了冰水，此时会发生膨胀现象，也就是空气逐渐变得稀薄，而稀薄的空气也就是变得比原来轻了。你想想看，这里的空

图 43

气变轻了，周围密一些的冷空气自然就会压它，从而来占据变轻的空气的位置，这样就会迫使热空气上升。接下来就类似于循环了，同时这些冷空气紧接着也会马上加热，与第一批空气被加热后的命运一样，这一批热空气也会被新的冷空气挤走。每一个受热的物体都伴生着上升气流，而且我们也可以感觉到只要物体比环绕它的空气热，这个气流就会一直存在。简单点解释就是，每个发热的物体都朝上吹着一股风。而我们做的纸蛇是很轻的，当纸蛇受到热风吹的时候，我们的纸蛇弯曲的身子就会让它自身不停地旋转，这个原理就和风车的叶片一样，很神奇。

根据这个原理，我们还可以做一个纸蝴蝶，让纸蝴蝶不停地旋转。那会多好看呢？下面我们就用卷烟纸做一只纸蝴蝶。让我们从中间把纸蝴蝶系上，然后我们用一根很细的线把这个纸蝴蝶吊起来。如果我们把纸蝴蝶吊在灯的上面，在灯光的照射下，这个蝴蝶转起来就像活的一样，非常美丽。不但如此，纸蝴蝶的影子还会投在天花板上，这更能加强纸蝴蝶旋转的效果。如果一个人恰好不知道这是根据什么做出来的，那么，这个人会觉得他的房间里飞进来一只大黑蝴蝶，当他看到这一幕的时候，他会如此感叹，这是多么神奇啊！

除此以外，我们甚至还可以把一根针插在软木塞上，然后我们把用纸剪好的蝴蝶放在尖尖的针上面，也就是把蝴蝶的中心放到针的上面。如果在这个蝴蝶的旁边有一个发热的物体，那么这个蝴蝶就会飞快地转起来，哇，真好玩啊！

在我们的日常生活中，几乎时时刻刻都能遇到空气受热膨胀而形成的上升的暖气流。我们应该能够有所注意，其实暖气房里最暖和的空气都聚集在天花板边，而恰恰最冷的空气流向地板。如果到了寒冷的冬天，房间还不够暖和时，我们觉得偶尔有冷风吹向脚部，总感觉很冻脚，就是这个原因导致的。如果供暖人员把暖气房通向冷房间的门稍微打开点，这个时候你就会发现冷空气从下面涌入，暖气反而则会从上面涌出。我们可以通过蜡烛的火焰看出气流的流动方向。而如果你希望暖气房里保持一个比较高的温度，你就得把门的缝隙挡住，防止冷气进来把热空气排出。为了挡住门缝，你可以用地毯或者一些废弃的纸把缝堵住。如果堵住门缝，此时暖气就不会受到下面的冷气的挤压，因此，热气流也不可能从房间上面的缝隙里跑出去。这个时候你就可以享受房间的温暖了。

我们在生活中通过仔细观察可以发现类似的现象，例如炉子上面的烟囱的吸力就是上升的暖气流的具体体现。

其实如果你仔细思考，我们还可以以此联想到大气层里面的暖气流和寒流，谈谈季风、微风、信风以及类似的风。好了，这些就留给你自己思考吧。如果你认真思考，你会发现很多有趣的事情呢！

14. 水也会膨胀

在冬天想要获得一瓶子冰应该很容易吧？因为冬天室外的温度是很低的。在这样的环境下，你需要做的只是往一个瓶子里灌满水，然后把装满水的瓶子放到窗户外面，剩下的事情留给寒冷。当瓶子里的水结冰，那么满满一瓶子冰就做好了。

事实上，如果你真的动手做了整个实验，你就会发现，其实，整个实验过程所经历的步骤并非这么简单。瓶子里的水确实变成了冰，但是你会发现瓶子已经报废了：因为冰把瓶子撑破了（图44）。这样会引发我们的思考，为什么会发生这样的事情呢？原来，当水在很低的温度下结冰的时候，此时水的体积就会明显变大，水结成冰后的膨胀会以不可承受的力量继续演变。此时，塞住的瓶子会爆裂，没塞的瓶子的瓶颈还会被膨胀的冰折断，当瓶颈里的水被冻成冰后，冰塞就形成了，紧紧地塞住了瓶子。

图44

你可能想不到，水结成冰的膨胀力可以撑开金属，不过有个前提条件，这个金属不能太厚。在寒冷的天气条件下，水可以将5厘米厚的铁质炮弹壁撑裂。如果水管里尚有剩余的水没得到及时处理的话，那么水管里的水结冰并且撑破水管也就不足为奇了。

由于水在结冰时会膨胀，因此这就解释了另外一种现象，即冰在水里漂着而不会沉入水底的原因。假如水变成固体时变小了——其他大部分液体也是这样的——那么在水里的冰就无法漂浮在水面上，而是沉入水底。如果是这样，那么冬天带给我们的乐趣和欢乐就会少很多。

15. 切冰块的完美方法

众所周知，几块冰在压力作用下会冻结在一起，但这并不意味着，几块冰在受到压力作用的时候会冻得更厉害，而刚好相反，在强压的作用下，冰是可以融化的，假如将融化的冰水的压力解除，水又会重新结成冰。因为水结成冰的一个条件就是水温低于0℃。如果我们挤压几块冰时，此时冰块相互接触的部位就会受到强烈的压力，从而使冰块融化，在零摄氏度以下就变成了水。而此时水会流向接触部位之间的小缝隙里，由于水在缝隙里不会受到那么大的压力，此时水就会马上结冰，这时我们就会看到几块冰变成了一整块。

正如先前我们所说的，我们需要用实验来证明。我们需要准备一条长条冰砖，把冰砖的两端架在两个板凳之间，你还可以尝试用别的什么方式把它架起来。然后，用纤细的钢丝（长80厘米、直径0.5厘米）横搭在冰砖上，然后你将两个熨斗或是质量为10千克的重物系在钢丝的两端（图45）。因为是被重物拉着的，冰砖会被钢丝切入，然后钢丝缓慢地切过整块冰砖。通过观察我们发现，冰砖并没有断裂下落。事实上，冰砖上没有任何受到切割的痕迹。

在钢丝的压迫下，冰融化了，但冰融化后的水会来到钢丝的上面，并且钢丝将不再对它产生压迫，说得更明白一些，当下面的冰层被钢丝切割时，上层的冰又开始结冰了。

当你做实验的时候，你会发现在自然界当中，冰是唯一可以用来做这个实验的物质。正是因为这个原因，在寒冷的冬天，人们可以在冰面上滑

图 45

雪橇或者滑冰。滑冰者把自身的全部重量都压在了冰鞋上，在这样的压力的压迫下，冰开始融化（前提是冰冻不是很厉害），便于让冰鞋在上面滑动。冰鞋滑到另外一个位置，那么那里的冰也会出现融化现象。事实上，无论滑冰者的脚滑到哪里，他都会把冰鞋下面那层薄冰变成水，而水解除压力后，又会重新结成冰。所以，无论冬天里的冰有多干燥，只要它在冰鞋下，就会融成水，我们感觉冰很滑就是因为这个原因。

16. 声音的神奇传播

你亲自观察过砍树的人吗？或者观察过在远处砸钉子的木匠吗？通过观察你会有重大发现，当斧头砍进树或者锤子砸钉子的那一刻，产生的声音并不会立刻传过来，而是稍晚些。此时斧头和锤子已经被再次举起或拿起了。

你不妨再观察一下，你需要后退或是前进一点，经过数次测试后，你就能够找到一个最佳的位置，在这个位置上你看到的斧头砍树或是锤子砸钉子和你所听到的声音是保持同步的。但是如果你重新回到之前的位置，你会发现声音又不同步了。

通过反复的测试之后，你或许可以揭开产生这种现象的谜底了。毋庸置疑，光一瞬间就能跑完这段距离，而声音从发生地传到你的耳朵里需要一定的时间。所以当声音在空气中移动，朝你的耳朵里传播的时候，斧头或锤子已经将下一个动作完成了。我们此时是在用双眼观察耳朵听到的事情。这个时候你会发现，砍树的声音和动作是不一致的，反而当你把工具上举的时候，可以听到声音。但如果你前进或后退到斧头一次砍击时间内声音所经过的路程，那么当声音传到你的耳朵的那一刻前，斧头刚好重新下落。此时，你听到的看到的保持一致，只是它们是不同的砍击，你所看到的是最近的一次砍击，然而你听到的砍击是上一次甚至是更早的一次砍击。

那我们就留下了一个疑惑，在1秒钟的时间内，声音究竟能在空气里移动多远的距离呢？其实，这个距离已经被科学家们精确测量过了。科学家们计算出了声音走1千米的距离约需要3秒钟的时间。如果我们做一些推论，假设砍树的人1秒钟挥动斧头两次，你走到距离砍树人160米的位置，此时，就可以让砍树的声音和他的举起动作同步了。而光在空气里每秒的传播速度是声音的将近100万倍。这回你就可以明白一些事情了，我们几乎可以用光速来测地球上所有的距离。

对于声音的传播方式，或许我们可以了解到，不但空气可以成为声音传播的介质，其他气体、液体和固体都可以成为声音的传播介质。但是有些科学理论是我们必须要了解的，那就是声音在水里的传播速度比在空气里约快4倍，因此当我们潜水的时候就能听清各种各样的声音了。工人在水下沉箱里工作的时候可以非常清楚地听见岸边的声音。同样的道理，一些有经验的渔夫知道怎样不让鱼跑开，也是因为这个原因。

有些硬的固体材料也有很好的声音传播性能，例如生铁、木头、骨头这些材料传播声音的质量非常好，而且速度也会更快些。你可以亲自做一些实验，比如把耳朵贴着一块长方形木块，然后让你的同伴在另一头用一根小木棍敲打，这个时候你将会听见通过长木传过来的敲打声。如果你们在一个密闭的环境中做实验，没有其他声音干扰，你可以把一个钟表放到另外一头，这时令人惊奇的是，你在木条的这一头甚至可以听见钟表的嘀嗒声。并不是只有我们说的这些东西才可以传播声音，事实上，在生活中，铁轨、方木、铸铁管甚至土壤都能较好地传播声音。也就是说，生活中的很多的东西都可以传播声音的，例如把耳朵贴在地上，你可以听见汽车发动机的声音，而如果声音是靠空气传播的，你会发现要很久才能够传过来。在战争年代，很远的大炮发射炮弹的声音靠空气完全传不过来，如果你想要知道敌人的动态，你就需要将耳朵靠着地面，从而用更短的时间听到声音。

当然也并不是所有的固体都可以很好地传播声音，如果你细心地观察生活中的一些东西你就会发现，柔软的织物、酥松无弹性的材料非常不利于传播声音，相反，它们是吸收声音的。在有些家庭里面，如果不想让声音传到隔壁房间的话，有些人会在门上挂厚帘子，而有些家具是很利于声音传播的，那么在家里铺上地毯就是一个隔音的好办法。现在相信你会更加了解声音的传播方式了吧。

17. 你想不到的传声介质

通过我们上一次的实验，其实，我们已经了解了声音是如何传播的，我们也认识了很多的传播材料，其中骨头就是一个很好的声音的传播材料。可能大家会对这一点非常感兴趣，也很想确认自己的颅骨是否具有声音传播的特点。如果要做实验来验证的话，那么你就要用牙咬住台钟的耳环，与此同时还要用手捂住耳朵（图46）。这时候你会感到很意外的，因为你将会听见钟摆轮的声音，事实上，你不但可以听见，还可以听得非常清楚。其实根据声音在不同的介质传播的快慢不同，你就会发现指针的嘀嗒声要比通过空气传到耳朵里的声音更加响亮一些。那么你会问：声音是怎么传播的呢？事实上，这些声音是通过你的头骨传到你的耳朵里的。

图 46

这个实验对我们来说是非常有意思的，因为对任何人来说都是不可思议的，颅骨可以传声，而且颅骨传声的效果还不错。哈哈，这可让我们大开眼界了。这一回，我们把一个勺子系在细绳的中间，然后把绳子两端空出来。然后我们把绳子两头分别用手指塞到耳朵里，然后再用手捂住耳朵，身子稍微向前倾，让勺子自由地甩动，然后你可以让勺子和某个物体碰撞。这样你就可以听见很低的嗡嗡声，如果你不仔细地听，你还可能会以为是钟的响声呢。

如果你把勺子换成一个三角铁，你就会听见更加清楚的响声了。

18. 变形的影子

"昨天我发现了一件非常有趣的事情，你想不想知道？我可以带你去玩啊，可好玩了。"哥哥很兴奋地对我说，"赶紧的，很好玩的，就在隔壁房间里，走，我带你去看看。"

我和哥哥来到了隔壁的房间，房间很久没有人住了，有点黑。哥哥拿了一根烛火，我们伴随着微弱的光出发了。虽然我感觉很害怕，但是有哥哥在，我还是很勇敢地迈着步子向前走，走着走着我们来到了第一个房间，我不知道那里面会有什么，哥哥安慰我，并告诉我什么都没有。听了哥哥的话，我才大胆地打开了门，然后鼓起勇气走进了第一个房间。"啊！"我大声喊着，刚进入房间，我就被吓呆了。因为当我进入房间后，我发现墙那边一个很丑的怪物在看着我。那个怪物很大，有点扁，我被吓坏了。

从我身后传来哥哥大笑的声音。此时，我看了看哥哥，充满疑问：他难道就不害怕吗？

哥哥对我说："你仔细看一下就知道是怎么回事了。"原来是墙上的镜子在作怪，再加上哥哥的蜡烛的光，才导致这样的。墙上的镜面贴有眼睛、鼻子、嘴巴的纸，贴得很严实，而这个时候哥哥用蜡烛光对着它，此时让镜子这一部分的反射正好和我的影子重合（图47）。两个影子重合到一起，看起来就像一个怪物一样。我这才松了口气，原来是这样。

图 47

现在我有点儿尴尬，居然自己被自己的影子吓到了。

后来我经常拿这个来吓我身边的朋友，但我成功的概率很小，总是在过程中出错。后来我才发现，原来要想把镜子摆为需要的样子并不是那么简单的事情。一开始我还以为是自己不够仔细呢，可是我又实验了很多次，还是有很多次的失败。所以每次做实验的时候，我都会练习很多次。因为，哥哥告诉过我镜子反射烛光是按一定规则进行的，那么我要想更好地实现这个实验，我也需要理解这种规则。这个规则就是镜子以何种角度碰到光，你就要以何种角度反射光。当我了解了这一点以后，我就会有很多的思考，该怎么样把蜡烛对着镜子，才能够让亮点正好落在所需要的阴影位置。

19. 测光的亮度

你把一根蜡烛放到距离你比原来远一倍的距离之外的地方，这时候你会发现，蜡烛的光的亮度要弱些。但是蜡烛的光究竟是弱了多少呢？是一半的差距吗？不对。在离原来两倍远的地方放两根也达不到原来的亮度，只能放两根的2倍，也就是4根蜡烛才行。在3倍的距离处，也并非放3根，而是得放3根的3倍——9根，以此类推。

这同样表明了一个有趣的推理，在两倍距离处亮度要减弱为原来的 $\frac{1}{4}$，在3倍距离处减弱为 $\frac{1}{9}$，在4倍距离处减弱为 $\frac{1}{16}$，在5倍距离处就要减弱为 $\frac{1}{25}$。这就是光亮度减弱规律。根据这个规律，也同样可以发现声音的衰减规律，在6倍距离处减弱为原来的 $\frac{1}{36}$。

当我们知道这个规律以后，就可以利用这个规律来比较两盏灯的亮度了。现在给你一个案例，你来计算一下灯比普通蜡烛要亮多少。

把灯和点燃的蜡烛放在桌子的同一端，而在桌子的另一端笔直地放置一张白硬纸片，在纸片前面的不远的地方笔直地竖一根小棍。此时你会发现在纸片上会投射出两个阴影，一个来自电灯，另一个来自蜡烛（图48）。这两个阴影的密度并不同，因为照射物一个用电灯，而另外一个用蜡烛。下面，把蜡烛慢慢地移近，当两个阴影的暗度很相像时，就表明电灯的亮度和蜡烛的亮度在这种情况下是相当的。接下来只要测量出电灯离纸片的距离与蜡烛离纸片的距离，根据比值就可以确定电灯是蜡烛亮度的多少倍了。如果电灯离纸片的距离是蜡烛离纸片的4倍，那么电灯的亮度就是蜡烛亮度的16倍。

下面我们利用纸上的油渍来比较两种光源的亮度。从背面用光照这个油渍，这油渍是亮的，从前面照的话，看起来是黑的。把两个被比较光源放在油渍的两边不同位置，使得被照的油渍从两边看起来一个样。之后只需要测量光源与油渍的距离，用之前提到的方法计算即可。

图 48

如果想观察得更加清楚，最好把带油渍的纸放置于镜前，可以直接看到两面。

20. 你见过朝下的头吗

今天的故事就从伊万·伊凡诺维奇开始。他走进了一个房间，但是这个房间很令人感到恐惧，整个房间由于护窗板关着而一片漆黑。但是有一处很特别，那就是房间的窗板上有一个挖的洞眼，白天的时候阳光透过窗户，就会变成彩虹般的颜色照射在对面的墙上，形成了一幅风景画，画里有茅草屋顶、树木以及挂在院子里的衣服。但是唯一有一点很不好，那就是这一切都是倒着的。

有这样一本书，书的名字是《伊万·伊凡诺维奇和伊万·尼基福罗维奇吵架的故事》，下面我们就来仔细探究一下这个奇妙的故事。如果你的家里面有间带朝阳窗户的房间，那么你做起实验来就很方便了。这个房间对于你来说就是一个很现成的物理仪器，用拉丁语说，这就是一个"暗室"。在护窗板上钻一个小孔，选一个阳光灿烂的时间段，把护窗板和房间里所有的门都关上，然后在小孔的对面，离它远一点的位置放一张床单，做好一个"屏幕"。做完这一步，你就可以在房间里欣赏美景了，外边的景色会通过这个小孔照在屏幕上。在这里，你可以看到房子、树木、动物、人等，但是和前面的一样，图像都是倒着的：房间的屋顶会朝下，人的头也会朝下（图49）。

图 49

这个实验说明光是沿直线传播的，从物体上部照射来的光线和下部照射来的光线会在护窗板小孔处交叉，光线继续前行造成上部的光线成了下部的光线，而下部的光线又成了上部的光线。如果光是斜着走或者折着走，那就完全是另外的结果了。

另外，无论小孔的形状如何，都对屏幕成像没有影响。无论孔是圆的、三角的、四角的、五角的还是别的样子的，在屏幕上面显示的图像都是一样的。

在森林浓密的树下会观察到一些椭圆形的光圈，这是由于光线透过树叶之间的间隙而映射出来的太阳的图像，这些光圈类似圆形，因为太阳是圆的。而光圈斜着落在地上，导致被拉长，于是就成了椭圆形。如果你将纸片垂直对着阳光放置，你将会在纸片上得到完全圆的光斑。日食的时候太阳会变成一个明亮的镰刀形，树下的圆斑也会变成小镰刀形。

照相机照相的那个仪器就类似于暗房，在小孔处嵌入了一个机关，可以让成像更加明亮清晰。如果在暗室的后壁嵌入一块磨砂玻璃，就可以在它上面得到倒着的图像。摄影师照相需要用黑布盖住相机和自己，不让别的光线干扰眼睛，方便细看图像。

你也可以自己做一个类似的相机镜头。找一个比较长的封闭箱子，在它的一面箱壁上钻一个小孔，把小孔相对的箱壁取下来，放一张油纸。做完上面的步骤，把箱子放入黑房间，让它的孔对着护窗板上的孔，这样就可以看到外边的世界了，当然图像仍旧是倒立的。

有了暗箱以后，你可以看的位置就不再有局限性了。你可以把它带到你想要去的任何地方，只需要用块黑布盖住你的头和暗箱。只要没有别的光线干扰，你就可以看到图像。

21. 颠倒的大头针

我们在上一节中说到了暗室，关于暗室我们说了它是怎么做成的，但是有一点我还没有告诉大家。其实我们每个人身上都有两个小暗室，那么你知道是在哪里吗？如果你不知道，那就让我来告诉你吧：是你的两个眼睛。因为我们的眼睛的构造和我们做的那个暗箱是类似的。千万不要以为我们的瞳孔是眼球上的黑圈，它是通向我们视觉器官黑暗内部的小孔。瞳孔的外面被裹着一层透明的膜，膜的后面紧贴着透明的有着双凸玻璃样子的"晶体"，膜的下面覆盖着凝胶状的透明物质，而整个眼球内部——晶体后到后壁都充满着透明的物质（眼球的剖面图见图50）。虽然眼球有这么多的构造，但这一切都不妨碍眼球成为一个暗室，反而，眼球是一个更加完善的暗室，所以我们的眼球所得到的图像都是明亮而清晰的。这些图像在我们眼球的底部非常细小，例如，在生活中，如果我们看见20米以外的一根8米高的电线杆，我们的眼球底部就会形成一根极细的大约为半厘米长的细线。

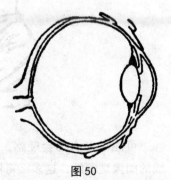

图50

最有趣的是，虽然眼球得到的所有图像和在暗室里的一样都是倒着的，但是事实上，我们看见的物品仍然是它本来的样子。那么这又是什么原因呢？经过探究发现这个转换的发生是由于长时间的习惯所造成的，我们的眼睛会将我们看到的图像都调整到它的自然状态。

可能有些人会对这些表示怀疑，但是什么都是可以通过实验来验证的。如果我们尽量让眼球底部获得的图像不是倒立的，那么此时我们将会看见什么呢？因为我们的眼睛已经习惯了把我们看到的图像倒过来了，这也就是说，我们看到的图像就应该不会是顺的，而是被颠倒的图像。现实生活中也是这样的。

下面我们来做一个实验，来更加明确地说明这一点。

在实验前，我们先准备一张纸，然后我们用大头针在纸上钻一个孔，然后我们就把这张纸对着电灯，让纸片离我们的右眼大概10厘米远。用手拿着大头针在纸片后面，让大头针的头正好对着纸片的小孔。这个时候你就会看见大头针好像就放在了纸片的后面，这里面有很重要的一点就是大头针是倒着的。图51就是这个实验的结果。这里面会有一个非常奇怪的现象，那就是如果你把大头针往右移动，而你的眼睛就会觉得大头针向左移动。

图 51

可能很多人都会疑惑，在这样的一个条件下，大头针在眼球底部形成的图像是顺的，这多么奇怪啊！其实，卡片上的小孔在这里面有一个作用，那就是起到一个投射大头针影子的光源的作用。我们看到的这个影子投射到瞳孔的时候，它的图像不是倒的，一个主要原因就是它离瞳孔太近了。而在我们眼球的后壁我们会得到一个明亮的小圈，这个小圈就是卡片上小孔的图像。我们之所以会认为大头针不会是倒着的，是因为在我们的观念中，这种现象就是根深蒂固的。

22. 用冰点火

当我还是小孩的时候，我就喜欢看我哥哥用放大镜点烟。把放大镜放在阳光下面之后，你会发现一束很耀眼的光，把这个光点对着烟头，没多久就会发现烟头开始冒烟，最后你就会惊奇地发现烟被点燃了。其实，对于这一点，我并不感到很惊奇，最多也就感到有些有趣。因为放大镜对光有聚焦的作用，所以烟头才会被点燃的。但是哥哥突然对我说："用冰也可以把纸点燃的。"

"用冰把纸点燃？这怎么可能，这不符合常理啊。"

哥哥笑了："如果单单用冰去点火，这当然是不现实的事情了，但是我们这里用的冰只是充当一个介质。我们用冰可以收集太阳的光线，而这个就如同放大镜一般。"

"那你是想用冰来做点火玻璃吗？"

"你想的也太离谱了吧！谁也不可能用冰来做玻璃啊。虽然我们不能用冰来做玻璃，但是如果我们用冰来做一个透镜，这个是很容易的。"

"透镜？透镜是什么？"

"放大镜这样的就叫作透镜，圆的，外边薄中间厚。"

"当我们做成这样后，我们就可以用它来点火了？"

"这样就可以点火了。"

"无论你做成什么形状，但是本质没有变啊，冰还是冰啊，怎么可以用来点火呢？"

"这并没有很大的关系啊。如果你想的话，那我们就试验试验吧，看看可不可以。"

本来哥哥让我找一个盆子来，等我拿来后，哥哥反而又不用了："这个盆子的底是平的。我们需要的是不平的底的。"

后来我放弃了这个盆子，为了试验的顺利进行，我拿来另一个盆子。这回的可以了。哥哥往盆子里倒满清水，然后放到冰箱里面，准备把它冻成冰（图52）。

哥哥说："让盆子里面的水整个

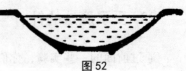

图 52

地冻成冰。这样我们就有了冰透镜，这个镜子一面是平的，而另外一面是凸的。"

"但是我们需要用这么大的吗？这是很大的一个盆子啊。"

"当然了，你不知道，这个实验中，需要的这个冰要越大才会越好，因为这样可以把更多的阳光聚集到一个点上。"

为了将实验的道具快点做好，我们把冰箱的温度调到了最低的温度。过了一段时间，我们去看冰箱盆子里面的冰，发现它已经冻好了，可以做实验了。哥哥看着这块大冰块，非常满意，他认为这是一个很棒的透镜。

本来冰做好了，以为终于可以动手做实验了，但是这并不是个简单的活。不过无论怎样都难不倒哥哥，他把结冰的脸盆放到了另外一个装满热水的盆子里，这个时候盆子边上的冰很快化了。然后我们就把脸盆端到了院子里面，把做好的透镜放到了一块板子的上面。

"今天天气不错。"哥哥眯着眼睛看着太阳，"看来这是一个最适合点火的天气了。来，拿着烟。"

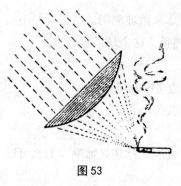

图 53

我很小心地拿着烟，此时哥哥用两只手端起了我们用冰做好的透镜，然后开始把它对着太阳。就是这样的一个步骤让他试了很长时间。最终哥哥终于把透镜最亮的光聚在我手中的烟上（图53）。当光点停在我手上的时候，我感觉它确实很烫。就在那一刻，我发现哥哥是对的，已经不再抱有怀疑，因为这个真的可以实现。

在我们实验的时候，当光停在烟头上大约一分钟时，我们就看到烟头慢慢地燃烧起来了，冒起了浅蓝色的烟。

"你看到了吗？这一次我们可是用一块冰把烟点燃的。"哥哥把点燃的烟叼在嘴里，说，"如果你掌握了这个方法，去极地探索的时候，即使没火柴也可以将柴火点燃。"

23. 受了魔法的针

通过前面的一些实验，你们已经懂得了很多做实验的方法，例如你们可以让针漂浮在水面上。但是在原来做实验的时候都是有人引导你们来做的，这一次的实验就请你们自己思考并且来做一个好玩的、更加新颖的实验吧。在做实验前，你需要找一块磁铁，无论什么样的都可以，只要是磁铁就好。当你找好磁铁以后，你就把它靠近一个漂浮着针的小盆，此时你会发现针会游向盆壁的方向（图54）。

图 54

如果你真正动手做这个实验，你就需要注意了，因为你把针放到水面之前，你最好先用磁铁顺着针反复地摩擦几次。这里的摩擦是有规则的，那就是你每次摩擦必须使用磁铁的一端，并且还要一个方向摩擦，而不能来回摩擦。这样做是很有必要的，因为只有你做好了这些，实验才能够正确地进行。经过磁铁摩擦的针也就成了磁铁，因为针被磁化了，所以它甚至会游向没有磁性的铁质物品。

事实上，你可以用磁化的针完成很多有趣的实验。如果针没有受到磁铁或者是盆壁的吸引，就让针保持着它最原始的状态，这个时候针就会在水面上保持一定的方向。当你将实验做到这儿的时候，你就会观察到此时的针就像指南针一样，从北向南。如果你给小盆一个力，小盆开始转动，但是此时的针方向还是一端指向北边，一端指向南边。那么如果你用磁铁的一极靠近针的一端，这个时候，针不一定会被磁铁吸引，而可能掉个头，用它相反的一极对着磁铁。这就是物理学中，两个磁铁相互作用的现象。它们之间的规则是：异极相吸，同极相斥。

通过这次的实验，我们大体上了解到了被磁化的针的运动规律，当你发现这个的时候，你就可以用纸做一个小船，把磁化过的针藏在船舱里面。这样，你可以让不了解其中因果的同伴惊讶不已：你不需要去碰小船，但是小船的运动你却可以完全掌握，无论怎样它都会听从你的安排。当然，你也要有一块磁铁，并且要偷偷地藏起来，不让你的同伴发现。

24. 磁力引发的表演

生活中有很多应用到磁力的地方。下面我们就来举出一个很好的运用磁力的例子吧。你看图55是什么呢？有人会说这是一个剧院，而有些人则会说这是一个马戏场。因为这个东西从外面看确实很像一个剧院的舞台，但是你也要仔细地看看里面。我们可以从图上看到两个钢丝上的舞者，当然这些可不是真的舞者，这些东西都是我们用纸剪出来的。

图 55

但这个场地并不是我们用剪刀剪出来的，而是用硬纸片搭出来的。我们在这个场地的下部分绷了一根金属丝。然后在舞台上方固定了一块磁铁。

一切的外在条件现在我们已经准备好了，现在我们需要来制作图中所出现的表演者了。我们根据舞台角色的设置，用纸剪出各种姿势的演员。当然做这一步也是有条件的，那就是我们剪的演员的长度要等于针的长度。然后我们把针粘在它们的身后，然后用胶来固定它们的身形。

每次表演的时候，演员都会表演走钢丝什么的。而当我们做完这一切之后，我们也可以把我们剪好的东西放在"钢丝"上，这回你就会发现，它们不仅不会倒，而且因为受到了磁铁的吸力还会直立停在上面。如果你轻轻抖动金属丝，你就会发现这些钢丝上的舞者复活了。它们可以做各种各样的动作，但是无论它们怎么做，这些剪好的舞者都不会失去平衡。

25. 带电的梳子

哪怕你对电学一无所知或是只了解它的皮毛，但你依然可以做一个非常有趣的关于电的实验，而且这个实验确实很有趣，并且可以帮助你了解日常生活中的一些现象。

其实无论做什么实验，我们都是需要一定的实验环境的，这个实验也是如此。这个实验最好的时间和地点就是在寒冷冬天里供暖效果很好的房间。这一类的实验只有在干燥的空气里才能成功，而冬天被加热的空气要比夏天同样温度中的空气干燥很多。

说了这么多，现在我们来做实验。还有一点你也需要有所注意，那就是你得用古塔胶制的梳子梳完全干燥的头发。如果你确实处在暖气房里，而且屋子很安静，你就会听到梳子梳头时发出的噼里啪啦的响声。你的梳子由于和头发的摩擦而带电了。

古塔胶梳子梳头发摩擦可以带电，它摩擦干燥的毛料也同样会带有电的特性，甚至程度更高。这些特性多种多样，首先就是会吸引轻物体。如果你把一个摩擦过的梳子靠近碎纸屑、塑料纸、接骨木果仁粒等类似的比较轻的物质，那么你就会发现所有的这些轻的物品都被会被带电的梳子吸起来。若用较薄的纸做一艘小船，然后将它放在水面上，你甚至可以借助带电的梳子来控制小船的运动。

现在，可以让实验更加有吸引力。这次，在一个干的小高脚杯里放一枚鸡蛋，并在鸡蛋的上面平衡地放一根长尺。当带电梳子接近长尺某一端时，它会有一个避开的动作（图56）。你可以让它很听话地跟着梳子运动，向左、向右、转圈都可以。

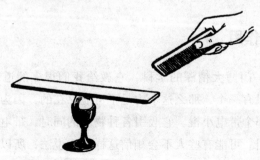

图56

26. 听话的鸡蛋

上一个实验中，我们在一开始做实验的时候，就准备了带电的梳子。其实你不只可以通过梳子来证明电的特性，也可以通过别的物品来证明。火漆棍摩擦法兰绒或者毛料衣物会使火漆棍带电，玻璃管或玻璃棍摩擦丝绸会使玻璃管或玻璃棍带电。但是若想用玻璃做实验，有一个很重要的实验条件，必须要在十分干燥的空气里才能成功，并且，丝绸和玻璃通过加温才能较好地被干燥。

物理实验总是能够给人们带来很多的乐趣。现在来展示另一个有关电磁力的实验。需要准备的道具就是一个鸡蛋，然后你在鸡蛋上面钻一个小孔，把里边的蛋清蛋黄倒掉，或者在另一头开孔把它们吹出来，之后把蛋壳上的小孔用白蜡堵上。得到空蛋壳后，把它放在光滑桌子的表面、木板或是平底盘子里，接下来就可以利用带电小棍来使鸡蛋壳进行能够被操控的滚动（图57）。这个由著名的科学家法拉杰耶夫想出的趣味实验会给那些不知道鸡蛋是空的人一种莫名其妙的感觉。同理，除了空鸡蛋壳，纸环或是轻小球什么的也会随着带电小棍运动。

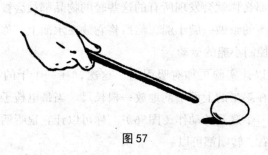

图 57

27. 相互作用

物理学是一门博大精深的学科，它教给我们很多的道理。力学告诉我们，如果力只有一个，那么这个力是不可能存在的，因为任何作用都有反作用，例如那个带电小棍。它吸引各种物品的同时，带电小棍自身也在被各种物品吸引。可能有些人不会相信这样一个说法，所以为了确认这个引力的存在，只需要确认小棍或者梳子的移动就可以了。做一些简单的准备，把梳子悬挂在一根细线上。此时你就会发现，无论什么东西，都能吸引小棍。这一实验的前提是，这些东西不能带电。甚至，我们可以让这些东西跟着自己的手移动，做任何你想要它们做的动作（图58）。

图58

其实明确地说，这就是大自然的规律。我们不仅可以在这里看见，在大自然中的什么地方都能够看见。任何作用都是两个物体的相互作用，往相反的方向作用。所以在自然界中不可能只找到单独存在的、没有另一个反作用的力，因为它根本就不存在。

28. 相互排斥的力

这次做的实验需要让我们回到带电梳子的实验中。通过这个实验，我们发现，它会被任何带电物体吸引。当然对于我们来说，观察它和另一个带电物体之间的相互作用也是件有趣的事。耳听为虚眼见为实，实验具有说服力，无论你想要说明什么，你都可以用实验来让你的观点更加让人信服。事实上，两个带电物品的相互作用可能是不一样的。就比如你把带电的玻璃棒接近带电梳子，这两个物品会相互吸引。但是如果你把带电的火漆棒，当然不用火漆棒也可以，你可以选择另外一把梳子，然后将它们放在一起，这个时候二者之间会有相互排斥的力。

关于这一现象，也对应着一个物理解释，那就是：异性电相吸，同性电相斥。古塔胶梳子或者火漆的电为同性，都是负电荷。而玻璃所带的电荷为正电荷。它们其实有一个很古老的名称，通常人们会说成树脂电和玻璃电。现在用正电和负电取代了它们原来的名字。我们都知道同性电荷的物品之间是有排斥力的。这里面有一个观察电的仪器就是验电器，这个验电器是一个简单的观察电的仪器。其实，"验电器"这个词的词缀来源于希腊语，在希腊语中的意思是"展示"。"望远镜"和"显微镜"这两个词是这个词的衍生词。

　　　　这个仪器并不复杂，如果你想动手试一试，你也可以自己做出这样一个仪器。你可以在软木塞的中间插入一个金属的中轴杆，将中轴杆的一头露在上面。中轴杆的底端用蜡粘上两片锡箔片或者烟纸片。最后用软木塞塞住瓶口，用火漆封好边，这样一个简单的验电器就做好了（图59）。如果用带电物品接触中轴杆露在外面的部分，那么两薄片就会感知带电。由于它们同时带上了同性电荷，它们会受到排斥力的相互作用力而互相分开。薄片的分开就是接触到中轴杆的物体带电的标志。

图59

　　　　如果你认为这个验电器做起来很麻烦，那么你可以做一个更加简单的验电器。虽说这个相对简单的验电器不是特别方便灵敏，但是效果还可以。在一根木棍上用线挂上两个接骨木仁小球，让两个小球紧紧地挨在一起。这样，一个相对简单的验电器就做好了。但无论多么简单它都是可以检验物体带电与否的。用被实验的物品轻轻接触小球，如果实验物品带电的话，另外一个小球就会偏离到一边（图60）。

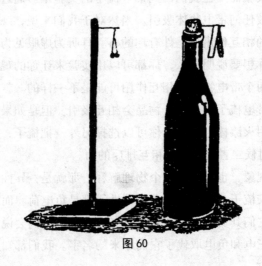

图60

其实还有很多更加简单的验电器，你可以往插在软木塞上的大头针上悬一张对折的锡箔片。这也是一个验电器，带电物品一触及大头针，就会使锡箔片张开。这也可以达到测试的效果。

29. 你所不知道的电的特点

电有一个特点，它只聚集在物品表面而且只在物体凸出的部分。为了证明这个特点，还需要做一个简单的实验。

首先我们用火漆把火柴立着粘在火柴盒的侧边，剪一个适当大小的纸条，两端卷成筒状，正好把两根立着的火柴棍套进去。纸条的前后面各粘三到四片很细的纸条（图61）。最后把整个纸条套在火柴棍上。

图 61

现在我们可以在我们做好的仪器设备上来进行实验验证了。

这回把纸条拉直，接下来，让带电火漆棍去接触所有的长纸条以及长纸条上面的小纸条，让小纸条和长纸条同时带电，这个时候可以观察到长纸条两面的小纸条全部张开了。如果你用火柴棍将它们恢复到一开始的弧形状态，再让它们带上电。这一次，只有凸出一面的小纸条会张开，而内凹部的小纸条还是一开始的样子，没有变化。这说明了电只聚集在凸出的一面。将纸条弯成S形，你会再次发现，只有纸条凸出部分才会有电的存在。

第三章

报纸的故事

1. 要学会用大脑思考

哥哥今天也不知道怎么了，整个人都很兴奋，哥哥说晚上他会和我做些关于电的实验。

我听到实验这个词也是很兴奋的："实验？有什么新的实验？不如我们现在就开始做吧！"我对哥哥说到的事情充满了期待，因为每一次哥哥做实验我都会学到很多知识。怪我说话太快了，哥哥对我说："你要学会等待，对做任何的事情都要有一些耐心。"

"我已经说了我会在晚上给你做实验啊，你就耐心地等着晚上的到来吧。我现在需要为实验做些准备，比如一些机器什么的。"

"还要准备机器，你要准备什么机器？"

"当然是与电有关的机器啊。因为我们这次做的实验是与电有关的。"

"你要做什么我这儿有啊，我可以给你弄来，你就赶快做实验吧。"

"还是我自己去找吧，我怕你会把实验搞砸的。"哥哥很不经意地说道，"你只会给我添麻烦，总是什么也找不到，最后还会把东西弄得很乱。"他说完后，还是决定自己去找了。

"你确定你可以找到机器吗？"

"当然可以了，你不用急，晚上你就可以看到了啊。"

哥哥走出门了，但是他把装有机器的包忘在了前厅里的小桌上。我很好奇他的包里面是什么东西，因为就我一个人和哥哥的包在一起，而对于我来说包里面的东西又是那么的神秘。我被包里面的东西深深地吸引了。心里面不停地想到底是什么，无论我做什么都不能转移我的注意力。

哥哥可真奇怪，他居然可以把发电机放在皮包里，因为我想象中它绝对不会那么平。我继续着我的好奇，向皮包的里面探索，我看到有一个东西好像包在了报纸里面。这是什么呢？我打开了报纸，原来包里面一本接着一本的除了书还是书，其余的东西就什么都没有了。原来我被哥哥骗了。

过了一会儿，哥哥空手回来了。他看到了我的表情，就知道是怎么回事了。

"你不会是偷偷看了我的皮包吧？"他笑着问道。

"你不是说有什么设备吗？我怎么没有见着呢？"

"这怎么会呢，就在包里面啊？"

"你骗人，包里面什么都没有，就只有书。"

"你仔细一点儿看就可以看得出来了，要不你再看看啊？"

"我用什么才能看得出来呢？眼睛？"

"你需要边看边思考，既要用上你的眼睛还要用上你的大脑，你需要理解你看到的一切。因为只有这样看了你才可以明白这一切。"

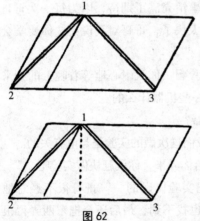

图 62

"好吧，哥哥你就别绕来绕去的了，你赶紧教教我吧。"

"仔细看着啊，让我来教教你只用眼睛看和用整个头脑看事情的区别之处。"

哥哥从口袋里面掏出了一支铅笔，然后他就在纸上画了一个图形（图62）。

"你看到图上的线了吗？我们用图中的双线表示轨道，单线表示公路。你告诉我，我们画的轨道，哪一条轨道更加长一些呢？你认为是1到2的距离更加长一些呢，还是1到3的距离更加长一些呢？"

"在我看来，我还是认为1到3的轨道要更长一些。"

"如果刚才你是用眼睛看见的，那么这一次我们用我们的大脑好好仔细地思考一下，到底是哪一条轨道要更加长一些。"

"可是我不知道要怎么去思考啊。这个太难了，我真的理解不了。"

"我让你好好地用大脑思考一下。那么就请你仔细地思考并想象一下。这回你从1的位置引出一条直线，这条线必须遵守一个规则，那就是要和底部的2至3公路垂直。"哥哥说完后在图上画了条虚线，"现在你来好好地想一想，我画的这条线是怎么把这条公路划分的？划分成了哪些部分呢？"

"是平分的吧。"

"你猜对了，这条虚线上的所有点到点2和点3的距离是一样远的。那现在你看看点1，它到点2和点3哪个更近一些呢？"

"通过你给的指引，我现在明白了，它到点2和点3的距离是一样的，而并不是右边的距离比左边的长。"

"现在你知道用眼睛看和用大脑思考的区别了吧。"

"现在我终于知道了，原来好多事情是用眼看不出来的。但是我还有一个疑问，哥哥，你说的机器在哪儿呢？"

"什么？哦，你是说那个发电的机器啊。它在包里啊，你没有看到吗？它就在原来的地方，你需要用大脑思考，不能光用眼睛看。"

哥哥说完后，就顺手从包里面拿出了一包书，小心地拆开，把一张大报纸空出来，随后将报纸递给了我，说："这就是我们的发电机。"

我很不理解。

"你仔细地想一想，这真的就只有报纸，没有别的了？"哥哥接着说，"如果你用眼睛看，我认为你是对的。但是用头脑看的话，就能够看到报纸里面有物理仪器。"

"物理仪器？做实验的？"

"对。现在你把报纸抓在手里，觉得很轻是吧？你可以用很轻的力气就能够将它拿起来。但是，同样的一张纸，却可以变得很重很重。你还记得那根画图尺子吗？现在你把它递给我。"

"这个尺子已经没有什么用了，已经破了。"

"这样就更好了，因为即使把尺子弄断了也不会伤心了。如果现在你用手往下面压着尺子，那么你就会很容易把它压弯了。但如果我用报纸把另外的一面遮住，现在你再试一试，你觉得会怎样？"

哥哥非常认真地用手将报纸抚平，摊在桌子上，然后把尺子塞进了报纸下面（图63）。

图 63

　　"现在你按照我说的去做。你看，我用报纸盖住了尺子的一部分，现在你快速地、用力地打击尺子的另外一部分。"

　　"这不行，我这么做，报纸立刻就会飞走，尺子也会被我折断。"

　　"用力。"哥哥说。

　　一开始，我确实有些担心。但结果却出乎了我的意料，尺子断了，而报纸仍旧完整。"你看，原来报纸比你想的要重得多了吧？"

　　"这是电的实验吗？"

　　哥哥说："这是实验，但并不是电的。我们要做的电的实验还没有开始呢。我想要告诉你的是，这张报纸确实可以用来做物理实验的仪器。"

　　"我有一个疑问。报纸的重量很轻，但是为什么尺子受了那么大的力后，报纸却没事？现在我可以轻松地把报纸拿起来。"

　　"其实实验有一个关键点。那就是当空气将一个很大的压力施加在了报纸上。如果精确计算一下，每一立方厘米的报纸相当于受到1千克重物的压力。当你打击尺子的一端时，尺子的另一端就会从下挤压报纸，此时的报纸应该被掀起。当然，这是最常见的一种情况。整个实验分两种情况，如果慢速打击尺子，那么报纸上面的气压和下面的气压会平衡，尺子会折断并且报纸也会飞出去。但如果你打击得够快，那么空气就来不及渗透到报纸的下面，所以这个时候即使报纸中间已经朝上掀的时候，它的四周还是贴着桌子的。所以我才让你用大力、快速地打尺子。

　　"我可以用具体的数字来帮你分析：假设报纸的面积是16平方厘米，

那么它上面受到的空气压力就相当于16千克的重物。这张报纸的面积明显更大，就是说，举起报纸需要更大的力，大概为50千克重物的力。这个重量尺子承受不了，所以就断了。

"那么你现在开始相信，借助重量轻的报纸也可以做实验了吧？好了，准备下一个实验吧。天快黑了。"

2. 手指之间也可以有火星

本来我想让哥哥做个实验，可是我来到了哥哥这里，才看到他一只手拿着刷子，另外一只手拿着报纸贴在火炉壁上，正在用刷子刷报纸，就像要刷平墙纸的工人一样。

哥哥对我说："注意了啊，现在你看！"他的两只手都离开了报纸。我心里想，这张纸肯定会掉下来的。

但是报纸并没有滑到地上。不但如此，这次报纸就像粘上去的一样。我有些疑惑。

"怎么会这样呢？这到底是怎么粘住的啊？"我很惊奇地问哥哥。哥哥说道："因为带了电。报纸现在已经带电了，不但如此报纸还被炉子吸住了。"

"你一开始怎么就不说包里的报纸是带了电的呢？"

哥哥很平静地解释说："报纸一开始并没有带电。你看到我刚才用刷子刷了吗？就是在这个时候我才让它带上电的，你可不要忘了刚才我可是当着你的面弄的，你不会都没有注意到吧。报纸因为摩擦带了电。"

"我是看到了，但是我没有想到这一点啊。那哥哥你的意思就是说，我们刚才做的这个实验就是真正的电的实验了？"

"是的，这确实是一个基础的带电实验。我们的实验才刚刚开始，现在你可以把灯关了。我们开始进一步地做关于电的实验。"

我听了哥哥的话，把灯关掉了，在黑暗中，只能模糊地看见哥哥的身影和炉子所在地灰色的斑点。哥哥在黑暗中说："你现在仔细一点儿看看我的手里有什么。"

我根本就看不清哥哥到底做了什么，对于我来说现在就只能去猜了。哥哥把报纸从炉壁上揭了下来，用一只手把报纸朝下拿着，而另外一只手的手指大张着靠近报纸。

　　我从来就没有看到过这种现象，我们已经做过很多次实验了，但是这一次的实验真的很让我震惊。哥哥的手指间居然飞出了蓝白色的火星。太不可思议了（图64）！

　　"这些火星就是你所说的电。看到了吧，这回你想自己试一试吗？"

　　我果断地把手藏在了背后。

　　哥哥这回又重新把报纸贴上炉壁，这一次他也是用刷子刷完的。当他做完后，手指间又蹦出一股股长长的火星。这次我看清了，真的，我看得很清楚，哥哥完全没有用手指碰报纸，离报纸有10厘米左右的距离。

图 64

　　"来，尝试一下，不会痛的。"哥哥抓住我的手，让我贴近炉子，"现在你要做的就是把手张开，这也不难吧，怎么样，痛吗？"

　　我还没有反应过来，就看到了蓝色的火星从我的手指间冒出来了。此时出来的火星，发出一闪一闪的光。在这些光的照射下，这一次我还看见哥哥只从炉子上掀开了一半的报纸，另外一半的报纸仍旧像粘上去的一样贴着炉子。当我手里有火星出现的时候，我也感觉到一点儿轻微的疼痛，但是疼痛并不明显。

　　"再来！"我主动请求。

　　哥哥又把报纸贴上了炉壁，然后就开始刷。"你直接用了手掌。你忘了吗？得用刷子啊。"我提醒他道。

　　"你不用担心，这样也是可以的。"

"这怎么行呢？你根本没有用刷子啊，你是用你的手。这和你开始的时候并不一样。这个能成功就是因为用了刷子的缘故吧？"

"其实这和用不用刷子没有什么太大的关联，如果你的手很干燥的话，即使没有刷子也是可以的。你只要可以摩擦就好了。"

哥哥说的没有错，实验的结果和一开始的时候是一样的。这次我的手指间也闪出了和之前一样的火星。

"怎么样？我相信这个火星你也快看够了吧。"哥哥对我说，"好了，这游戏就进行到这里吧，现在我们来做另外一个很有趣的实验。在这个实验里面，我来向你展示放电，就是哥伦布和麦哲伦在自己帆船桅杆顶端看见的那个东西。给我一把剪刀。"

我手里面的火星灭了以后，整个房间又变得一片漆黑，但是哥哥还是在黑暗中拿了一把剪刀，然后用剪刀的尖部靠近炉壁上半脱的报纸。我以为这次肯定又会出现和上次一样的火星，所以我就很耐心地等着。但是，突然间我看见了一个新现象——在剪刀的尖上，闪烁着一束束蓝红色的光线，一圈一圈的，很漂亮。我看到了哥哥拿着的剪刀离报纸还有一段很远的距离呢。那儿不但有美丽的光线产生，与此同时还传来火燃烧的声音（图65）。

图 65

"或许你还不知道这是什么，那就让我来告诉你吧。你看到的这个就是海员们经常能看见的现象，是出现在桅杆和横桁末端的光束。我们只是做实验，所以看到的这个是很小的。但是海员们不一样，他们看到的要比我们实验的这个大多了，并把这个称之为'埃利姆之火'。"

"这些东西是从哪儿冒出来的？"

"你不会是想要知道拿着报纸站在桅杆下面的人会是谁吧？事实上，那里并没有什么报纸。但是海上有低垂的带电云，正是由于这些云的存在才会出现这种现象的。这些云的作用就像我们现在的报纸一样。其实任何事情都是有很多面的，这个现象也是如此。尖端电辉光也不仅仅只是发生在海上，在别的地方也能够同时看到这些景象。比如，你也可以在陆地上或者是山里看到这种景象。

"你还记得尤利乌斯·恺撒吗？其实尤利乌斯·恺撒也描写过类似的事情，在一个多云天的夜晚，有一个士兵的长矛尖也闪烁着那样的火光。海员和士兵们都是知道这种情况的，所以海员和士兵并不怕电光。与我们感受不同的是，很多士兵还会把这些东西当作吉兆。虽然如此，但是这里面有一点要特别地说明，把它当作吉兆并没有任何合理根据。在山里，这种事情常常会发生，在所有的身体突出部位都会出现这种电辉光，例如在人们的头发上、帽子上、耳朵上。与此同时我们还能听见嗡嗡声，就像剪刀尖发出的声音一样。"

图 66

"这声音大吗？"

"不大。然后你要清楚一点，这个光并不是火光，而是辉光，冷辉光。辉光很冷且无害，这种光没有很大的作用的，因为你不知道，这个连火柴都点不着。我把剪刀换成火柴，火柴头环绕着电辉光，但是火柴并不会燃起来（图66）。"

"但是我怎么感觉，其实火焰是直接从火柴头冒出的呢？"

"如果你不相信，那么你现在把灯打开，你在灯下仔细看看火柴。"

但是当我确认了，我才发现哥哥是对的，因为火柴并没有被烧过的痕迹。它确实被冷光环绕，不是火。

做完这个实验后，哥哥随手把椅子挪到了房间中间，然后他从后面拿了个手杖，平行地放在了椅背上。一开始其实并不是很顺利，但是哥哥还是没有放弃，又试了一遍又一遍。最后哥哥终于成功地找到一个支撑点，让手杖平稳地放住了（图67）。我很是不解，平时立着的手杖甚至找个东西靠着都立不稳，这一次手杖怎么会这么听话呢？

"手杖居然还可以这样放！"我很惊奇地说，"手杖那么长！"

"能稳住就是因为它长，如果它短，就真的放不住了，你绝对不能将一支铅笔放到这种程度的。"

图 67

"哥哥你也太无聊了，谁会把铅笔用到这个地方。"我说道。

"那么我们现在开始做正事。这次的实验规则就是，不允许你碰这个手杖，但是你一定要让手杖转向你。"

我百思不得其解："这要怎么办啊？"

"那只能用绳子将一面拴上了啊。"

"不用任何绳子，没有任何的接触。你看你能做到吗？"

"好吧，我知道了，现在我只能尽力了。"

我想用气把手杖吸过来，但是看来我这次又错了，因为手杖根本就不动。

"怎么样？"

"这太难了，反正我是不可能做到的。"

"怎么会不可能呢？一切皆有可能。你看着我做。"哥哥说完，就把粘在瓷砖上的报纸给揭了下来，慢慢地从侧边接近手杖。当他走到离手杖不到半米的距离时，我能够觉察到手杖已经开始感觉到带电报纸的吸力，听话地转向报纸这边。哥哥小心地移动着报纸，慢慢地引导手杖在椅背上转动。

"现在你看，带电报纸的吸引力还是巨大的。只要所有的电还没有从报纸放到空气中，那么报纸走到哪里，手杖就会跟到哪里。"

"这个实验还是有一些不足的，它不能在夏天做，因为炉子是冷的。"

"炉子在本实验中起到烘干报纸的作用，使报纸变得完全干燥。报纸有些时候会吸收空气中的湿气，因此它总是有点潮，影响实验。

"但是，不要以为在夏天这个实验就根本不可能完成，只是效果稍微差一些。因为冬天暖气房里的空气比夏天的干燥些，这就是我们所说的原因。干燥对于这个实验来说是必不可少的。

"将在灶上烘干的报纸移到干燥的桌子上，用刷子使劲刷，刷完后报纸就会带电，虽然没有像在暖炉瓷砖上那么强。好了，这次我们就把实验做到这里吧，明天我们做别的实验。"

"哥哥，我们接下来会做什么实验呢？还是和电有关吗？"

"你说的没有错，我们接下来做的实验都和我们这个发电机——报纸有关。好了，你仔细听着，我给你讲一个故事，是关于山里的埃利姆之火的描写，这个故事是著名的法国自然探险家索绪尔留下的。1867年，这个法国的探险家和几个同伴待在3千米多高的萨尔乐山脉顶峰上。这就是他们在那儿体验到的。"

哥哥说完，就转身到了后面放书架的地方，从书架上取出弗拉玛里翁的《大气层》。他把书翻开，让我读下面的一段话：

完成登山的人们刚刚在峭壁的旁边把搭帐篷的铁棍支好，准备吃午饭，但就在这个时候，索绪尔突然觉得肩和背像针刺一般的痛，然后疼痛慢慢扩散到全身。单丝·索绪尔说："我以为我的衣服里面掉进了大头针。我脱下了它，但疼痛并没有减轻，我反而感到疼痛加强了，并且开始从一个肩膀向另一个肩膀蔓延。我的整个背都被疼痛控制，而且还有酥麻和病态的针刺感，就像皮肤上有针扎，并且针在游走。我又脱了我的第二件大衣，但是衣服里仍然没有找到什么东西。疼痛并没有停止，开始转为烧灼感，我甚至感觉我的毛衣好像着火了一样。当我正准备脱下来的时候，我好像听见了嗡嗡的声音。"声音是靠着峭壁的铁棍发出的，铁棍发出的声音像快烧开的水一样。这个声音持续的时间很长，足有5分钟。

然后我便知道到底发生了什么事。我之所以会有疼痛的感觉，原来是来自山上的电流造成的。但是在白天的光亮下我并没有看见铁棍上有什么东西在闪。铁棍不管是被垂直拿在手里，还是铁尖朝上、朝下或者平行，都会发出一样刺耳的声音。

整件事情并没有停止，过了几分钟我感觉到，我的头发和大胡子正在竖起来，此时就好像有一把干干的剃须刀在刮又硬又长的大胡须。我听见我的年轻的同伴叫了一声，他也遇到了这样的情况，胡须竖了起来，从耳朵尖发出了更加强烈的电流。当我举起手我就能感觉到，有电流从手指间发出。总之，我感觉哪儿都有电流通过，感觉全身都已经被电流团团围住了。我们赶紧离开山顶，立刻往下走，走了将近100米。越往下走，我们的铁棍发出的声音越弱，最后几乎听不见声音了。

索绪尔的故事讲完了。但是在这本书里，还有其他产生埃利姆之火的故事：

突出的峭壁产生电是很常见的，只要天空覆盖着很低的云层，而云和山顶的距离很近的时候，就会发生这种现象。

在1863年7月10日这一天，瓦特松和几个游客登上了瑞士山脉永格弗拉乌山口。早晨天气很好，但是在接近山口的时候，他们就遇到了麻烦，碰到了夹着冰雹的强风。随后传来一声可怕的雷声。很快，瓦特松就听见棍子发出的尖厉的声音，感觉和水烧开了一样。同行的人看到了这种情况，很快地停了下来，然后发现他们的铁杖和斧头也传出同样的声音。它们会一直响，除非把它们的一头插进土里。一个向导脱下帽子叫了起来，因为他的头在"燃烧"。他的头发竖立起来，就像被电击了一样。所有的探险者也都遇到了类似的情况，并且都不知道是什么原因。瓦特松的头发也完全竖立起来，不但如此，手指在空气中一动，就能够听到电流发出的噼啪声。

3. 纸小丑可以跳舞吗

上次哥哥说要约我做实验，于是这一天哥哥把我叫过来，说话算数。但是这个实验也需要等到天黑，所以我们就选择在晚上的时候开始。当天一黑，哥哥就开始了他的实验。第一件事情就是把报纸往炉壁上"刷"，然后朝我要了各种各样的、比报纸结实一些的纸小丑。

"你仔细看好了。这一回的实验，我要让这些纸小丑在我们这里跳舞。你现在去准备一些大头针来。"

很快，我们就在每个纸小丑的脚上都钉上了大头针（图68）。

我不明白是什么原因，让哥哥给个解释。

哥哥说这样做是为了让纸人不被报纸引诱而飞走，说完后他便把纸小丑分散放在茶炊托盘上："要开始了。"

哥哥揭下报纸，两手平托着，从上边接近装纸人的托盘。

"站起来！"哥哥发出指令。

我惊呆了，没想到纸小丑们特别听话，哥哥说站起来，它们就真的站了起来，直挺挺地戳在那儿。当哥哥把报纸移开，它们又躺了下去。但是哥哥的报纸一过去，纸小丑们便又开始站起。就这样反反复复地做了很多回。

"之所以用大头针，就是为了防止它们被报纸吸引。此时如果我不用大头针拴住他们，他们会往上跳，紧紧贴向报纸。看好了！"哥哥从几个纸小丑脚上取下大头针，他们立刻被整个吸向报纸，而且没有往下掉。

"这就是电吸力。下面我们来做另外的一个实验，这个实验与排斥力有关。嗯，你把剪刀放哪里了？"我把剪刀递给他。哥哥又"刷"好了报纸，开始从上往下，顺着它的边缘剪，剪成了又细又长的纸条。每剪到最上边，他又用同样的方法剪第二条、第三条。在他剪到六七条的时候算是结束了（图69）。

如此，哥哥做出了一条纸胡须，并且没有像我想的那样从炉壁上滑落，而是继续留在了上面。哥哥用手压住上端，用梳子平梳了几次之后，

图 68　　　　　　　　　　　图 69

把"胡须"拿了下来，手臂伸平，捏着它的上部。

纸条并没有想象中那样自然下垂，而是像一口钟那样张开来（图70），很明显地相互排斥着。

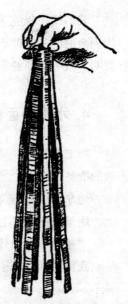

哥哥给我解释了原因。"胡须会相互排斥是有原因的，"哥哥很认真地解释说，"这些胡须都是带电的，它们要接近完全不带电的东西，就会被吸引。如果把手从下面伸进纸条内部，所有的纸条都会贴向手。"

我感觉到不可思议，但还是照做了。我蹲了下来，把手伸向纸条之间的空隙。但是很遗憾的是没有做到，纸条就像蛇一般把我的手紧紧裹住。

"这种蛇不可怕吧？"哥哥问道。

"当然不怕了，这些蛇都是纸做的啊，有什么可怕的。"

图70

"你不怕，但是我可是很害怕。"哥哥就把报纸举到自己头上，我发现哥哥的长头发一根根竖了起来。

"哥哥，你做的这个也是一个实验吗？"

"没错，这也是一个实验，这个实验的原理和原来做的几个原理是一样的。这次是报纸让我的头发带电了，它们之间既吸引又排斥。这个实验的原理和纸胡须一样。现在你拿着镜子，看看你头发站起来的那种风格。

"这个应该不会对我的头发造成什么伤害吧？"

"当然不会了，你放心好了，不会有什么伤害的。"

然后哥哥就开始了实验，一开始我还是有一些担心的。但是整个实验就像哥哥说的一样，我的确没感觉到一丝疼痛，甚至痒。然后我就看了看我的新发型，我突然就笑出来了，因为我看到了镜子里报纸下我的头发是怎么直直地竖着的（图71）。

图71

　　我们终于做完了所有的实验，我的谜团也一个接一个地解开了。我们用剩余的时间把昨天的实验又做了一遍，之后哥哥停止了"演出"，答应我明天做一些新的实验。

4. 水槽外面的水流

　　第二天晚上，哥哥又准备做实验了，准备了很久。不过，一开始，他做的准备很奇怪。

　　他拿了三个玻璃杯和一个托盘，放在炉子边上烤热，然后放到桌子上，用茶炊托盘从上面把杯子盖住。

　　"接下来要做什么呢？"我对哥哥将要做的事情非常的好奇。因为有一点我很不解，杯子本来应该是放在托盘里的，可是哥哥却用托盘盖住了杯子。

　　"你别急啊，我还没有开始做呢。我做的将是小闪电的实验。"

　　现在我终于要看到哥哥用"发电机"了，也就是要把报纸贴在炉壁上用刷子刷。刷完以后，哥哥又把报纸对折两次，继续刷。之后，他把报纸从炉壁上揭下来，很快速地把它放在了托盘上。

　　"你来摸摸托盘。现在托盘的温度应该不是很低。"

　　我并没怀疑这是个圈套，于是我伸手去摸。突然，我的手指像是被什么东西扎了一下，非常痛。

　　哥哥大笑。

　　"感觉怎么样？你刚才被电击了一下。你听见什么声音了吗？类似于噼啪一样的声音？这就是轻微的雷声。"

　　"说实话，我刚才只感觉到了一阵疼痛，感觉好像被针刺到了一样，但是没有看见闪电。"

　　"哦，刚才本来就是没有闪电出现的，现在，我们再重新做一次实验。不过这次我们在黑暗中做。"

　　"这一次我不会再去碰托盘了。"我说道。

　　"这一次不需要你去碰了。因为这一次你可以通过钥匙把闪电给引出来（图72）。如果你按照我说的做，你就不会感到疼痛，这一次什么都不会感受到的，就和平常一样。但闪电还是那么长。你不用担心，第一道闪电我自己来引，你的眼睛现在还不能适应黑暗。"

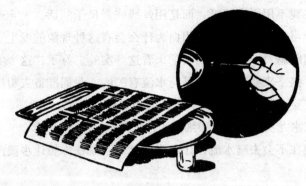

图 72

哥哥把灯给关掉了。

"现在你仔细地看着，马上就有闪电了。"哥哥刚刚说完，我就看到了一道火柴那么长的蓝白色闪电从托盘和钥匙之间蹦了出来。

"这应该会听见雷声，也可以看到闪电。"哥哥说道。

"只是闪电和雷声是同时出现的。但是真正的雷声总是比闪电慢一些。"

"这回你说的很对，打雷的时候，我们确实是先看到闪电，然后才能听到雷声。但是这一切确实是同时发生的。"

"那为什么雷声会很晚才听见？"

"闪电是光，光的速度特别快，传到你的眼睛里几乎是瞬间。打雷是声音，声音在空气中的传播速度明显小于光速，所以我们听到的声音就会晚些传到我们的耳朵里。因此我们看见闪电要早些，而我们听见的声音就会晚一点儿。"

哥哥给我解释完之后，把钥匙交给了我，然后取下了报纸。然后他对我说："现在你可以大显身手了，你也可以从托盘上引发闪电。我想你的眼睛应该已经适应了昏暗的环境。"

"可是现在已经没有报纸了啊，难道没有报纸也会有闪光？"

"试试看。"

我把钥匙送到托盘边缘，就看到了一道耀眼的、长长的闪光。

哥哥再次把报纸盖在托盘上，我又尝试了一次引发闪电。这次的闪电明显已经弱了些。哥哥一直重复着这个动作，我也每次都能引发闪光，只是一次比一次弱。

　　"如果我不用手拿报纸，而是用丝线或者尺子的话，火光或许持续久些。当你学习物理之后你就会明白为什么会有这种现象的发生了。我现在只是让你用眼睛看，而不是用头脑来看这些实验。好了，这个实验我们就做到这儿，接下来要做的实验是与水流有关的。我们准备去厨房的水龙头边做这个实验。至于这张报纸，就让它留在炉子上吧。

　　我们从水龙头放出一股很细的水流，落在水槽的底部。

　　"我现在不会去碰水流，让水流自己流。现在你想让水流流向哪个方向呢？"

图73

　　"往左边吧。"

　　"哦，好的。那你别去碰水龙头啊，我现在去拿报纸。"

　　没有过多长时间，哥哥就拿着报纸出现了。他尽量伸直手拿着，让报纸离身体远些，让它不会失去太多电。看着哥哥的样子以及哥哥这次将要做的实验，我的心还是很激动的。哥哥让报纸从左边开始一点点地接近水流，这时我清楚地看见，水流往左边偏了。他又把报纸拿到另一边，水流便偏向了右边。最后哥哥拿着报纸后退到一定距离，直到水流到了水槽的外边（图73）。

　　"你看啊，水居然流到了外边，这里就表明了电的吸力足够的强。

　　"其实这个实验做起来很简单，没有壁炉或者炉灶也是很容易做的，报纸也不是实验的唯一的道具。它可以用普通的橡胶梳子取代。"

　　说着哥哥从侧边的口袋里面掏出了一把梳子，然用梳子梳了梳他浓密的头发，"现在它带电了。"

　　"但是，我只看见你用梳子梳了几下子头发啊，难道你的头发上面有电吗？"

　　"你这次想的有点儿多啊，我的头发也是普通的头发，所有人的都一样。但是，橡胶的东西与头发摩擦的话，会使橡胶带电，这和报纸的原理是一样的。看好了！"

靠近水流的梳子明显地让水流偏向了一边。

"这个实验做完了，还有别的实验。这些实验也用梳子来代替报纸，那就不合适了。梳子获得的电量太少，而报纸获得的电量更多。下面的实验是我做的最后一个实验，但是这回的实验不是与电有关的，而是与空气压力有关的实验，这个实验和那个尺子的实验有很大的相似之处。"

我与哥哥一起回到了房间。哥哥用剪刀剪了报纸，然后用报纸粘贴出了一个长口袋。

"我刚刚做好的口袋还需要一段时间才可以用，现在你去拿几本厚点儿的书来。"

我在书架上找了几本有分量的书，把它们摆在桌子上。

"你可以用嘴把这个口袋吹起来吗？"哥哥笑着问我。

"这有什么难的啊，我当然可以做到啊。"我说道。

"好吧，确实简单。但是你还记得我让你找的书吗？如果把这些书摆在口袋上呢？"

"你在开玩笑吗？这怎么可以吹得起来呢？"

哥哥并没有说话，只是把口袋放在了桌子边上，然后哥哥就用一本书压住了这个口袋，不但如此，哥哥在一本书的上面又立着放了一本书（图74-1）。

"你现在用心看着，看我是如何把袋子吹起来的。"

"哥哥，你不会是打算要把这些书吹跑了吧？"我大笑着问哥哥。

"猜对了。"

哥哥说完话后，便开始吹口袋。你猜猜会

图74-1

发生什么呢？这底下的书肯定得翘起来，袋子上面的书被顶翻。但是这些书的重量要足足5千克啊！

哥哥在这一次的实验中给口袋压了3本书，用很大的力气吹了过去，如果不是亲眼看到，我一定不会相信这3本书都翻倒了（图74-2）。

其实原本实验并没有什么特别之处，但是这个实验最让人惊奇的事情就在这里，因为这个实验的普通，每个人都感到很容易。但是很多人都没有亲自试一试，而只是用嘴一说。其实谁都可以成功地做到。我也试了一下，我也能做成功了。这个实验每个人都可以完成，很简单。

图 74-2

我虽然可以像哥哥一样做到，但我不是很懂其中的原理。这个实验是很简单的，但是它的原理只有很少的人能够知道。为了弄清楚是怎么回事，后来我还是请哥哥给我解释其中奥秘。

当我们吹口袋的时候，吹进口袋的空气要比口袋外面的多。因为如果口袋里面的空气不如口袋外面的多的话，那么口袋是吹不起来的。外面空气的压力大约相当于每平方厘米承重1 000克。我们不精细地计算，只是大略地计算一下，我们粘好的纸袋是多少平方厘米，就很容易算出来了。压力多1/10，就是说每平方厘米承重多100克，那么口袋里从里向外的压力总和相比被压部分差不多多出10千克重物对支撑物的压力。这个力足以将书掀开了。

第四章

74 个有趣的物理实验

1. 不准确的秤也可以称出准确的东西

你称过东西吗？如果你称过东西的话，那么你觉得是准确的秤重要还是准确的砝码重要呢？很多人认为，既然是称东西的话，自然是秤更加重要。这就错了，砝码更重要。没有准确的砝码，秤再准也没有用。如果砝码准确，那么即使秤不准确也可以精准地称重。

如果你有一把带秤杆和秤盘的天平秤，但是你不知道这把秤准不准，那么，要使用这个秤来称重，你可以这样：在托盘里放一个比你要称的东西重些的物品，在另一个秤盘里放上能让秤平衡的砝码。

之后，就要把称的东西放到装砝码的秤盘里。这时秤盘定然会压下去，为了平衡就不得不把一部分砝码取下来。你要称的东西和撤下来的砝码的重量是一样的。这其中原因很好理解，你要称重的东西现在正在代替撤下来的砝码来压着秤盘。

这个绝妙的方法，正是伟大的化学家门捷列耶夫想出来的。

2. 绞车的重量

现在我们来思考一道题。当你站在一个相当于几十杆秤的绞车平台上，并开始下蹲时，绞车是往上摆还是往下摆？

答案是往上摆。那是根据什么做出的这个判断呢？当我们下蹲的时候，我们身体往下的肌肉就会牵引双腿往上，此时身体作用于绞车的压力在减轻，于是绞车往上摆动。

3. 用滑轮拉重物

假设一个人可以从地板上拿起一个100千克的重物。现在，由于需要，他需要拿起更重的重物。于是他把货物系在固定在天花板上的滑轮的绳子上，做成了一个定滑轮装置。那么这个人究竟能用这个定滑轮装置举起来多少重物呢（图75）？

其实，当我们借助固定滑轮来拿物品的时候，可以拿起的货物一点儿不比直接用手拿的多，甚至轻了很多。如果有人拉穿过定滑轮的绳子，他能拉起的货物重量不会超过自己的体重。如果人的体重不足100千克，那他是无论如何也不可能拿起100千克的东西的。

图 75

4. 两把耙

生活中，很多人都会有概念混淆的时候。就比如说，人们经常会把重量和压力弄混。其实，这两者完全不是一码事。物体可以具有很大的重量，却给它的支撑体施加很小的压力。相反的是，有些物体的重量本身很小，但是它却给支撑体很大的压力。

通过下面的这个例子，你可以让自己明白重量和压力的区别之处。

田里面有两把同样结构的耙在干活，其中一把有20颗齿，而另外一把有60颗。第一把重60千克，而第二把要重120千克。

那么，哪把耙子挖得深一些呢？

其实这很容易就能够想象得到，哪一把被施加了更大压力，哪一个耙子挖土挖得就深。下面我们就来具体地用数字分析一下吧，首先第一把耙总重量60千克，然后它自身把这60千克的重量分配在20颗齿上，你想想看，这样每颗齿分到的重量就是3千克。然而第二把耙的每颗齿分到的重量是120÷60，就是2千克。通过这个计算就可以很清楚地知道哪一个施加的压力更大。尽管第二把耙子的总重量要比第一把重一些，还是第二个耙子挖的土要浅些，因为第一把耙子上每颗齿受到的力更大一些。

5. 桶的压力计算

你知道压力的计算方法吗？或许有些方法很难，这回我们来探讨一个简单的计算压力的方法。

现在有两个直桶，这两个直桶里装有腌制的蔬菜，顶上压着两块上有石头的圆木板。其中一块圆木板直径为32厘米，重量为16千克；另外一块的直径是24厘米，重10千克。

通过上面的几组数据我们能够很清楚地了解到，如果拿每平方厘米来做对比的话，那么每平方厘米面积上压着的物体重些的桶所受到的压力就会更大些。第一个桶上承重共为16千克，分配到804平方厘米的面积上后，每平方厘米不到20克。第二个桶上的重物为10千克，分配在3.14 × 12厘米 × 12厘米 ≈ 452平方厘米的面积上，即每平方厘米分担大约22克。通过上面的计算方法可以看出，第二个桶上受到的压力大些。

6. 锥子和凿子

生活中我们都见过锥子和凿子。若用同样的力气敲打锥子和凿子，为什么锥子比凿子钻得深？

很多人都会疑惑，想要知道这其中的原因是什么。其实，当你敲打锥子的时候，你就会发现你所用的所有的力量都集中在面积很小的锥尖上。你用力敲打凿子的时候，虽然用了同样大的力气，但是结果是完全不同的。假设锥子与材料的接触面是1平方毫米，而凿子是1平方厘米。如果此时你用相当于1kg重物重力（约9.8牛）的力敲打两个工具，那么凿子承受的压力就是1平方厘米上受1千克力（1千克力 ≈ 9.8牛），而锥子承受的压力是1平方厘米上有100千克力（因为1平方毫米是0.01平方厘米）。同样的力去砸锥子和凿子，锥子受到的压强要比凿子大100倍。根据这个，我们就能够知道为什么锥子可以钻得更深了。

其实当你明白了上面的现象的时候，你就会不由自主地去联想到别的事情。比如缝衣服的时候会发现衣服很难缝，用手指顶针感到手指很疼。其实你所施加的压力一点儿不比蒸汽炉里蒸汽产生的压力小。现在想一想刮胡刀，用手轻轻一压，脸上的胡须就被刮没了。其主要原因，就是刮胡刀又薄又锋利的刀片产生了每平方厘米几百千克力的压强，于是毛发就被剃掉了。

7. 马和拖拉机的故事

笨重的履带拖拉机在泥泞里活动自如，而马和人在同样的泥泞里却是进退两难。很多人都对这一点很不理解。因为在人们眼里面，越重的东西在泥泞里出来肯定就越难。但拖拉机比人和马重多了，那为什么陷在泥泞里的是人和马而不是拖拉机？

为什么会发生这种现象呢？如果想要弄明白这个，就必须知道重量和压力的区别。其实陷得深的不应该是重的物体，而是每平方厘米支撑点承受了更大重量的物体。履带拖拉机将巨大的重量分配到履带巨大的表面上，分摊到拖拉机的每平方厘米的支撑点上的重量总共也就几百克。而马的重量分摊到马蹄下的支撑点，因而每平方厘米支撑点分摊的重量超过1 000克，是拖拉机的10倍多。所以马踩进泥里比拖拉机陷得深也就是很平常的事情了。其实生活中有很多这样的例子，当牵着马走过松软泥泞的地方时，人们就会给马穿上很大的鞋子，以增加马蹄与地面的触地面积，这样马被陷住的机会就大大减少了。

8. 爬着走过冰面

生活中有很多好玩的事情，尤其是在冬天的时候。冬天的时候天气很冷，河水会被冻住，这时候有些人就想从冰面上行走。但是冰面上会存在很多的安全隐患，因为很多时候我们并不知道冰面是不是冻得结实了。但是这并不能难倒聪明的人们，很多人还是想到各种各样的方法去过河。虽然每个人的方法不同，但是很多有经验的人是不会用脚在冰面上走的，为了不让这些危险的事情发生，他们会选择爬行。但是，这样做的原因是什么？

我们都知道不管人怎么过河，人的体重都没有变化。所以大多数的人觉得躺着和站着没有分别。但是躺着时即便是重量没有变，人与冰的接触面积却变大了。这是很重要的一点，两个脚大小的面积，受到体重的压强明显要大于整个身子大小的面积受到体重的压强。所以，即便你的体重很重，如果你爬着过河，那么整个冰面受到的压力也是很小的，过河十分安全。

人们之所以会这样，就是因为他们想让更大面积的冰面来承受他们身体的重量。很多人会选择一个比较宽的板子，然后在宽的板子上滑，这也是为了增加冰面的受力面积。

到底冰面可以承受多大的压力呢？经过科学的计算，一个人在冰面上走，如果确定安全，那么就需要至少4厘米厚度的冰才行。

如果我们我们要更加安全地走过冰面的话，那么究竟多厚的冰才足够支撑我们平安到达河的对面？10到12厘米就足够了。

9. 绳子会在哪里断

按照图76做一个装置。在两扇打开的门上架一根棍子，棍子上系一根细绳，用绳子捆起一本很重的书。最后，在细绳的末端吊上一根尺子。现在我们来猜猜，这条细的绳子会在哪里断开呢？书的上面还是下面？

细绳在书的上面和下面都是有断开的可能的，这取决于你怎么做。如果你很小心地拉，绳子的上部就会崩断；而如果你要非常迅速地拉，那么绳子的下部就会崩断。

出现这样的结果的原因是什么呢？我们说过，如果你非常小心地拉细绳，那么细绳的上面就会断开，因为这个时候绳子上除了有手的力量，与此同时还有书的重量。所以这样看来绳子是很容易断的。

但是绳子下面的部分只有一只手的力，所以当你用非常快的速度拉的时候，书由于惯性还来不及做出明显运动，全部的力量集

图76

中在绳子下部，于是被拉断。哪怕下边的绳子再粗些，也是一样的结果。

10. 你不知道的撕纸方法

我们这次做的实验，需要的道具很简单，就需要一块纸。我们在纸上

轻微地剪开两处（如图77），然后问问你的朋友，如果此时拉着它剪开的两头往不同方向扯，会发生什么呢？

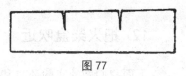
图77

如果不出意外的话，其实很多人都会说撕成三部分。如果你发现大家都是这样说的，那么此时你就应该让朋友们学会用实验来检验真假了。因为只要你做过实验，你就会发现，这张纸只会被撕成两部分。

这个实验可以想做几次就做几次，可以改变纸的大小，也可以在不同的地方撕开裂口，但是不管怎么做，你只能撕成两张纸，并且纸的断裂点也是遵循着一定规律的，就是在纸薄的地方。其实，这也是一个常识，纸上哪块薄，就会在哪块断。主要问题在于，两个或剪开或撕开的裂口，不管你多么小心，其中一个总会不可避免地比另一个深。而且就是这一点点的误差，成了纸片上最薄弱的地方，断裂就是在这个地方开始的。而且，只要有了裂口，就会一撕到底，因为它只会变得越来越薄弱。

这只是一个很简单的实验，却隐藏着很重要的一个科学知识，因为这个实验涉及了一个对科技而言严肃而重要的领域——"材料强度"。

11. 结实的火柴盒

如果给空火柴盒一拳，火柴盒会怎样？按照生活中我们遇到的情况，其实大多数人的答案应该是相同的，那就是火柴盒一定会被打扁的。但是如果真正做过这个实验的人，或许给出的答案就不同了。他肯定会说火柴盒还是原来的模样。

而让人信服的方式，就是通过具体的实验来证明这一切。把空的火柴盒摆成图78-1所示的样子，然后用拳头快速击打摆好的火柴盒。当你真正做完这个实验你就会发现，火柴盒并没有破损，而是变成两部分飞了出去，你可以把它们捡回来，这个时候你就会发现我说的没有错误，因为火柴盒就是好的。事实上，因为火柴盒猛烈地反弹了，就是这个反弹的力让火柴盒变弯曲，但是火柴盒没有折断，还是完好无损的。

图78-1

12. 把火柴盒吹近

下面我们做的实验还是和火柴盒有关的实验，但是和上面的一个实验不同。我们把空火柴盒放在桌子上，让另外的一个人来吹气，但是我们是要把火柴盒往我们自身的方向吹。

对于实验有这样的要求，大多数人应该不会猜出来该怎么做，而且很多人都会选择用更大的力气来吹，当然结果只能是越吹越远。

但是，如果你真的用大脑好好想一想，你会发现实验要成功也很简单。

你可以把你的手放在火柴盒的后面，然后你把气朝手的方向吹（图78-2）。这个时候你就会发现火柴盒在朝着你的方向运动。原因就在于，本来吹过去的气流被你的手挡了回来，这样这个气流就打在了火柴盒上，此时火柴盒刚好对着你，然后就开始往你的方向运动。

实验很容易成功，只是你必须保证桌面

图 78-2

是光滑的，并且不能铺桌布。

13. 挂钟走快了怎么办

挂钟慢了的话，该怎么修理挂钟的钟摆来调整时钟，让挂钟恢复准确呢？钟走快了，又该怎样调钟摆来让挂钟恢复正常呢？

我们知道如果钟摆越短，挂钟就会摆得越快。其实这是一个很简单的物理实验。实验的道具很简单，通过绳子系个小物体就可以了。我们可以通过这个简单的实验道具，然后做实验找到问题的答案。事实上，如果挂钟走慢了，我们就应该把装在钟摆杆上的小环拔高一点儿，这样就会让它变短一点儿，钟摆就会摆得快一点儿了。根据这个原理，钟要是走得快了，我们就应该让钟摆稍微摆得慢一点儿。这样我们就可以顺利地解决问题了。

14. 杠杆的疑问

杠杆的两端分别固定一个同样重量的球（图79）。在球的正中间的位置打个孔，用一个辐条穿过小球装好。这时候如果杠杆以辐条为中心开始转，它转几圈后就会停下来。

那么杠杆究竟会在什么状态停下来呢？

其实杠杆不会在水平状态下立刻停下来。杠杆会在水平的、垂直的、斜着的，甚至任何状态下保持平衡。因为杠杆的重心正好在杠杆的正中位置，而在这个地方，它刚好被辐条所支撑。所以要问杠杆停止旋转的时候是什么状态的话就很难回答。

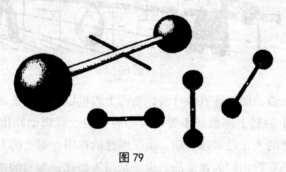

图 79

15. 在火车车厢里跳跃

由于现在交通的发达，我们经常会坐着火车到各个地方去旅游，可能我们会经常遇到很多有趣的事情。例如，当我们旅行的时候，我们坐在以每小时36公里的速度行驶的火车上，这个时候，你在车厢里往上一跳。会怎样呢？假如你在车厢里的空中停留一秒钟，你好好思考一下，当你再次落回到车厢地板上的时候，你会在哪儿呢？你是靠近车厢的前面还是靠近车厢的后面呢？当然还有第三种猜想，那就是你会不会在车厢的原位置不动呢？下面我们就来好好地分析一下，找一找这个问题的答案吧。

可能很多人会认为，当我们跳起来的时候，尤其是我们还在空中停留一段时间的时候，人一定不在原地了——因为你并没有动，而车可是飞快地行驶着的，所以你肯定落后了。但是这也只是你的小小的猜想而已。事实上，当你跳起来的时候，由于你受到了惯性的作用，你仍旧向前运动，你的速度与车厢的速度是一致的。于是，你仍旧会落在原来的位置。

16. 在行驶的轮船上玩球

假如轮船行驶中，两个人在甲板上玩球（图80）。一个人在船尾的位置，另一个人在船头的位置。那么这个时候，在船头掷球要轻松些还是在船尾要轻松些呢？

图 80

如果这艘轮船匀速直线行驶，则两个人可以都很轻松地掷球给对方，就像在静止的船上那般。不要以为靠船头的人就离他跑出去的球越来越远，而船尾的人在迎着球移动。由于惯性的作用，船上的人和球与船在同样的方向是有着相同的速度的。也正是因为如此，参与的双方是公平的，因为匀速行驶的轮船对于双方的作用都是相同的，这和在地面上玩没有什么不同。

17. 旗帜飘扬的方向

如果气球被风吹向北方，那么气球吊篮上的旗帜会飘向哪个方向呢？其实气球相对于周围的空气仍旧是处于静止状态的，所以由这个原因我们就可以了解到，旗帜是不会被风吹向哪个方向的，还是会像在无风天气中一样保持下垂的状态。

18. 下坠的气球

生活中，我们可以看到热气球，而且很多人都很爱玩。那么，如果有一个人开始从吊篮里爬出并沿着吊绳往上爬，那么这个时候气球是会朝上运动还是朝下运动呢？

其实气球会往下坠。因为当一个人沿着吊绳往上攀爬的时候，他会把自己和气球都往反方向推。

19. 走和跑的差别

走路和跑步是我们每天都要做的事情。但是，跑步和走路到底有什么区别呢？

事实上，跑步和走路的区别并不仅仅是运动速度的区别。当我们走的时候，我们双脚的某个点和大地保持着接触。而当我们跑步的时候，我们却经常完全离开大地。

20. 自我平衡的棍子

现在伸开双手，然后将一根光滑的棍子放在两个食指上，保持棍子平放（图81）。当我们做到这一步的时候，移动两个手指，直到两根手指完全挨在一起。这时你会发现棍子并没有掉下去，而是继续保持着平衡状态。你可以改变你手指的初始状态，但是结果都会是一个不变的状态。就算换成别的，比如尺子、台球杆或是地板刷，实验的结果都是相同的。

为什么会出现这样的结果呢？

因为棍子在紧紧挨着的手指上是处于平衡状态的，那么我们的两个手指相互碰触的地方是在棍子的重心下。

当我们把我们的两根手指分开的时候，更多的重量就落在了离棍子重心更近的那根手指上了。随着压力的增加，手指和棍子之间的摩擦力也会增加，离重心近的手指在棍子下不再滑动，移动的总是离重心远的那根手指。移动的手指刚刚比另一个离重心近些的时候，另一根手指又开始移动。这种来回的交换需要进行几次，之后

图81

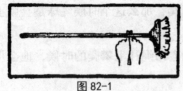

图 82-1

两个手指会完全挨在一起。所以最
终结果也将是两根手指在棍子中心
接触。

　　现在可以用刷子再做一次实验
（图82-1）。这一回，如果在两根
手指相碰刷子保持平衡的位置将刷

图 82-2

子切断，把切断的两个部分分别放入两个秤盘里（图82-2），这时哪一边
会更重一些呢？

　　既然两部分在手指上保持平衡，那么在秤盘上也应该保持平衡，似乎
这个结果并没有什么不对。但是，如果你真的做了实验你就会发现，装刷
子的秤盘会下沉。如果进行计算，可以得出结论，虽然刷子在手指上保持
平衡，但是刷子两部分的重力是加在不同长度的杠杆上的，但是秤上同样
的压力是加在登场杠杆的两端的。

　　为了准备在列宁格勒文化公园举行的"有趣的科学展览"，我特意
制作了一套有各种重心状态的棍子，它们都能从重心处拆成不一样长的两
部分。

　　通过对这些棍子的两部分进行称量，参观的人们了解了一件事：将这
些重心不在中点上的棍子分成两半，短的部分竟然比长的重。

21. 划船人

　　假如划船人划着船沿着河行进的时候，一块木块正好出现在划船人的
船边。这时候有一个特别的问题：划船人是超过这块木块10米的距离简单
还是落后这块木块10米容易呢？

　　其实这个问题无论是对普通人来说还是对在水上工作很久的人来说，
都是有些难度的。大多数人都认为在顺流的水中划船更加容易，而如果在
逆流的水中划船则会费力。于是，他们给出的答案大都是超过木块10米会

更加容易些。

当然，如果要靠向岸边的话，顺流时比逆流时快上很多。而此时若你想到达的目的地不是静止的岸边，而是和你一起运动的东西，比如这个木块，那事情就会在根本上发生变化。

小船相对于河水来说是处于静止的，那么在这样的情况下划船和在平静的湖水里划船本质上是一样的。这种情况下，我们可以在湖上将船划向任何方向。

这就有了答案，无论是想要超过木块还是想要落后木块我们需要的劳动付出是一样的。

22. 水中的涟漪

无论是下过雨以后形成的小水洼，还是湖里面的水，向里边扔一个小石块，水就会激起一圈一圈的圆形波纹，即涟漪。

如果我们将石子扔进流水中会激起什么样子的波纹呢？

如果不是亲自来实验，大多时候都会有各种各样的猜测。有些人可能会认为流水里的波纹会变成长的椭圆形，而不再是圆形，但无论是什么结果都只是我们的一个猜测而已。如果亲自做了实验就会发现，即使是流动的河水，当你往河里面投入一颗石子的时候，所产生的波纹和静水中的波纹并没有什么不同之处。

从这个实验中，可以得出一个结论，石子激起的波纹形状如何和河水是否流动没有关系，而且无论河水流速多么大，所产生的结果都是一样的。被激起波纹的水的运动可以分成两个部分：辐射运动以及随着水流的移动。

如果我们将一块石头扔进静水中，这个时候水波是圆的。

那么无论水是匀速运动还是变速运动，都没有什么大的区别。无论水怎样动，波纹和水流都是平行移动的，所以波纹的形状没有别的变化，波纹依旧是圆的。

23. 烛火会向哪个方向偏

点燃蜡烛后，将燃着的蜡烛从一个地方移动到另一个地方的时候，烛火在移动刚开始的时候往后偏。但是如果把蜡烛放在一个封闭的蜡烛罩里，烛火会往哪个方向偏呢？当我们平举着带有蜡烛罩的蜡烛绕着自己匀速转，蜡烛罩里的烛火又会往哪儿偏呢？

如果认为蜡烛罩里的烛火在运动时不会发生偏移，那就错了。用一根点燃的火柴来亲自试验一下吧！实验中，如果用手护着移动的蜡烛，蜡烛的火焰确实会走偏，但不是往后偏，而是往前偏。其原因主要是由于蜡烛火焰处空气的密度要比它周围空气的密度小很多。在同样的力量作用下，质量小的物体移动的速度要快些，因此蜡烛罩里的火焰要比蜡烛罩外边的空气运动得快些，这也就是蜡烛的火焰会往前偏这个现象的原理。

当然我们也可以用上面的理论来解释蜡烛罩旋转时里面烛火火焰的现象。蜡烛罩里面的烛火会往蜡烛罩里面偏，就像离心机上球里水银和水的分布情况。假如把旋转轴的方向看作反方向，这个时候水银离旋转轴就会比水要远，水好像要流进水银里。同理，因为蜡烛的火焰处的空气会比周围空气轻，所以烛火的偏移方向自然就可以理解了。

24. 中间松垂的绳子

生活中我们不可避免会用到绳子，比如绑在两棵树中间用来晾衣服。但有时候绳子的中间会松，需要将绳子拉紧，我们究竟需要用多大的力气才能够让绳子中间绷直呢？

其实无论用多大的力气来拉绳子，都不可能把绳子完全拉直，绳子的中间总是下垂的。之所以中间很松，就是因为重力的方向是竖直向下的，但是我们拉绳子的力却不是竖直向上的。这两个力的合力不是零，所以绳子才会下垂。

无论绳子被我们拉得有多么直，都不可能让绳子绷成真正的直线，当然我们是横着拉着绳子的，只能尽量地减轻绳子的松垂程度，不可能减为零。所以，绳子的中间都是松垂的。

同理，吊床上的绳子也不可能被拉成水平线。无论多么紧的吊床只要人躺在上面，那么绳子就会下垂的，并且随着时间的增长，绳子的下垂也会更加严重。

25. 如何扔瓶子

有很多人坐火车的时候喜欢把没有用的瓶子扔向车厢的外面。虽然这并不是很文明的行为，却能引发并非素质方面的思考：应该朝哪个方向扔，才能减小瓶子被摔碎的危险呢？

我们都知道如果有突发状况，跳火车的人都是顺着火车行驶方向从车厢往外跳的。于是很多人都会以为，只要将瓶子顺着火车行驶的方向扔，那么它落地要就要轻一些，可这样是不正确的。我们应该将瓶子往后扔，也就是与火车行驶相反的方向才可以。这样扔出瓶子所带的速度去除惯性让瓶子具有的速度，最后瓶子将以被减缓了的速度落地，瓶子受到的冲击力也会减小。如果将瓶子朝前扔，那么瓶子的两个速度将会相加在一起，落地受到的冲击力就会增加，更容易碎裂。

但是对于人来说就是和瓶子相反的了，如果在危险来临时不得不跳车，顺着火车行驶的方向来跳的话摔死的概率会比往后跳小很多。

26. 瓶子里的软木塞

当软木塞由于太小而掉进瓶子里的时候，无论你怎样倾斜或者摇晃瓶子，向外流的水就是不能把软木塞从瓶子里面带出来。只有把整个瓶子倒过来，放尽最后一点儿水的时候，瓶子里的软木塞才和这最后一点儿水一起流出瓶子。这是什么原因呢？

水之所以没有带出软木塞，主要原因就是软木塞要比水轻，它的状态是在水上漂着的。最后，我们将瓶子倒过来了，瓶子里的水几乎没有之后软木塞才接近瓶口。所以软木塞只能随着最后一点儿水从瓶子里面滑出来。

27. 春汛的特殊现象

这次我们要了解的内容是有关春汛的。可能大家还不知道春汛是怎么一回事，所以我们就来了解一下春汛。春汛时有一个特殊的现象，河面的中间部分水位会高一些，而河的两岸水位会低一些。如果春汛的时候河里面有木材漂浮的话，那么木材就会漂向岸边，河流的中央是空的

图 83

（图83）。与这个现象相反的就是在枯水的季节，这个时候你就会发现水位变得很低，河流表面会凹下去，此时你就会发现中间的水位要比岸边水位低，这时候河里面的木材就会漂向河流的中央。

为什么会产生这样的结果呢？为什么汛期和枯水期会造成河流表面凹凸不平的现象呢？

事实上，位于河流中央的水总是要比岸边的水流得快一些，因为水与河岸之间的摩擦，导致了水流的速度减缓。到了汛期的时候，大量的水会从上游涌过来，由于河水在中央的位置要比岸边的位置流得快一些，流速大一些，导致河水比较多，河面自然也就鼓起了。枯水期的情况跟春汛刚好相反，河中央的水流得快也导致了从中央流走的水更多，这个时候河面自然会变成凹形。

以上介绍的就是春汛时候河水的特点。

28. 液体向上也有压力

就像人站在地上，会给地面一个压力一样，瓶子里的液体也会给瓶子施加压力。液体不但会往下压迫容器的底部，而且还会压迫容器壁。不但如此，液体还会向上施加压力，这一点很多人都不会关注。其实，这个结论很简单，也很好证明。我们用一个实验用的玻璃管就可以证实这个结论的正确性。在做实验前，首先要用硬纸片剪出一个比玻璃管管口大一点儿的圆片，然后我们用剪好的圆片将玻璃管的下头盖住，之后将这个玻璃管放到水中。一开始放玻璃管的时候，我们可以用手堵着带有圆片的玻璃口。防止纸片掉落。当玻璃管下到一个比较深的位置时，就可以放手了。纸片是不会掉下来的（图84）。

如果对这个力的大小感到好奇，你完全可以从上面测出此时水的压力有多大。小心地往玻璃管里注水，玻璃管内的水面刚一接近容器的水面，圆片就会掉下去了。这说明液体从下方对圆片的压力与水柱从上放给圆片的压力是相等的，水柱的高度和圆片在水下的深度也是相同的。液体对所有被压物体的压力都遵循这一点。这里也得出了著名的阿基米德定律——液体里物体"失重"。

如果你有不同形状但开口一样的玻璃管，那么你就可以做另外一个实验，来证明无论容器底部的形状如何都与液体对容器底部的压力没有任何的关系，而有关系的只是容器底部的面积和水面高度这两点。如果你要验证这个结论，第一个要准备的就是各种不同的玻璃管。把玻璃管浸入与标好的刻度平齐的深度，你会发现当水位达到我们标注的水位的位置的时候，圆片下落（图85）。各种形状的玻璃管水柱的高度一样，压力也是一样的。

图84

图85

29. 哪个桶更重

如图所示，准备两个一样的桶，将两个桶都装满水，在某一个桶的上面放一块木块，然后我们通过秤来计算一下哪一个桶更重（图86）。

对于这个问题，大家的答案都会趋向两个方面，并且有所解释。

有一些人认为放了木头的那个桶更重些，因为除了满满的一桶水以外还有木头的重量。当然，也有人认为是装满水的桶更重，这些人一致认为水比木头要重。

虽然大家都给出了相应的解释，但是

图86

这两个答案都是错的。经过科学实验的验证发现，这两个桶重量其实是相同的。根据漂浮的规律我们就可以知道，漂浮的物体浸在液体的部分是和排开的液体的重量相等的。所以把两桶水放在秤的两边，秤会保持平衡。

接下来我们做一个别的实验，首先在秤盘上放一杯水，然后往杯边加小砝码。我们借助砝码让秤来保持平衡。如果我们将一个砝码放到有水的杯子里，那么秤会发生什么呢？

根据阿基米德定律，可以做出判断，此时水中的砝码要比砝码在外面时轻些。按照常理来推断，有杯子的秤盘会立刻升高，而实验的结果显示，此时的秤仍然保持平衡。这是什么原因导致的呢？

我们把砝码放入装满水的杯中，砝码就会排出部分的水。排出来的水就比原来的水面要高，我们就会发现容器底部受到的压力增大了，这个力的大小正好是砝码的对秤盘的压力。

30. 奇怪的筛子

有一句谚语是这样说的："竹篮打水一场空"。意思就是说用竹篮子打水，是打不上来的。童话故事中有些篮子可以用来打水，现实中也是有的。

现在准备一个直径为15厘米、筛眼不是很细（1毫米左右）的金属筛，把这个筛子浸没在融化的石蜡里。当我们看到筛子上覆盖了一层薄薄的石蜡的时候，把筛子拿出来。

虽然此时的筛子还是筛子，筛眼也还是筛眼，但是这时已经可以用它去打水了。只要倒水的时候够小心，筛子里的水是不会洒出来的。这里的原因到底是什么？

原因其实很简单，因为存在不会水被浸湿的石蜡。它在筛眼处形成了一层很细的凸出部朝下的薄膜，这些薄膜兜住了水，不让水流出（图87）。

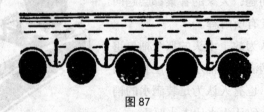

图 87

这样的筛子也可以平放到水面上，它会漂在水面不会下沉。

生活中我们经常会看到类似的现象，例如，我们给酒桶涂树脂，给软木塞涂猪油，给某些东西刷油漆，从而避免水的侵蚀。这些做法要达到的效果和筛子盛水的实验原理是一样的。只不过是不同的东西罢了。

31. 吹出美丽的肥皂泡

你会吹肥皂泡吗？

先前我总是认为吹肥皂泡并不需要任何的技术要求。但是我亲自尝试过之后我才明白，把肥皂泡吹得又大又漂亮的的确确是一门艺术，需要大量的练习。

但是有没有必要浪费这么多的时间去做大量的吹肥皂泡练习呢？

肥皂泡大多数时间只能作为回忆了。但是英国物理学家凯尔文却写道："吹个肥皂泡吧，并请你仔细地看着它，你可以一辈子研究它，从它那里不停地发现物理课题。"

确实，物理学家可以从色彩缤纷的肥皂泡表面上想到测量光波长度的方法，通过对肥皂泡薄膜拉力的研究，从而发现分子间力的作用规律——如果地球上缺少薄膜拉力，那么地球上除了最细小的灰尘，其他都将不复存在。

接下来我们要介绍吹肥皂泡的技巧，从而能够让你更好地吹肥皂泡泡。这并不是很严肃的课题，而是纯粹的消遣。英国物理学家博依斯在《肥皂泡》这本书里同样介绍了很多吹肥皂泡的实验。如果你有兴趣的话，你可以去图书馆借这本书，然后好好研究一下。好的，今天我们就了解一些简单的实验。

其实无论什么样的肥皂液都是可以吹出泡泡的。但是有些肥皂可以吹出很大的泡泡，例如马赛皂、纯橄榄皂或者杏仁皂，这些类型的肥皂液非常适合吹出又大又美丽的肥皂泡。我们今天就是要吹出大泡泡。

用刀切一小块这种肥皂，放入纯净的冷水里，让肥皂在水中溶解，形成足够浓的肥皂液。冷水最好选用雨水或者雪水，凉开水也可以。如果想让肥皂泡更持久，可以在肥皂泡里面放入相当于溶液容积1/3的甘油。之后撇掉表面的沫子和泡泡，找一个底端从里到外预先抹上了肥皂的陶管，放到溶液里面。当然，用10厘米左右长，末端呈十字形劈开的麦秆也能取得很好的效果。

下面我们就准备来吹肥皂泡泡了：把管子放到溶液里，然后垂直拿出来，用嘴往管里轻轻吹气，此时就会有泡泡往上飘了。

如果你能马上吹出一个半径为5厘米的泡泡，说明你的溶液调得很好。如果不够大，你就需要往溶液里面加肥皂了，但只需加到可以吹出这样的泡泡即可。当你吹出泡泡的时候，你可以用手沾上肥皂液轻轻地碰一下泡泡，如果它立刻破了，那么你还是应该将肥皂液调得浓一点儿。如果不破，那就可以安心地实验了。

我们吹泡泡的时候应该注意实验的效果，也要讲究泡泡的质量。一个好的肥皂泡可以像彩虹一样美丽。

下面我们就来做一些很有趣的泡泡实验：

花上的肥皂泡。做实验前，先在碟子里面倒些肥皂液，让托盘底部覆盖一层2~3毫米的溶液，托盘中间放一个用玻璃漏斗罩住的小花盆。接下来我们慢慢揭开漏斗，往漏斗的细管里面吹气，这时候肥皂泡就开始形成了，随着不断地吹气，漏斗里的肥皂泡会越来越大。当肥皂泡足够大，就要把漏斗充满的时候（图88），从漏斗下把肥皂泡放出来。这时候你就会发现肥皂泡薄膜是五颜六色的，而花朵就躺在这个漂亮的透明罩子里。

可以用头顶肥皂泡的雕像来替换肥皂罩子里的花朵。如果想要这么做，必须先在雕像的头上洒几滴肥皂液，在你吹出的大泡泡即将成形的时候，就可以穿过大泡泡去吹里面的小泡泡了。

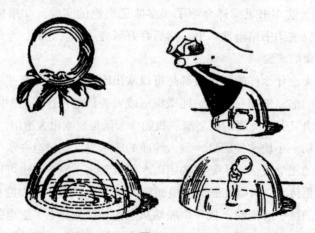

图88

一个套着一个的肥皂泡。由于刚才已经用漏斗吹出了一个大的泡泡，现在只需要把麦秆放到溶液里面，只留用来吹的一小截在外面，取出后仔细地刺入第一个泡泡的中心，非常小心地将麦秆往回拉。要注意，不要让麦秆到最边上，这样你就可以在第一个大的泡泡里面吹出一个小的，之后用同样的方法在第二个泡泡里面吹出一个更小的，然后是第五个、第六个，等等。

肥皂膜做的圆柱体（图89）。图中就是在两个铁环之间用肥皂膜做出了一个圆柱体。如果要达到这种效果，首先，要在下面的铁环上放置一个球形肥皂泡，接着用浸湿了的第二个铁环紧紧地贴在第一个肥皂泡的上面，开始往上提，慢慢地拉伸肥皂泡，直到它成为圆柱形。有趣的是，当上面的铁环被提到一个比铁环周长还长的高度，这圆柱体一半就会变尖，另一半则会变宽，然后就分成了两个肥皂泡。

图89

肥皂泡的膜一直都是拉紧的，压缩着封闭在里边的空气。如果把铁环往烛火方向移动，你就会看到，虽然肥皂泡的膜很薄，但是它可以让火焰明显偏向一边。

观察肥皂泡从温暖环境到寒冷环境所发生的变化很有趣，它的体积会明显变小。如果反着来，它的体积又会明显增大。其原因主要就是肥皂泡里面的密闭空气热胀冷缩。这里我们可以做出一些对比，肥皂泡在-15℃的环境中体积是1 000立方厘米，当移动到15℃的环境中，它的体积就应该扩大约 $1\,000\times30\times\dfrac{1}{273}\approx110$ 立方厘米，从这里很容易就能看出差别。

有人说肥皂泡一碰就会破，有时即使我们不去碰，它自己也会在短时间内破掉。但是这个想法不完全正确。英国物理学家吉雅尔把肥皂泡保存在防尘、防干燥、防空气振动的瓶子里，成功地保存了一些肥皂泡一个月以上的时间。另外，美国的劳伦斯也将玻璃罩里放的肥皂泡保存了几年的时间。

32. 改良的漏斗

无论我们是在实验室里，还是在日常生活中，都会看到很多关于漏斗的真实案例。在实验室里面，我们用漏斗向瓶子里倒液体的时候，经常会发生一种现象，如果过一小段时间之后不把漏斗提起来一下，液体就会阻塞。生活中也会有这种现象，人们去称散的液体比如酱油、醋或者枣酒的时候都会遇到这种情况。那么，为什么会发生这种现象呢？

当瓶子里液体越来越多时，瓶子里的空气找不到出口，就会用自己的压力顶住漏斗里的液体。当我们倒液体的时候，一开始并没有什么阻挡，瓶里的空气正在被液体压着，会稍微压缩一些。但是过一小段时间以后，随着液体的增多，空气就会被压缩到一个不能再压缩的体积，此时它将拥有增强过的张力，足够与漏斗中的液体重力抗衡。

如果想要继续添加液体，就必须要将漏斗向上提一下，让空气跑出去，这样液体就会继续开始流动。

所以有些人就这个问题做出了一些设计，比如在漏斗颈外部设置一个纵向的篦子。篦子会让漏斗和瓶颈分开一些距离，从而避免液体断流情况的发生。当然日常生活中不会用到这个，只可以在实验室里见到这样的过滤器。

如果把杯子倒着放，杯子里面的水会有多重？

估计很多人都会说：这是一个空的杯子吧，水早就洒出去了，怎么还会重呢？

但如果不想这一点，再考虑一下杯子里水的重量呢？

其实有办法把杯子倒着放置成水洒不出来的样子（图90）。把一个高脚杯倒扣在装满水的秤盘上，然后用绳子系住杯子的底部，将杯子挂在秤杆上。这样杯子里的水就不会流出来了，因为杯子是沉浸在装有水的器皿里。之后在另一边挂上一模一样的空酒杯。

现在哪个更重一些？

重的自然是挂着有水的倒扣酒杯那边。这只酒杯从上经受完全的气压，从下经受的则是被杯中水重削弱过的气压。为了平衡必须把另一个空酒杯倒满水。然后即可推算，倒扣杯里水的重量应该和正放杯中水的重量一样。

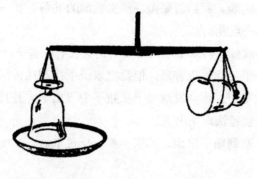

图 90

33. 一个房间里空气的重量

当你在一个房间里的时候，你有没有想过这个房间里的空气有多重？你能用类似于千克这样的计量单位准确地说出来吗？这样的重量你是很轻松地用手指提起，还是很困难地肩扛？

古时候的人认为空气并没有重量。虽然现在的人们都知道空气是有重量的，但只有少数人能够准确地说出空气的重量。

如果你不知道，那么你就需要记住以下这些数据：近地面处，1升夏季的温暖空气在重量为 $1+\frac{1}{5}$ 克，1立方米等于1 000升，因此1立方米的空气的质量就应该是 $1+\frac{1}{5}$ 克的1 000倍，即 $1+\frac{1}{5}$ 千克。

根据上面的总结，我们应该很清楚一件事，那就是如果我们想要计算一个房间的空气的质量，就应该知道房子是多少立方米的。例如：有一个面积是15平方米，高为3米的房间，我们就能计算出房间里的空气为45立方米。那么空气的质量就是45+9也就是54千克。这个重量是一个很重的重量，我们是很难拿动的。

34. 调皮的塞子

我们这次所做的实验能够让我们清楚地观察到空气被压缩后所具有的力。

为了做这个实验，我们需要做一些实验前的准备，找一个普通的瓶子和一个比瓶口小一点儿的塞子。

把瓶子水平放好，将塞子塞入瓶颈中，吹气下压塞子。

虽然往瓶子里面吹气很容易，但是把塞子下压却比较困难。甚至如果你更加用力地吹塞子，你会发现塞子从瓶子中飞出来，并且你越用力往下压塞子，塞子就会越快地飞出来。

要想将塞子塞到瓶子里面，其实不难，反过来做，从瓶口往上吸气就可以。

虽然听起来很荒唐，但确实存在科学依据。向瓶颈里吹气的时候，气体会通过塞子和瓶颈侧壁的空隙进入瓶子中，大大增加了瓶中空气的压力，所以瓶子里面的空气就会把塞子向外挤，塞子就会飞出来。向外吸气正好产生相反的结果，瓶中的空气被你吸走了，外部的气压比里面的气压要大，于是塞子自然向下压。但是瓶颈必须干燥，这样才不会限制塞子的运动。

35. 气球会飞向何方

小孩子一般很喜欢气球这种玩具，父母通常也会给他们买气球玩。然而，有时候可能是一个不经意，就让气球飞走了。虽说这对于小孩子来讲实在是件伤心的事情，但是对于我们来讲却可以引出思考：气球到底飞到哪儿去了呢？它是不是可以无限高度地飞呢？

研究发现，生活中的气球飞行高度是有限制的，并不会飞到大气层的边界，只会飞到理论上的"最高限度"。当气球飞走时，会受到高空空气的真空度的影响，所以造成气球的重量与气球周边的空气重量相等。此时气球也将不再高飞。但是，气球往往不能飞到那个"最高高度"。气球上升的时候，由于外部气压降低，内部气压相对增大，它会慢慢地膨胀起来，最后就会随着响声爆裂了。

36. 吹灭蜡烛的方法

可能大多数人都不会把吹蜡烛这种小事放在眼里。但是如果你用其他

的方法试一试，你会发现蜡烛也是很难被
吹灭的。例如，不用嘴直接对着蜡烛，而
是用一个喇叭吹，这时候你就会知道这需
要独特的技巧。

确实是用喇叭对着蜡烛吹，但是蜡烛
却不动，这是什么原因呢？

很多人都会将喇叭靠近蜡烛火焰然后
再实验一次。但是这一次的结果就更加难
以置信了，蜡烛的火焰飘向了喇叭的方向
（图91）。

图91

难道我们就吹不灭这个小小的蜡烛了
吗？其实这里面有一个技巧，那就是放喇
叭的时候，你要让蜡烛的火焰在喇叭壁的
延长线上。如果你这样做，燃烧的蜡烛很
快就会被吹灭。看看图92你就会明白了。

这的确是个好方法，依据就是：从喇
叭细的部分吹出来的气流，是沿着喇叭壁
散发出来的，所以喇叭边缘处才是我们吹
出的气体。喇叭中部的气体会回流。通过
这个依据，我们就知道为什么喇叭边缘靠

图92

近蜡烛，蜡烛火焰就会熄灭，而当我们像图91那样靠近蜡烛吹的时候蜡烛
的火焰会飘向喇叭的方向了。

37. 汽车车轮的秘密

生活中我们经常会看到汽车。当汽车轮子向右滚动时，汽车的轮圈就
会顺时针转动。那么你有没有想过橡胶轮胎中的空气是如何运动的呢？是
和轮胎运动的方向相同还是相反呢？

其实轮胎内的空气在被压缩的地方向两个方向运动，而不是只向一个
方向运动。

38. 为什么轨道之间要留出空隙

在火车轨道的接头处一定会留有一些空隙。你可不要小看这个空隙，如果轨道一条接一条地紧密排列，那么铁路交通百分百是会出问题的。因为，无论什么东西在高温状态都会膨胀，铁轨也不例外。炎热的夏季，钢轨就会变长。此时一开始在轨道接头处留有的空隙就发挥作用了，让轨道有了伸缩的空间，铁轨也就不会向别的方向弯曲，大大减少了轨道的损害。

而火车轨道的铺设一般在冬天，这时候轨道因为气温低而收缩，会比原来更坚固。由此可以看出铺设轨道要考虑到这个路段的气候状况。

生活中还有很多热胀冷缩的例子，你可以多加思考，丰富自己的知识。

39. 不同的杯子

杯子是我们日常必不可少的物品，有些杯子特意设计成厚底，这样比较结实，不会轻易摔碎。但是很多人不用厚底的杯子泡茶，这是什么原因呢？

很多人不用厚底的玻璃杯来盛装热饮是因为这样的杯子杯壁很容易传热，比厚实的底部扩散得厉害，很容易破裂。而薄的杯子整体均散热很快，热量很快就散到了各个地方，并且由于杯壁和杯底厚度差异不大，杯子受热比较均匀，不容易产生因受热不均碎裂等事故。

40. 茶壶盖上为什么留一个孔

无论是我们家里面的茶壶，还是超市摆放整齐的茶壶，壶盖上都会有一个小孔。这个孔是蒸汽的出口，如果没有这个孔，倒入茶壶中的热水遇冷产生的水蒸气就会将茶壶盖掀起来。但是，我们都说物体会热胀冷缩，那么这个小孔会和茶壶盖子一样因为受热变大吗？还是由于茶壶盖向四周扩张而变小？

答案是，当茶壶的温度升高时，茶壶盖上的小孔会变大。温度升高容器膨胀，是容器整体在膨胀，所以茶壶的孔也会变大。同样的道理，器皿的容量在加热时也会增大。

41. 奇怪的烟

如果天气晴朗，没有强风，那么烟囱里冒出来的烟就会向上飘。可能人们会认为这很自然，不需要解释。但是你想不想知道真正的原因究竟是什么呢？

下面我们就来揭开烟囱里的烟向上飘的秘密。高温扩散的热气流会带动烟的上升，而且烟囱里的烟会比烟囱周围的烟雾更轻。当烟周围的空气温度降低，烟雾就会贴着地面飘散了。

42. 烧不着的纸

并不是所有的纸都是可以燃烧的，下面这个实验就将展示不会燃烧的纸。在做实验前，我们需要把纸条在细铁棒上按照螺旋的缠法缠好。这样，火苗将纸条熏黑，即使细铁棒被烧红了，纸条也是不会燃烧的。

这一切之所以会发生，也是存在科学依据的。因为铁的传热性能很好，所以铁棒能够将纸条从火焰上吸收到的热量以很快的速度发散掉。如果我们将实验中的细铁棒换成小木棒，那么纸条就会被烧掉了，主要就是因为木的传热性很差。

如果你把纸换成细线，也可以达到同样的演示效果。

43. 冬天如何不让房间的热量散失

冬天到来，我们肯定会感觉到冷。所以为了保暖，我们可以将窗户用各种方法紧紧地塞住，从而保存屋内的热量，保持一个舒适的温度。为了更好地塞住窗框，首先得要弄明白为什么两个窗框就可以保暖。

更多的人都会认为，冬天装两个窗框要比一个窗户好。但是这只是人们的一个不成熟想法而已。两个窗户之间的空气才是重点。

空气的传热性很差，因此两个窗户之间的密闭空气不会带走或是带来热量，以至于能使房间冬暖夏凉。

但是，要想达到这样的效果，必须要把空气的出口完全堵上。有些人为了要空气流动常常会在窗户上留一些缝隙，这样做的话会使窗框之间的空气被冷空气所取代，直接造成房间的温度降低。所以要让房间保暖，必须要将两扇窗的所有缝隙都堵上。

不塞窗框的话，用纸裱糊窗框也可以使两扇窗中间的空气密闭，从而保持房间的温暖。

44. 关上窗户为什么还有风

有时候我们会遇到很多奇怪的状况，让我们百思不得其解。例如在寒冷的冬天，即使已经将窗户关得紧紧的，并且还把窗户的缝隙都糊上了，然而还是时常有风从窗户吹过来。说白了这现象并没有什么奇怪之处。

我们都知道空气是流动的，房间里的空气自然不例外。无论什么时候，房间里都存在着热气流和冷气流。房间的温度如果很高，那么空气就会膨胀起来，就会变轻；如果房间的温度降低了，那么空气就会收缩，就会变重。暖炉暖气周围的热空气由于变轻而上升，窗户边的冷空气变重而向地面沉淀，形成空气对流，也就是风。

虽然我们用肉眼看不到这种现象，但是我们可以用气球来发现这些气流的变化。我们用很长的线拴着气球，然后让气球自由地在空气中飘荡。这时气球会靠近暖炉，然后随着不可见的气流而飘动。通过气球我们就可以知道，房间里的气流是从炉子周围到天花板然后再到窗户的位置，在窗口下降至地板，再次回到暖炉。这种情况会在房间里一轮一轮地循环。

冬天的时候我们总是感觉脚下很冷，并且总感觉即使关了窗户，还是会有风，就是这种循环引起的。

45. 冰如何制冷

炎热的夏季，冷饮是很多人都喜欢的东西，既能解渴又能解暑。但你知道如何用冰块将饮料变凉吗？是放在冰的上面会凉得快一些还是放在冰的下面凉得快一些呢？

生活中，更多的人将饮料放在冰的上面，我们如果要加热某种东西，确实会将这些东西放到火上方加热，但是制冷却是应该从上面进行。

由于冷的饮料比没冰冻的饮料重一些，所以当你把冰放在饮料的上面，那么饮料贴着冰的部分就会先被冷却从而下沉，也正是因为此，不需要很多的时间，瓶子里的饮料就都会与冰直接接触，从而使整瓶饮料被冷却。但是，如果你把冰放在饮料的下面，那么饮料的最底层就会先冷却，而且会一直沉在底部，使得没有被制冷的饮料无法与冰近距离接触。在没有搅拌和摇晃的前提下，整个的制冷过程会非常慢。

从上面我们知道饮料从上面制冷更合适。其他的例如肉、蔬菜、鱼和饮料是同样的道理，也需要把冰放在上面来制冷。因为这里的制冷依靠的不仅仅是冰本身，还有被冷却了的空气。冷空气下沉，热空气上浮。所以当你需要制冷的时候，把冰放在比较高的位置才能更好地达到制冷的目的。

46. 水蒸气有颜色吗

你见过水蒸气吗？它是什么颜色的？

准确来说，水蒸气和空气相同，都是看不见的、摸不着的、无色的、透明的、没有气味的。而白雾状"蒸汽"则是雾状的水，是由细小的水滴凝聚而成，它并非水蒸气。

47. 会唱歌的茶炊

在水沸腾之前，茶炊会发出响声。这究竟是什么原理？

贴近茶炊壶口的水由于高温很快就会变成蒸汽，在水面形成小气泡。由于水中的气泡很轻，会被它附近的水往上挤。当水中有气泡形成时，水的温度还没有达到100℃，这时候气泡产生的蒸汽就会冷却，气泡壁也会在水的压力下紧密地合拢。这样，水还没有沸腾的时候就会有越来越多的气泡往上升，但还没有到达水面便带着轻微的爆破音开始合拢聚集。这就是水沸腾之前我们听到气泡的爆破声的原因。

当水壶中的水加热到沸点，气泡就会停止聚合并且穿过水面，这时候就没有了爆破声。当茶炊开始冷却，发出爆破声的条件再次满足，我们就又会听到爆破声了。

通过以上分析，我们就会知道为什么水没有沸腾时或者冷却时会有爆破声以及为什么水如果沸腾爆破声就会停止。

48. 你想不到的旋转方式

这次的实验，我们需要用到一块厚纸板，我们用剪刀在厚纸板上剪下一个长方形，沿中心对折再重新弄平整，这样你就可以很轻松地找到长方形的重心了。现在，用针支撑这个点时，纸片会保持平衡，如果此时有微风吹来，纸片就会轻轻地旋转，并不会掉落。

实验做到这儿，我们并没有发现什么特别之处。接下来我们根据图93所示的情况，把手尽量地靠近纸片，然后用手护着纸片，不要让气流把纸片吹走。这时候你就会看见纸片开始由慢到快地旋转。但当你把手挪开时，旋转又会停止。不管反复几次，结果都是这样不可思议。

图 93

对于这种现象，人们或多或少展示出一些结论。大约19世纪70年代的时候，很多人都认为我们的身体拥有某种超自然特性，更有甚者，一些神学研究者为此说人的身体有着一些不为人知的神秘力量。这些在当时听起来是那么的可信，但是现代科学给出了答案：你的手掌加热了周围的空气，导致它们向上升，引起了纸片的旋转。

这种旋转都有固定的方向，从手腕沿着手掌到手指。主要原因是因为手的这些部位有温度差，手指端总是比手掌凉些。这时候手掌就会形成更强的上升气流，对于纸片来说，冲击力要比手指端产生的冲击力大很多。

49. 不会发热的毛皮大衣

冬天天气十分寒冷，如果穿上一件毛皮大衣，那么便会暖和很多。但是，毛皮大衣会不会发热呢？如果不会，那为什么穿上之后感觉暖和呢？

证明这一点的实验很简单，先记下温度计的度数，然后把它放进毛皮大衣中。几个小时你取出来后看看度数，便知道毛皮大衣究竟是否发出了热。

事实证明，温度计并没有升温，度数还是一开始的度数。通过这一点我们就足以明白，毛皮大衣是不会发热的。温度计的度数如果不是有外力干扰，基本是只升不降。那么，毛皮大衣会不会变冷呢？我们来找两个装了冰的小瓶子，把其中一个瓶子放在毛皮大衣里面，另外一个放在房间里。一段时间之后，观察两个瓶子中冰的情况，发现房间中瓶子里的冰融化了，而毛皮大衣里的冰还没有融化。毛皮大衣不仅没有使冰块升温，反而起到了制冷的作用，使冰融化的时间变长了。

怎么来驳斥这个结论呢？

答案就是没有办法。毛皮大衣的确不能发热。"发热"，如果定义为热量的集合，那么人体可以发热，灯可以发热，炉子可以发热，这些都是发热的热源。但从这一点上看，毛皮大衣并不能发热，也不能给自己热量，只能阻止我们身体热量的流失。我们的身体就是一个热源，穿着毛皮大衣会降低身体热量的散发和流失，会比不穿要暖和些。温度计自然和毛皮大衣一样也并非热源，所以即使把温度计放入毛皮大衣中，它的度数也不会改变。而毛皮大衣里的冰块延缓融化这一现象，只能够说明毛皮大衣传热性太差，延缓了冰块的融化。

我们都知道这样一个谚语：冬天麦盖三层被，来年枕着馒头睡。其实这个谚语的理论依据跟我们刚说的毛皮大衣现象的理论依据是一样的，粉状的雪传热性能同样很差，同样能够防止土壤上的热量的流失。如果你把温度计分别放在有雪层覆盖的土壤上和无雪覆盖的土壤上，你就会发现，覆盖雪的土壤温度要比无雪覆盖的土壤高。农民知道这一点，再加上雪化之后能够提供充足的水分，所以才会根据雪的厚度来判断来年的收成。

实验过后，我们得出了结论：毛皮大衣并不会产生热量，并不会发热，它只能防止我们身上的热量散失。说白了，是我们在给毛皮大衣加热，而不是毛皮大衣给我们加热。

50. 冬天如何给房间通风

冬天温度很低，很多人都不愿意开窗户，所以如何在冬季及时地通风就变成了一个问题。这里我们介绍一个方法：用炉子生火的时候，打开通风窗通风。外面的空气很新鲜，温度也低，打开通风窗时，冷空气便会把房间里的温暖空气挤进炉子里，这样烟囱就让房间里的空气与外面的空气形成对流，能够很好地换气。

除此以外，我们还应该想到，即便通风窗关着，也不会影响到换气，外部的空气会通过墙壁上的缝隙渗透进房间里。但是这些渗进房间的空气太少，达不到帮助炉子生火的目的。因此，除了来自外界的新鲜空气，房间里也有经地板缝隙和房间隔板渗入屋子的不干净不新鲜的空气。

在图94、图95中可以很明显地看出来两种情况下空气的差异。（空气流由箭头指向标明）

图94

图95

51. 通风窗安装在哪里好

经过了思考之后，虽然发现了冬天最好的通风办法，但是把这个重要的通风窗安在窗户下面还是窗户上面呢，安在什么地方比较合适？很多用户都会为了开关方便而将通风窗安装在窗户的下面，但是窗户下面的通风窗并不能很好地给房间通风。外界的空气较冷，比屋里的空气更重，对屋内的空气产生了挤压。进入房间的冷空气只会占据通风口下方，上面的较暖空气是无法对流的。

52. 用纸做锅

由图96，我们可以看到，鸡蛋在盛满了水的纸质尖底锅中煮着。

图 96

"你看纸很快就要烧起来了，水会浇灭火焰的。"看到的人几乎都会这么说吧？

为了能够更好地理解这个实验，我们需要亲自试一试。准备一张厚牛皮纸，将它固定在金属丝上，在里边倒入水，放入鸡蛋。这个时候纸是不会被烧着的，因为水只有达到沸点时才会在敞开的器皿中烧开，也就是达到100℃。水的热容很大，正在加热的水可以吸收纸多余的热量，纸被加热的温度不会超过水的沸点也就是100℃，不会让纸燃烧。图96中底下的纸盒也是如此。尽管火焰把纸重重包围，但是纸并不会燃烧起来——这一点在前文中也有所叙述。

　　虽然这个实验比较有意思，但是某些情况下这就不再有意思了，如果人们将没有盛水的空茶炊放在火上烧，茶炊十有八九会开焊。其实这很好解释，焊料熔点比较低，很容易熔化，唯一能够防止这种情况发生的方法就是使它与水紧密接触。当然根据这个情况推断，同样不能把没有水的钎焊锅放在火上烧。

　　你也可以再做一个实验，用纸做一个小纸盒来熔化铅的填充物。有一点需要注意，要把火焰正对着纸盒与铅接触的地方。铅，或者说金属都是相对好的传热器，纸上的热量能够迅速地转移。铅的熔点是350℃，这样的温度还不足以令纸燃烧。

53. 为什么要用玻璃灯罩

　　我们可以在商场里看见各种各样的灯罩，随着人们对美的要求不断增高，灯罩的样式也不断地增加。一开始人们用火照明的时候，并不用玻璃去保护。莱昂纳多·达·芬奇是个天才，他想到了对灯的完善措施。虽然他开始用一些东西罩住火苗，但并没有用玻璃，而是用金属筒。就这样三个世纪之后，人们才发明了玻璃筒，用玻璃筒代替金属筒。由此看出，玻璃灯罩这项发明经过了数十代人的努力钻研。

　　故事讲到了这儿，我们也该有所思考了：为什么要用灯罩呢？

　　这样一个问题会产生各种各样的答案，但是有一个答案大家可能张口就能够答得出来：它可以保护火焰不被风吹灭。这确实是灯罩的一个作用，却不是最重要的一个作用。玻璃灯罩可以提升火焰的光度，加速燃烧过程，还能够加快空气向火苗流动，加强通风换气，使罩子内的燃烧物更好地燃烧。

　　那么，为什么使用玻璃灯罩会加快空气流动呢？主要原因就在于玻璃灯罩内部的空气比外面空气的温度高很多，空气温度升高，空气变轻，从玻璃灯罩上面的孔出去，与此同时外面的冷空气也会从下面进入。这样就形成了自下而上的空气流，不间断地带来新鲜空气。如果灯罩高度增大，下方的冷空气和上方的热空气温度差也就增大，这样一来，空气柱之间的重量差距增大，新鲜空气的循环也更激烈，从而加速燃烧。根据这个结论，不难理解工厂的烟囱建得很高的原因。

这个理论其实莱昂纳多已经认识到了，研究人员在他的手稿中发现了他记录的这些现象。当时的他已经认识到了，有火的地方就会有这种空气流，能够支撑并加速燃烧。

54. 火焰自己不会熄灭的原因

做化学实验的时候，少不了研究燃烧过程的实验。如果足够细心，你会发现燃烧的火焰自己是不会熄灭的。这是为什么呢？燃烧的产物是二氧化碳和水蒸气，这两种物质都是不燃物质，不支持燃烧。可见，从燃烧物开始燃烧的时候，火焰就会被不燃物质包围，阻碍空气流通，导致火焰熄灭。但事实却是，火焰的的确确不会自行熄灭。因为夹杂着不燃物质的气体被加热，导致升温变轻，被洁净的空气向上挤压，造成它们无法与火焰接触，不会影响燃烧。如果阿基米德定律没有推广到燃气上来的话，燃烧的火焰很快就会熄灭。

55. 水为什么可以灭火

如果不幸发生了火灾该怎么办呢？几乎所有人都会说，用水灭火。这自然是正确的，但是，为什么要用水来灭火呢？

为了让大家了解水是如何灭火的，我们就在这里大致地讲一下，虽然不是什么特别细致的讲解，但还是可以了解这其中的缘由。

第一点，水遇到燃烧物，会被加热变成水蒸气，夺走了许多燃烧物的热量。把沸腾的水变成蒸汽，需要比将同样多的冷水加热到100℃多5倍余的热量。

第二点，水变成蒸汽以后所需要的空间比原本的水大100倍左右，蒸汽会在燃烧物的周围，这样燃烧物的周围空气量大大降低，正因为没有了充足空气，燃烧物便会中止燃烧。

以上是水灭火的原因。有时候若遇到特别情况，人们甚至会在水中混进火药。这听起来很疯狂，却是睿智的选择。火药会很快烧完，发出大量不可燃气体包裹在燃烧体周围，从而阻碍燃烧。

56. 加热的特殊方法

有些人想要用冰来加热冰，有些人想用冰来冷却冰，还有人想用沸水来加热另一份开水。这些听起来不太靠谱的情况究竟可不可以实现呢？

现在我们可以用一些实验来验证这些方法可不可行。我们可以拿一块-20℃的冰，去接触一块-5℃的冰，这样你就会发现第一块冰会变热，而第二块冰就会变冷。

通过上面的实验发现，冰加热冰和冰冷却冰都是可以的。

我们已经证明了一个猜想，还有一个就是用沸水加热沸水了。由于在固定的气压下，沸水的温度是相同的，所以沸水是不能加热沸水的。所以，只有第二种猜想是不可能实现的。

57. 沸水能煮开水吗

让我们来做一个实验，找一个装了水的瓶子，然后我们将这个水瓶放到一个盛有水的锅中，并且要用一个金属圈套住它，不让它触到锅底。现在，当锅里的水沸腾以后，看起来瓶中的水也会跟着沸腾。但是这情况只存在于想象中，不管这样下去多久，瓶子里的水变得很烫，但就是不会沸腾，因为锅中的沸水温度还不足以让瓶子里的水沸腾。

这结果看起来出人意料，但是仔细思考就会发现这是必然结果。想要水沸腾，不仅要把水加热到100℃，还需要有足够的热量积累，即隐藏热量。纯水在100℃时沸腾，但不管怎么继续加热，它的温度也不会再上升。现在的情况是，瓶中水是由锅中水加热的，锅中水相当于热量源，而且只有100℃。它可以将瓶中水也加热到100℃，但是当锅中水和瓶中水温度相同时，两者之间的热量传递终止。这样，瓶中水无法拥有隐藏热量，导致了瓶中的水虽然会被加热，但不会沸腾。

瓶中的水跟锅中的水没有区别，只是隔了一层瓶壁而已。但是为什么瓶中水就不能沸腾呢？

其实正是由于这一层瓶壁，阻碍了瓶中水参加锅中水进行的水流循环，锅中的水可以接触锅底，然而瓶中的水却只能跟锅中水相接触，就是这个原因导致了瓶中的水不能沸腾。

通过以上实验可以得知，沸腾的纯水是不能将水烧开的。不过，若是在锅中撒一把盐，结果就会大不相同，瓶子里的水马上就会沸腾，因为盐水的沸点高于100℃。

58. 雪能用来烧开水吗

今天我们要做的实验是用冷水将水烧开。我们试过用沸水烧开水都没有成功，那么冷水能不能行呢？下面我们就先来做实验，看看究竟能否实现。

现在就用上个实验的小瓶来开始这次的奇怪实验。

向瓶中倒入半瓶水并把它放进沸腾的盐水中。当我们看到小瓶里的水开始沸腾后，把小瓶取出，用塞子塞紧并倒置。这样下来，用不了多长时间瓶子里的水就会停止沸腾，当瓶子里的水安静下来后，用沸水浇它。当然，结果自然并没有什么用。但接下来在瓶底垫上一层雪或是用冷水来浇这个瓶子，这时候就会发生图97中的现象，瓶子里的水又开始沸腾了！

雪居然能做到沸水都做不到的事情——烧开水。

除了这一点，你还会看到别的奇特的现象，那就是瓶子里的水虽然在沸腾，但是瓶子却不会特别烫，只是很温暖。

之所以会产生这种现象，是因为冷水冷却了瓶壁，瓶里面的水蒸气变成为水滴。瓶子里的水沸腾时已经将瓶子里的空气挤了出去，瓶子里的水压很低。液体会在低压的状态以更低的温度沸腾，所以虽然瓶中的水沸腾了，但是水却不烫。

如果我们用的实验瓶子瓶壁很厚，那么瓶子里的水蒸气很可能会弄破瓶子，发生类似于爆炸的现象。外部的空气相比于内部压力大很多会挤坏瓶子。由此看来，"爆炸"一词似乎并不适合这个现象。

为了安全，当我们在做这个实验的时候，最好是用圆形瓶，使空气呈拱形挤压。

当然，如果要使实验更加安全，那么可以使用煤油罐来充当材料。当煤油罐里的水沸腾之后，拧紧罐子并用冷水浇灌，当煤油罐冷却的时候，里面的水蒸气就会转化成水。

与此同时，煤油罐也会变形，就像被锤子砸过（如图98）。

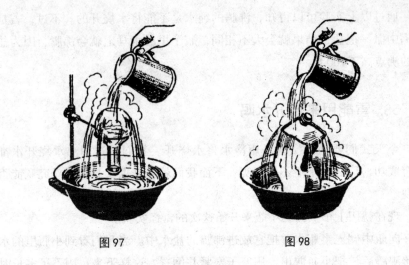

图 97　　　　　　　　　　　　　　图 98

59. 热鸡蛋会烫伤手吗

如果你从沸腾的水中捞出一个鸡蛋，这个鸡蛋本应很烫却并不会将手烫伤。这是什么原因呢？

事实上，刚捞出来的鸡蛋表面还残留着一些水，它们蒸发时会冷却鸡蛋壳，所以我们不会感觉到烫手。但高温下水的蒸发相当快，鸡蛋很快就会干燥，此时如果仍然拿着鸡蛋，就会明白它的温度究竟有多高了。

60. 神奇的熨斗

当我们吃饭的时候，假若一个不小心就会把油弄到衣服上，造成困扰。一些有经验的长辈会用熨斗来除去棉质品上的油点。这是什么原理呢？

衣物上的油脂斑点可以用加温的方法清除是因为液体的表层拉力会随着温度的提高而变小。"如果油脂斑点各个部分的温度不同，油脂会从高温的部位向低温的部位移动。如果将加热的铁块贴在布的一面，再贴近另一块棉布，油脂就会向另一块棉布转移。"这一句话，是麦克斯韦在《热量理论》一书中提到的。自然，要想用熨斗去除衣物上的油脂，就应该在衣物的另一面放一块棉布吸收转移的油脂。

61. 从高处可以看多远

当我们站在平地上看向远方时，看到的地方是有局限性的，我们把能看到的最远处的边界线叫作地平线。位于地平线处的建筑物、树木、房子等只能看到高的部分，并不能完全看到。虽然陆地和海洋看起来很平坦，但事实却并非如此，地面也是有凸起的，正是因为这些凸起组成了地球表面的曲线。

那么一个中等个子的人站在平坦的地面上可以看多远呢？

因为身高的限制，他能看到5千米范围内的东西。当然也并非不能看得更远，只是需要站得更高一点儿而已。在平原上骑马，你可以看到6千米远的距离。水手站在20米高的桅杆上，可以看到16千米远。在60米高的灯塔上，可以看到周围海域30千米左右。

相比灯塔，飞行员看到的距离会更远。如果没有云和雾的遮挡，飞行员在1千米的高度可以看到120千米远，在2千米的高度，飞行员可以看见160千米的范围。如果升高到10千米高度上，那么他们就可以看见380千米的范围。

62. 蟊斯是在哪儿发声的

这个实验你可以与你的朋友一起做，让他坐在一张椅子上，眼睛看着一个方向，身体不能乱动。之后拿起两个硬币，然后大致以相同的距离围绕着你的朋友敲击硬币，让朋友猜硬币是在哪儿发声的。他会很难成功，在一个角落发出的声音，他可能会猜到正好相反的角落。

如果离你的朋友近一点儿，可能就很容易猜出了。他离声音很近，听得自然要清楚许多，猜对也就不足为奇了。

实验说明，我们并不能很容易地找到藏在草里的蟊斯，即使我们能够听见蟊斯在我们身边叫，更加确切地说，无论蟊斯在我们周围的哪个地方叫。事实上，蟊斯的叫声只是起到迷惑的作用，当你转了头，你就会对蟊斯的叫声做出错误的判断。你总会认为蟊斯在离你相反的方向，但其实蟊斯根本就没有动。

如果你想要找到螽斯的位置并不难。当你听到叫声后，不要将视线转向声音，而是要与声音的方向相反，这样做才能够找到螽斯。常言道"竖起耳朵警觉"，此时我们就该像寻找螽斯一样做出应有的动作。

63. 回声的秘密

我们发出的声音反射到障碍物上，弹回来重新到达我们的耳朵时，我们就能听到回声。但并不是每一次回声我们都可以听得清楚，只有发出的声音和回声有一些时间间隔时才可以。若非如此，回声会与发出的声音混合，使声音增强并合一。所以要在空旷的地方才能够听见回声。

如果你在距离墙壁33米远的地方拍手，此时回声会用多长时间呢？声音传过去是33米，传回来也是33米，它经过 $\frac{66}{330}$ 秒钟回来，也就是 $\frac{1}{5}$ 秒。不连贯的声音太短暂，以至于小于 $\frac{1}{5}$ 秒就停止，在回声出现前两个声音没有合流，可以分别听得很清楚。类似于"是"和"不"这样的单音节词，我们大致用 $\frac{1}{5}$ 秒发声，因此听到单音节的回声是在33米以外。如果是双音节的词，回声在这个距离上会与原声重合，回声不清晰，不能单独听到。

那要怎样才能清楚地听到双音节回声呢，例如"加油""啊哈"这些词？这些词发声会延续 $\frac{1}{5}$ 秒，在这个时间内声音需要到达间距并返回，那么就需要两倍的间距，即 $\frac{2}{5}$ 秒内 $330 \times \frac{2}{5} = 132$ 米的距离。所以需要66米的距离才能够清楚地听见双音节的回声。

根据这个方法，你就可以计算3个音节、4个音节以及更多音节的回声需要的距离了。

64. 瓶子也可以做乐器

我们经常会看见各种演出中那些豪华的乐器，这些乐器可以发出各种各样的美妙声音。其实只需要用到普通的瓶子，自己也可以做出类似爵士音乐的乐器。

图99就是制作出来的乐器，两根杆子被水平固定在椅子上，杆子上总共挂着16个盛着水的瓶子。第一个瓶子里水是满的，后边瓶子中的水量则按照顺序依次减少。

用一根木棒敲这些瓶子，会听到不同音高的音调，而且这些音调遵循着规律，瓶中水越少，其音调越高。所以我们可以通过调节水的多少，来调节音调的高低。当我们分开两个八度的音，就可以演奏不同的旋律了。

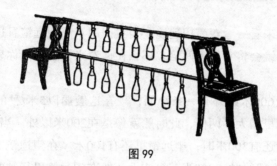

图99

65. 发声的贝壳

把一个大贝壳放到耳边，能够听到一些声音。贝壳为什么会有声音呢？

贝壳本身是一个共振器，我们周边有很多我们听不见的小声音，它却可以将这些声音加强，所以贝壳里会有声音。这种声音和大海的声音非常类似，这让贝壳变得非常神秘，并因此产生了许多传说。

66. 透过手掌也能看见东西

准备一个纸筒，用左手拿着对准我们的左眼，向远处看。同时，右手对着右眼，使它差不多刚好碰到圆筒。调节两个手离眼睛的距离在15至20厘米（图100），此时，右眼透过手掌也可以清楚地看到东西。

这是什么原因呢？

图100

事实上，当我们用左眼通过圆筒看远处的物体时，眼球就会观察远处的物体。眼睛观察物体，一只观察另外一只也在观察。

右眼也在观察注视远处的物体，近处的手掌自然看不清楚。总的来说，就是左眼清晰地看到了，而你感觉右眼也同样看到了，就好像透过了前边的手。

67. 双筒望远镜的神奇效果

我们这次来看一看双筒望远镜。当我们用双筒望远镜看远处行驶过来的船时，望远镜会将它放大两倍。那么在你看来，渐渐向你靠拢的船速度增加了多少？

我们假设600米以外有一条小船，现在这艘船以5米/秒的速度行驶。由于在望远镜里增大了两倍，此时船就像是在200米以外。当船行驶了300米，离观测者还有300米时，望远镜里还有100米。在望远镜下，船行驶了100米，实际上船行驶了300米。事实上，船在望远镜里行驶的速度是减慢了的，减慢了两倍。

现在我们就可以知道了，望远镜将物体扩大多少倍，船行驶的速度就会减慢多少倍，并不像想象中那样会加速。

68. 在前还是在后

生活中有很多东西，有时候我们会分不清前后。

前面指出，有些人想喝冷饮，却将饮料放在冰的上面。而饮料放在冰的下面才会更好地制冷。其实，就连镜子有些人都不会用，你如果想更加清楚地看到自己，就需要把灯放在人的身后，而不是照在人的身上。

69. 特殊的绘画方式

镜子有很多的成像方式，但是下面的这个镜中影像非常独特。当你画画的时候，在自己面前的桌子上垂直摆上一面镜子。然后看着前面镜子中自己的手画一个带对角线的长方形。如果你不是很明白，那么你就可以看

图101。

图 101

实践过之后才会明白，这样做的话，一个简单的简笔画也不是很好画。实际生活中，我们的眼睛和手是同时工作的，然而由于看着镜子画画时眼睛就和手的动作不一致，导致手的动作发生变化，从而不会按照常态进行。

比如，你想要往左边画一条线，而你的手却可能会往右边画线。如果你想要画复杂一点儿的，当你画完的时候你就会发现，你画了很多乱糟糟的东西。

吸墨纸上有很多图像也是对称的，当你尝试读出吸墨纸上的图像的时候，你可能连一个词都读不出来。因为镜子里的字母和我们生活中的并不一样，所以大多时候我们都是读不清楚的。如果现在你将镜子摆成直角靠近纸张，这时候你就会发现镜子里的字母和我们日常生活习惯所见的一样。此时的图像是对称的，镜子给出的就是普通文字在镜子里的对称影像。

70. 哪个更亮

白天的黑丝绒和夜晚的雪哪个更亮呢？我们大都认为，最黑的东西就是黑暗中的黑丝绒，最白的就是阳光下的白雪了。这两样东西就是黑和白、明与暗的最常用的例子了。但是，用一种物理仪器——光度计测量过后得出了一个结论：阳光下的黑丝绒要比月亮下的雪亮一些。

其中道理自然是有的：黑色不会完全吸收照射的可见光，就算是黑炭和乌银这些我们认为最黑的东西也会对可见光发生1%~2%的漫反射，计作1%。而白雪对可见光的漫反射是100%（并没有这么大）。[1]由于太阳光比月亮光亮40万倍，所以太阳光下的黑丝绒比月亮下的白雪漫反射要亮1 000多倍。这里，我们并不局限于白雪，对于别的白色的东西也是一样，由于太阳光亮度和月亮光亮度之间数量级差得实在太多，所以月光下的白色物体的亮度是不可能比阳光下黑色物体更亮的。

71. 雪为什么是白的

雪为什么是白色的？雪是由透明的冰晶组成的，但是看上去却是白色的。其实不光雪是白色的，透明的物质比如玻璃被磨碎后也是白色的。

当我们用硬的东西刮冰的时候，我们会得到很多白色固体。当太阳光渗入冰粒中，却没有穿透冰粒，而在冰粒与空气的交接处反射回来，表面对射来的太阳光进行了杂乱无章的漫反射，这时候眼睛就将冰粒看成了白色。

通过上面的分析，我们就可以得知，雪呈现白色是因为它的分散性。如果雪花之间充满水，我们就会发现雪花是透明的了。你可以亲自尝试一下，在一个盒子里面放一些雪花，然后再倒入一些水。此时你就会发现白色的雪花渐渐变得透明。

72. 反光的靴子

我们刷完靴子后，靴子会发亮。然而刷子和鞋油都是不可能发光的，那为什么用刷子和鞋油刷出的鞋子就会发亮呢？

想要明白其中奥妙，就必须要知道光滑抛光的表面和不光滑的磨砂表面的不同之处。"抛光表面光滑而磨砂表面不光滑"这种想法有误，因为完全光滑的表面根本就是不存在的，即使是抛光的表面在显微镜下也不是很平滑。在显微镜下，抛光的表面会放大到100万倍，这时抛光的表面也会像丘陵一样。所以抛光表面和磨砂表面是一样高低不平的，只是粗糙程

---

[1]　刚下的白雪对于它周边的可见光的漫反射程度只有 80% 左右。

度不同而已。

如果粗糙度比光线波长短，光线的反射会保持它们在反射之前的角度。这样的表面可以做镜面反射，称之为抛光。如果粗糙度比照在表面的光线波长长，则光线就会发散，发生漫反射，这个面称作磨砂面。

由这我们就可以知道，同一个表面对于一种光线是抛光的，对于另外一种可能就是磨砂的。对于可见光来说，如果平均波长等于半微米，粗糙度小于半微米则表面可以看作抛光。对于波长更长的红外线，也可看作抛光。但是对于短波的紫外线来说，此时就只能看作磨砂。那么现在我们思考一下为什么靴子会发光。当我们没有用鞋油刷靴子的时候靴子表面很粗糙，当在靴子表面刷上一层黑鞋油以后，此时凹凸不平地方就会被盖上，鞋子表面相当于一个抛光的表面，所以可以发亮。

微尘

图 102

73. 彩色玻璃后的花

如果我们透过不同的玻璃看花的时候会是什么样子的呢？

我们都知道绿色的玻璃只能让绿色的光线透过，红色的花也只会反射红色的光线。那么，当透过绿色的玻璃去看红色的花时，由于红色花朵反射的红色光被玻璃挡住，根本看不清楚花瓣和别的光线，这时，绿色玻璃后的红色花看上去就是黑色的。

理解通了这一点就不难得知，蓝色的花透过绿色玻璃去看也是黑色的。很著名的物理学家、艺术家和大自然观测家米·尤·比奥特洛夫斯基教授做过类似的实验，并在《物理在夏季的旅行》中做了总结。

"透过红色的玻璃看花，纯红色的花会显现得特别鲜艳，绿色的叶子却是带着金属光的黑色；蓝色的花黑色较深，甚至黑到连叶子都找不到分不清。黄色、玫瑰色、浅紫色的花朵则显得暗淡许多。

"透过绿色的玻璃，会看到一反常态的鲜艳绿叶以及很正常的白色花，但如果化的颜色是黄色或蓝色，看上去就会显得苍白。红色花会变得深黑，而如果是浅紫色和白玫瑰色的花此时就会是褐色的。

"透过蓝色的玻璃，红花同样会变成黑色，白花的白色会变得更加鲜艳，黄花是纯黑色，浅蓝色和深蓝色的花会和白色花一样鲜艳。

"可以得出结论，红色的花发出的光线比别的花发出的红色光线要多得多，黄色的花发出的红色光线和绿色光线差不多，发出的蓝色光线会少些，玫瑰色和紫红色的花会有很多红色光线和蓝色光线，但发出的绿色光线很少。"

74. 红色信号灯

经常开车旅游的话，晚上经常会看到红色的信号灯，但是为什么信号灯是红色的呢？

事实上，红色光线的波长比别的光线的波长要长，被悬浮在空气中的粒子漫射的程度要比别的光线要弱一些，因此红色光线的穿透力比其他任何光线都要强，即使离得距离很远，我们也可以看到红光。信号可见度更远是维护交通环境的第一要务，红光符合这个条件。

波长长的光线在别的方面也有很多的应用，比如在高透明度的大气中，红外线还可以用来进行天文拍摄。红外线拍出的照片可以更加清楚地看到普通照片中不能发现的细节。并且，红外线可以拍清楚星球的表面层，但是普通照相机只能显示大气层。

而且眼睛对红色很敏感，比其他的光线要敏感得多。

第五章

你看到的不一定是真的

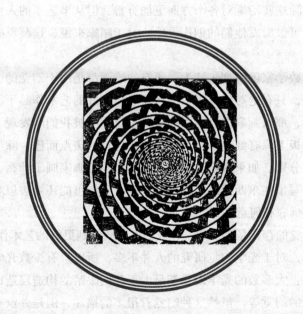

1. 光学幻觉

生活中我们总会有一些很奇怪的经历，就是这些奇怪的经历会让我们产生光学幻觉。这并不奇怪，因为它们并不是真实存在的，而更像是一种视觉欺骗。它不应该被看作普通的非意愿性缺陷，而是我们机体的天生毛病。虽然消除这些幻觉对各个方面更加有益，但从事艺术的人们却认为这些光学幻觉可以激发他们的创作灵感。对于画家来说，这些灵感就显得更加宝贵了。

著名的数学家俄伊列尔认为，所有的绘画都是由于幻觉的存在，如果没有了幻觉，只有绝对的真理，那么就不会有好的艺术作品了。如果我们没有艺术感，那么画家混合色彩的天赋也就不会被我们所发现了。我们只会认为，画板上只有红色、蓝色、黑色、白色的斑点而已，除了颜色的不同其他并无分别。如果真是这样的话，那么不管画家画了什么，我们都会觉得不过是写了些东西而已。如果是这样，我们可能还要去思考这些五颜六色的斑点到底有何意义。

所以幻觉的存在是必要的，让我们可以欣赏到更好的艺术作品。

事实上，对于光学幻觉研究的人并不多，所以只有少数光学幻觉有着合理的解释：大多数的光学幻觉都是由于我们眼睛的构造层造成的光晕、盲点、散光的幻觉等。虽然这种幻觉有很多的描述，但是并没有什么准确的结论，无论是在国内还是在国外。

我们这次的实验，虽然不是很专业的实验，但是至少能够通过实验来认识幻觉的产生，让我们可以观测到光学幻觉。

　　这一次，我们需要用黑色的背景，在黑色的背景上放一些白色的小圆片，每个小圆片的周围再放6个小圆片，紧紧挨着。这时候我们就会产生幻觉，认为这是一个六边形。之所以会产生这样的幻觉，主要就是光区的扩大导致的。白色的小圆片由于光晕扩大了面积，中间的黑色间隙被减小，以至于产生这种幻觉。同样的问题，波里别尔教授在《动物学讲座》一书中也有着他的解释：由于每一个圆片都是被6块同样的纸片包围着的，所以当我们看到的时候，这个纸片就被包围它的纸片包进了六边形里。

　　如果我们用白色的背景、黑色的纸片，此时这个理论就不足以解释看到的现象了。因为光晕只能减少黑色斑点的大小，并不能改变六边形中的圆形状。你也可以这样理解，当我们看的时候忽略了缝隙的地方，减小了黑白之间的差异，贴近小圆片的6个间隔中的每一个应该用均等粗细的直线连接，小圆片被六边形包裹在里边。

　　这个解释还可以解释另外一种情况。在特定的距离，白色的部分好像是圆的，外围的黑边像是六边形。只有在离得更远时，六边形的形式才会从花边转变成白色的斑点。这些都是个人的猜想，可能还有很多种猜想。现在还需要证实这些猜想也许就是真实的原因。

　　很多人都尝试为光产生的幻觉做出解释，也有很多人为此做各种各样的实验。即便如此，有些光学幻觉到现在也没有合理的解释。但是对于某些其他现象，又实在是有太多的解释。这些观点中的每一个单独观点都足够解释，然而又存在着一些其他观点减弱了这个解释的说服力。早在柏拉图时期，地平线上太阳变大这一幻象就已经有人开始讨论，甚至有不少于6种的成功理论。这些成功理论，每一个都只有一个缺点，那就是其他的成功理论同样完美。可见，光学幻觉的各个领域都还在自己发展，并没有确立基本的研究方法和一些原则。

　　现在对于光学幻觉还没有准确的理论依据，所以对我个人来说，我更倾向展示一些光学幻觉现象，而不去追究产生光学幻觉的原因。所以我把注意力都放在了观察光学幻觉的现象上了。当然，肖像幻觉的解释我会在最后放出，因为在现在看来它的确无可争辩，无法用那些迷信的观念来反驳。

　　当然，生活中的很多实际情况会让我们感受到光学幻觉，其实发生这一切的原因就在于我们眼睛的结构。

　　由于眼睛本身的特点，我们的眼睛会发生盲点、光晕、散光等很多不同的情况（见图103至图110）。盲点实验中可以发现部分视野的丢失，用18世纪马里奥特曾做过的相同方式也能做到，并且效果令人震惊。

"我指定了一个人，"马里奥特说，"黑暗中，在眼前的水平方向放一张白纸片，然后将另外一张放在第一张的侧面，距离右边大约2英尺（1英尺≈0.3048米），第二张纸要放得低一点，此时影像就会到我右眼的光学神经上，我们也可以认为现在我的左眼是眯着的。然后，我开始远离第一张纸片，与此同时不让纸片离开我的右眼视线。当我距离第一张纸大约9英尺时，第二张纸片我就完全看不见了。这儿的重点不在于第二张纸，换成别的比它更侧面的物品也是一样的。"

这种生理的视觉欺骗有非常多的幻觉类别，因为幻觉类别以心理原因为条件，而心理因素很大一部分又是没有办法解释的。这就能够看出，被设置的幻觉是先入为主的假判断和无意识后果造成的，欺骗的源头是智力而不是感觉。康德机智的话说得就很有道理："我们的感觉不会欺骗我们不是因为它们通常做出正确判断，而是因为它们根本不做判断。"

2. 关于光晕的知识

现在我们从远处观察图103的图画，当我们观察的时候我们就会感觉白色部分的图形总要比黑色部分的大。而事实上，它们的大小是相同的。而且这里还有一个规律，那就是如果我们离图形越远，这种错觉就会越强烈。其实这种现象，就是我们所说的光晕。

图103

3. 光晕的进一步探究

现在我们还是来观察图104中的图形。我们还是从一个远距离的位置观察，这时候我们总会感觉左边部分好像更接近中央。其实发生这样的错觉并不奇怪，因为光晕的作用，我们眼睛的视

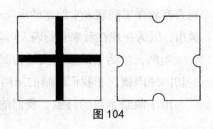

图104

网膜看到的光源并不是一个点，而是一块。当光源表面与视网膜表面接触的时候，黑色的表面就能够减少光源与周围背景的接触，我们就会产生错觉了。

4. 关于马里奥特的实验

现在我们用左眼看图105右上方的十字架，要求是我们要闭上右眼然后离图20~25厘米的距离。当我们看的时候，只能看清楚旁边的两个小圆块，而看不到中间的大圆块。我们在同样的情况下，看下面的一个十字架，那么我们还能看到一部分中间的大圆块。

图 105

之所以会发生这样的情况，就是因为在一个特定的位置上，我们的眼睛是没有看到圆形的图像的，眼睛对光源并没有感觉，这就是我们所说的盲点。

5. 盲点的真实情况

我们这次可以用左眼看图106的交叉点，这时候我们就会发现，我们可以看清楚两个圆，但是我们并不能完整地看清楚黑色的圆块。

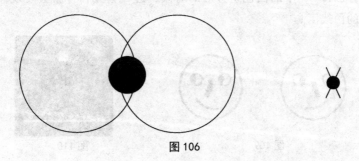

图 106

6. 什么是散光

这次实验，我们用一只眼睛看图107的图像。虽然字母都是同样黑的，但是我们总是感觉有些字母会比其他的字母更黑。如果我们将这些字母旋转一个直角，可能我们就会认为另外一个字母显得更黑了。

图 107

这种情况就是我们所说的散光，即眼睛在不同方向上的角状凸起。

7. 散光的研究

现在我们观察图108，我们会看到另外一种散光的幻觉。我们同样闭

图 108

上一只眼睛，然后用另外一只眼睛观察靠近的图形，这时候我们就会认为或者会发现两个对着的扇形颜色更深一些，而另外的两个出现褐色。

现在我们来观察图109的右边和左边。你就会认为图中眼睛会从一个方向转到另外一个方向。

这种现象并不难解释，因为我们的眼睛会保存视觉印象。这是很正常的，当我们看到一个物体的时候，我们的眼睛就会保存这些图像。

当你看图110中的白色正方形的时候，过一会儿，你就会发现你看不到下面的白线了。

图 109

图 110

8. 不可思议的幻觉

观察图111中的图像，你会发现线段BC要比线段AB长，但是事实上两段线段是一样长的。

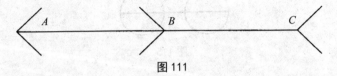

图 111

上述错觉的另一种改变形式：垂直的线a似乎比实际与它相等的线b短（图112）。

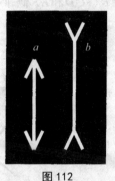

图 112

图113中也是一样的道理，即使两只船的长度是一样的，我们也会感觉右边的甲板比左边要短。

图 113

图114中也是同样的道理，即使是相等的距离，我们的眼睛也总是会看到不同的长度。

图 114

图115中也有同样的情况会出现。

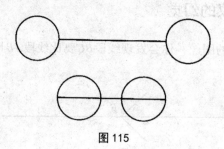

图 115

图116中下面的椭圆形似乎比里面的上椭圆形大一些，尽管它们是一样大小的（受环境影响）。

图117中相等的距离*AB*、*CD*和*EF*似乎看起来不相等（受环境的影响）。

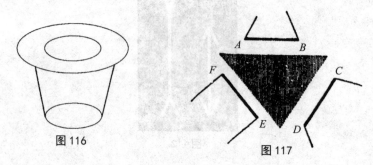

图 116　　　　　　　　　图 117

在图118中，我们也有同样的感觉。即使箭头同样长，但是我们还会感觉直线不一样长。

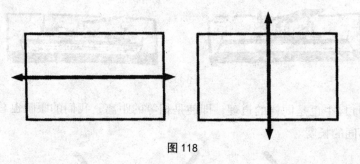

图 118

图119中图形*A*和图形*B*是相等的方形，尽管第一个图形看起来比第二个高一些。

图 119

图120中也有类似的情况，明明看起来图形要高一些，但是图形的长和宽是相等的。

图121中也是这种情况，我们总认为帽子中的圆柱体的高度很高，但是真实的情况确实长和宽是相等的。

图 120

图 121

图122中线段AB与AC的长度相等，尽管看似AB长于AC。

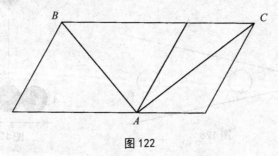

图 122

图123中的线段也有类似的特性。

图124中，如果我们用眼睛看，那么我们就会觉得上下的长度是不一样的，总认为上面的长度会更长，而事实上，它们也是一样长的。

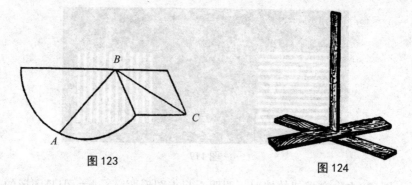

图 123   图 124

图125中 M、N 两点间的距离和 A、B 间的距离也有类似的特性。

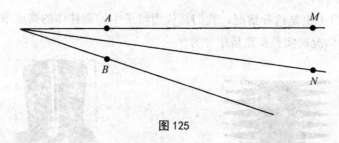

图 125

如果你不经意地看到图126，你一定会认为右边的圆要更小一些，但是这也不是事实，事实上两个圆的大小是相等的。

图127中 A、B 间的距离看起来要小于与其实际长度相等的 C、D 间的距离，而且我们离的距离越远，这种错觉就会加大。

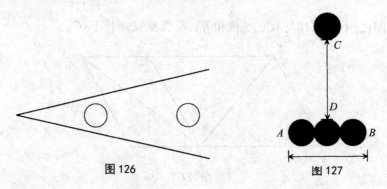

图 126   图 127

图128也会产生类似的错觉，两个圆外侧之间的距离要小于它们分别与下面的圆的空白之间的距离，而实际上，两个距离是相等的。

9. 视觉假象

如果你看图129，你可能会认为右边线条间的距离要比左边的小。其实，两边线条间的距离是相等的。

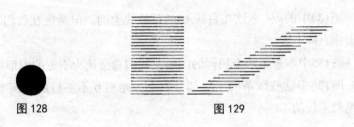

图 128   图 129

10. 眼见不为真

这次我们来看一些图，首先我们看图130，一开始我们总是觉得印刷字的上下两个部分是相等的。但是实际上，字的上部分和下部分并不相等。你可以将书本倒过来，这样就很容易发现了。

我们可以观察图131中的两个三角形的高，你会觉得上边的三角形的高更长一些，但是，实际上两个三角形的高也是相等的。

图 130   图 131

11. 鲍金达拉夫假象

当你一看到图132时，你会认为图中的黑白条纹好像被折断了，但是这仅仅是一个视觉的假象而已，称为鲍金达拉夫假象。

现在我们将图133中右边两条弧线延伸，然后与左边的两条弧线相连，你总会认为左边弧线在上方。其实左边和右边的线没有什么分别的。

图 132　　　　　　　　　　　图 133

图134中的点C本该在直线AB的延长线上的，但是现在我们却认为点C位于该直线下方。

图135中本来是两个相同的图形，我们总会认为下方的图形更宽些。

图136中这些线条的中间部分看上去是相互不平行的，而实际上它们是绝对平行的。

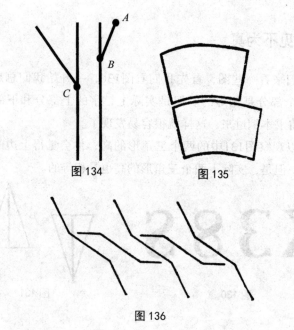

图 134　　　　　　　　图 135

图 136

12. 泽尔尼拉视觉假象

图137中长条斜线是完全平行的，然而看上去它们却并非如此。

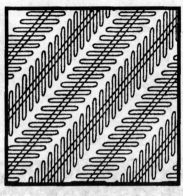

图 137

13. 格林克视觉假象

类似于图138中两条横向平行的线，此时你却会认为线的中间是凸起的，并且有弧度存在。

但是视觉假象也是可以消失的。将图形水平放置，和视线是水平的，这时候假象就不存在了，你还可以在图中用铅笔随便点，然后你的注意力要集中在你画的点，这样你也可以消除假象。

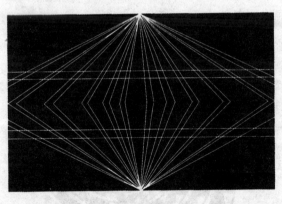

图 138

图139中，下方的弧形看上去比上方的弧形要凸出而且要短，但实际上它们的弧度与长短都是一样的。

图140中，三角形的三条边看上去是向中间凹陷的，但实际上它们都是平的。

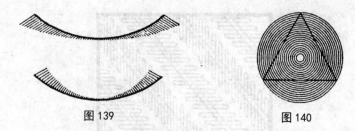

图 139　　　　　　　　　　　　　图 140

图141中的字母实际上是竖直摆放的。

图 141

图142中的曲线在我们的眼中是螺旋状的，而事实上，是呈环绕状的。这点我们可以很容易就知道的，你可以用削好的铅笔沿着图中的曲线走，这样你就会明白。

图 142

当你认为图143中是椭圆的时候，你可以用圆规来证实一下。你会发现它就是个圆。

图 143

在图144中，我们也可以发现黑色背景中放的白色的圆形组成了六边形。

图 144

如果我们仔细地观察图145，我们能够看到女人的眼睛和鼻子。这张图其实是将相片放大了10倍后得到的。

图 145

当我们遇到像图146中的情况的时候，我们总会认为人物上方的侧影比下面的侧影长，事实上，上下的侧影是一样长的。

如果将图147中的球放入那么大的盒子中，我们肯定认为是可以放进去的。但是事实却是，球的直径要比AB到CD的距离大。

图148也有一样的视觉错觉，我们总会认为AC的距离要小于AB的距离，但是两者之间的距离是一样的。

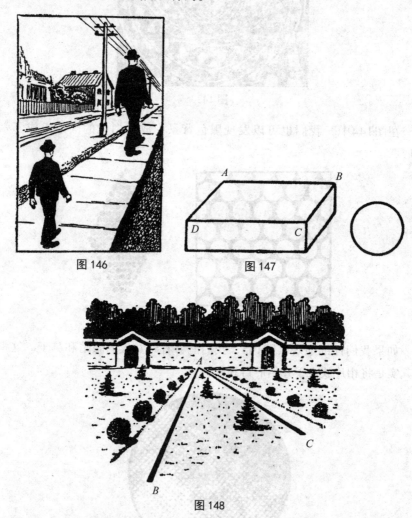

图 146

图 147

图 148

当我们看到图149的时候，我们将左图放到视线的水平的位置，此时就会出现右图的效果了。

图 149

接下来闭上一只眼睛，然后近距离地观察图150中直线延长的交叉点，这时候你就会看到纸上有很多类似于火柴棒的东西。如果此时你动一下纸，你会发现火柴棍也在动。

下面我们来观察图151，长时间看图中的图形，此时，我们会感觉两个立方体的图形时而出现在上面，时而出现在下面。这时候你可以发挥想象力，将图形随意组合。

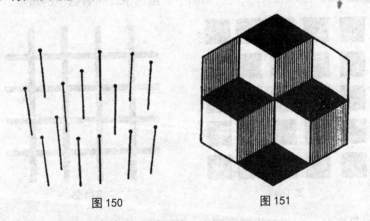

图 150   图 151

下面我们来观察图152，我们可以从这幅图中看到三幅图画。可以看到楼梯，也可以看到壁槽，还可以看到纸带。你看到的这些东西不是一成不变的，它们或是不由自主地出现在你的视线中，或是随着你的意愿变化。

下面看图153。你可以把它看成一个凹下去的方木，也可以看成一个凸出的木栓，还可以看成一个向下拉的空抽屉，内壁上粘着一个小木块。

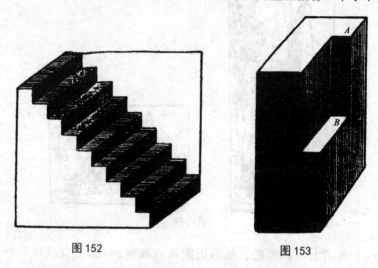

图 152　　　　　　　　　　　　图 153

下面我们来看看图154，你会发现白色条纹带的交叉点有时候你可以看见有时候你却看不见，你会发现它们很像黄色闪光的斑点。事实上，条纹全是白色的。我们也可以通过一个简单的方法证明这个观点。如果用纸挡住一些黑色的方格，你就会清楚了。

图155和图154类似，只是这幅图中是黑色条纹闪着白色的斑点。

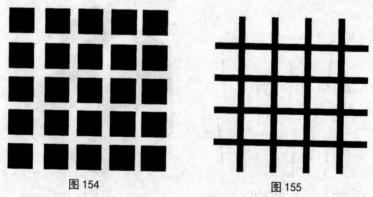

图 154　　　　　　　　　　　　图 155

如果你在一个相对远的距离观察图156，你会发现你可以看见四条条纹带，条纹带有点像凹槽，边缘部分很亮，但是与边缘相邻的条纹就很暗。事实上每个条纹带的亮度都是一样的。

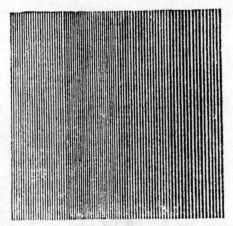

图 156

现在你可以看图157。图中是牛顿的一个肖像，肖像有暗的部分也有亮的部分。当你看好了以后，你就迅速看一张白纸。此时，暗的部分就会变成亮的部分，和原图正好相反。

图 157

14. 汤姆斯・西里瓦卢斯的幻象

观察图158，旋转它的话，图中所有的圆以及白色齿轮都好像旋转起来了，并且它们都在以自身为中心转动，有自己的速度和方向。

图159的左图中可以看见一个向上凸起的十字交叉图形，而在右图中可以看到一个向下凹陷的十字交叉图形。但是反转图片，则会发现两个图形交换了位置。实际上，左右两图是完全一样的，只是扭曲的角度不同。

图 158

图 159

　　观察图160。你把这张图放到一个相对远的距离，大概10厘米左右，你就会发现图像有深有浅了。

图 160

我们看到的景物和在相机里的是相同的。印象派写生就是这样的。

下面我们来用同样的方法观察图161。你会发现景色很不错，和真的景色差不多，水还在泛着波光。

图 161

如果你仔细地观察图162，你就会发现图中人的眼睛好像一直在看着你，并且他的手也指着你，无论你从什么角度看，都是这种情况。

图 162

肖像一直以来都是很珍贵的艺术品，有很多名人都有属于自己的肖像。这也让我们普通人对肖像充满了好奇。无论你从什么方向看，你总是感觉肖像在看着你。

如果你的精神状态不是很好，那么你就可能因为这些肖像而吓到一些人。正是因为这样，我们经常会听到很多关于这个的迷信。

其实，这个道理是很简单的。因为产生这种错觉不一定是在肖像画中，在别的东西中我们也可能会有这样的感觉。当我们拍大炮的时候，你就会发现大炮的头总是对着我们的，无论你朝着那个方向。

其实这些现象的道理很简单，对于平面图形来说也是很正常的，但是如果在实际生活中，只有我们真的在大炮口或者人物的眼前才会有这种感觉。这种感觉之所以会出现，很重要的一点就是因为当我们欣赏画的时候，我们更多的是看到画里的景物，而不是画的本身。所以我们会觉得物体改变了位置而不是我们自身。

现在我们来仔细观察一下肖像画。此时，如果画中的人物的脸是正对着我们的（如图162），并且画中人物的双眼正好看着我们，当我们换一个位置的时候，我们再看肖像中人物的脸，位置还是没有变化的。其实现实中的人物，从旁边观察本来是另一个样子，当他转向我们时才可以出现原来的样子。如果一个画师的画工很深厚的话，将会带来巨大的艺术效果。

所以，通过以上几个事件我们就可以知道，我们看到的效果并没有什么特别之处。如果我们从侧面看肖像却可以看见肖像的侧脸，那才是真的奇迹。